校企合作土木与建筑工程专业系列丛书
互联网+创新型“十四五”精品教材

建筑力学与结构（微课版）

主　编◎李　岩　刘　静　陈世文
副主编◎李文倩　王　瑛　向天文
万启婷　张渊洁

哈爾濱工程大學出版社
Harbin Engineering University Press

内 容 简 介

本书是建筑力学与结构领域的精品教材，共分为十个项目，内容涵盖建筑力学基础、静力学、力学的平衡、应力与强度、压杆稳定、梁的弯曲应力和强度问题、建筑结构及其设计基本原则、常用结构材料、钢筋混凝土结构施工图的识读、砌体结构。

本书内容翔实、深浅适度、可操作性强、适用面广，既可作为应用型本科、职业院校、技工类院校建筑工程管理专业的教材，也可作为工程技术人员学习工程施工知识、进行施工工作的参考书。

图书在版编目（CIP）数据

建筑力学与结构 ： 微课版 / 李岩，刘静，陈世文主编. -- 哈尔滨 ： 哈尔滨工程大学出版社，2025. 8.
ISBN 978-7-5661-4826-1

Ⅰ. TU3

中国国家版本馆 CIP 数据核字第 2025N6M270 号

建筑力学与结构（微课版）
JIANZHU LIXUE YU JIEGOU（WEIKE BAN）

选题策划 张林峰
责任编辑 暴　磊

出版发行 哈尔滨工程大学出版社
社　　址 哈尔滨市南岗区南通大街 145 号
邮政编码 150001
电　　话 0451-82519989
经　　销 新华书店
印　　刷 唐山唐文印刷有限公司
开　　本 787 mm×1 092 mm　1/16
印　　张 14.5
字　　数 371 千字
版　　次 2025 年 8 月第 1 版
印　　次 2025 年 8 月第 1 次印刷
书　　号 ISBN 978-7-5661-4826-1
定　　价 49.80 元
http://www.hrbeupress.com
E-mail:heupress@hrbeu.edu.cn

前　言

党的二十大报告指出，“坚持尊重劳动、尊重知识、尊重人才、尊重创造，实施更加积极、更加开放、更加有效的人才政策”“着力形成人才国际竞争的比较优势。加快建设国家战略人才力量”“深化人才发展体制机制改革……把各方面优秀人才集聚到党和人民事业中来”。

在建筑工程领域，建筑力学与结构知识犹如大厦之基石，其重要性不言而喻。从宏伟壮丽的摩天大楼到温馨宜人的住宅民居，每一个建筑结构的安全稳定与合理设计都离不开对建筑力学与结构原理的精准把握和娴熟运用。本书具有以下特色。

（1）实用性强。本书采用大量实际工程案例，结合理论知识进行深入浅出的讲解，帮助读者更好地理解和应用建筑力学原理。每个项目后都附有详细的实验指导和项目工单，鼓励学生动手操作，增强理论与实践相结合的学习效果。

（2）内容全面。本书覆盖了从建筑力学基础到具体结构设计的全过程，内容翔实、结构清晰，适合不同层次的学习者使用。本书不仅包含传统建筑力学的基本理论，还引入了最新的研究成果和技术发展动态，使内容保持与时俱进。

（3）易于自学。本书按照由浅入深的原则组织内容，强调力学基本知识的实用性，注重受力分析和基本计算。结构部分则从施工应用的角度出发，突出结构及构件的构造要求和现行结构类规范的学习及应用。

本书由李岩（济宁市高级职业学校）、刘静（黄河科技学院）、陈世文（重庆市忠县职业教育中心）担任主编，由李文倩（沧州职业技术学院）、王瑛（新疆建设职业技术学院）、向天文（长工程监理咨询有限公司）、万启婷（重庆工程学院）、张渊洁（江苏中和建筑设计有限公司）担任副主编。本书的相关资料和售后服务可用微信扫描封底二维码或登录 www.bjzzwh.com 下载获得。

编者在编写本书的过程中参考了大量资料，在此向相关人员表示感谢。由于编者水平有限，书中难免存在不足之处，恳请广大读者批评指正并提出宝贵意见。

编　者

目 录

项目一

建筑力学基础

项目导读

建筑力学宛如一座基石，稳稳地支撑起土木建筑工程的宏伟大厦，在土建类专业知识体系中占据着举足轻重的地位。它犹如一位幕后智者，悄然渗透建筑设计、施工及维护的每一寸肌理，深度融合理论力学、材料力学、结构力学的智慧精髓，为解决建筑物和构筑物设计里纷繁复杂的力学谜题提供关键密钥。本项目将系统学习建筑力学核心知识，深度剖析建筑力学基础，精准把握其研究对象与任务。

学习目标

知识目标

1. 精准把握建筑力学研究对象，明晰构件与结构分类，锁定核心范畴。

2. 了解力学任务内涵，掌握强度、刚度、稳定性概念及影响要素，构建理论框架。

3. 熟悉变形固体基本假设，理解各假设原理、适用条件及简化作用，夯实力学计算基础。

4. 了解杆件变形的形式，精准判别其特征及受力条件，区分基本变形与组合变形，完善知识拼图。

能力目标

1. 熟练运用理论分析，独立解决结构受力计算难题，提升思维能力。

2. 高效开展实验分析，精准测定材料性能，设计实施实验，处理数据解决复杂问题，增强实践能力。

3. 灵活驾驭计算分析工具，通过软件模拟优化，协同理论与实验成果，强化数字化创新能力。

4. 敏锐洞察工程力学问题，选用构建模型求解方法，化解难题，实现理论向实践转化。

素质目标

1. 深度培育辩证唯物思维，通过力学学习洞察事物本质，塑造科学世界观。
2. 精心涵养严谨科学态度，严守规范标准，追求卓越精度，厚植科学精神。
3. 着力强化团队协作沟通，在协作过程中积极互动，提升合作交流效能。
4. 持续激发创新探索精神，关注前沿技术，突破定式，为工程创新添活力。

思政目标

1. 在力学严谨理论、精准实验、复杂计算中培育追求真理、严谨务实的科学精神。从假设设定到结果校验，坚守学术道德，抵制抄袭造假，为建筑工程质量安全负责，成为德技双馨的专业人才。

2. 关注建筑科技前沿，由力学原理革新推动设计创新，鼓励突破陈规，用创新思维提升建筑可持续与智能水平，接轨时代需求。

任务一　建筑力学的研究对象和任务

任务描述

当我们置身于繁华都市，仰望高耸入云的摩天大厦，或漫步于古韵悠长的历史建筑之间时，你可曾思索过它们何以稳固屹立？从宏伟的故宫到摩登的陆家嘴建筑群，背后皆有建筑力学的精妙支撑。建筑力学似隐匿幕后的指挥家，统筹结构构件布局，确保建筑在风雨侵袭、岁月磨砺与荷载考验下安然无恙。本任务将探究建筑力学的研究对象和任务。

任务分析

建筑物或构筑物，作为生活的舞台背景，其功能与安全、经济并重。结构与构件，如建筑物的骨骼、肌肉，协同支撑其使命。通过学习本任务，读者能深入理解建筑力学的核心研究对象，明确区分不同构件的特质和结构差异，深入理解建筑力学为何专注于杆件和杆件结构，从而巩固专业基础。

任务实施

人们在生产和生活中，需要建造各种各样的建筑物或构筑物（图 1-1~图 1-4）。这些建筑物或构筑物既要满足使用功能的需要，也要满足安全与经济的需要。因此，对建筑物和构筑物进行结构设计时，力学的分析与计算非常重要。建筑力学是将理论力学、材料力学、结构力学等内容有机整合而形成的一门力学课程，研究的是建筑物和构筑物设计中有关力学分析与计算的问题。

图 1-1 英国大本钟

图 1-2 印度泰姬陵

图 1-3 中国长城

图 1-4 中国岳阳楼

一、建筑力学的研究对象

建筑力学的研究对象

建筑物或构筑物中能够承受并传递各种外部作用的骨架称为结构。结构是由单个的部件按照一定的规则组合而成的，组成结构的部件称为构件。如图 1-5 所示，单层工业厂房的基础、柱、屋架、屋面板、吊车梁，通过相互联结而构成厂房的骨架，基础、柱、屋架、屋面板、吊车梁均为构件。

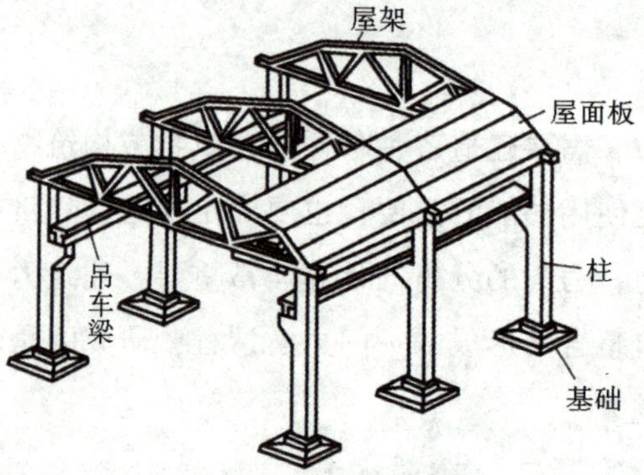

图 1-5 单层工业厂房骨架

构件根据几何特征可以分为三类：杆件、板和壳、块体。

1. 杆件

杆件是指长度方向尺寸远大于其他两个方向尺寸（宽度和厚度）的构件，如梁、柱。杆件有两个主要的几何因素：轴线和横截面。轴线是杆件各横截面形心的连线。垂直于杆件轴线的截面称为横截面。轴线为直线的杆称为直杆，如图 1-6（a）所示；轴线为曲线的杆称为曲杆，如图 1-6（b）所示。各横截面相同的杆称为等截面杆。

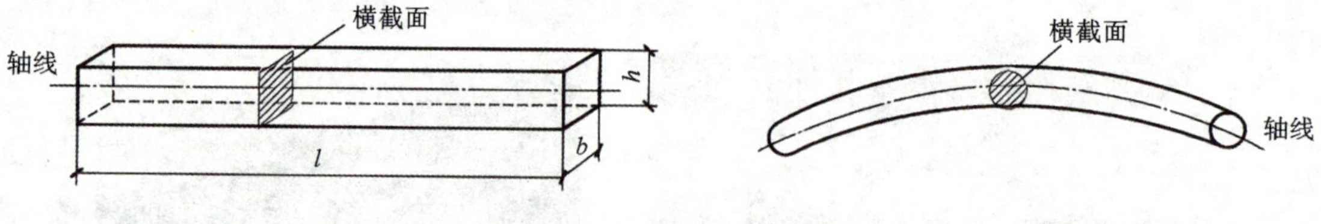

（a）直杆　　（b）曲杆

图 1-6 直杆与曲杆

2. 板和壳

板和壳是指厚度远小于其他两个方向尺寸（长度和宽度）的构件，如楼面板、屋面板。具有平面外形的构件称为板，如图 1-7（a）所示；具有曲面外形的构件称为壳，如图 1-7（b）所示。

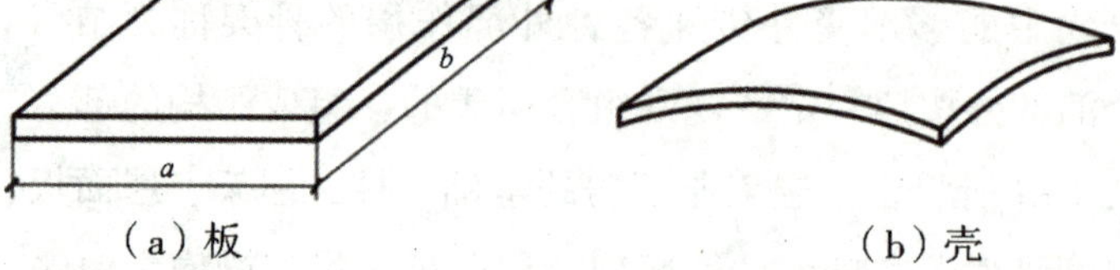

（a）板　　（b）壳

图 1-7 板和壳

3. 块体

块体是指长、宽、高三个方向的尺寸大体接近的构件，如挡土墙（图1-8）。

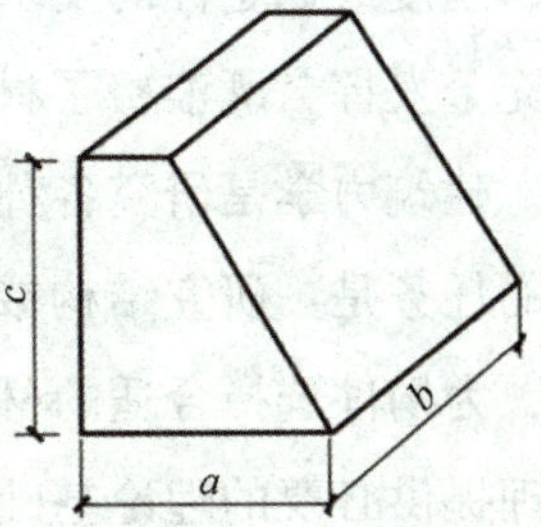

图1-8 挡土墙

常见的结构按其几何特征分为三类：杆件结构、薄壁结构和实体结构。由杆件组成的结构称为杆件结构；由若干板（壳）按照一定的规则组合形成的结构称为薄壁结构（也称板壳结构）；由块体形成的结构称为实体结构。

在实际工程中，杆件结构应用最广泛，因此，建筑力学的主要研究对象是杆件和杆件结构。

二、建筑力学的任务

在荷载等外因作用下，构件和结构的形状或尺寸会发生改变，构件内部将产生一定的内力。随着荷载的增大，构件和结构的变形与内力也逐渐增大，最后将导致构件和结构失效。为保证结构安全正常地工作，构件必须有足够的承受荷载的能力，即承载能力。构件的承载能力主要包括强度、刚度和稳定性三个方面。

1. 强度

强度是指构件抵抗破坏的能力。例如，当强度不足时，房屋中的楼板在楼面荷载的作用下可能折断，这在工程上是不允许的。因此，设计任何构件时首先要保证它能安全承受荷载，不致发生破坏，即要求具有足够的强度。

2. 刚度

刚度是指构件抵抗变形的能力。在荷载作用下，构件虽然有足够的强度不致发生破坏，但如果产生的变形过大，也会影响构件的正常使用。例如，吊车梁的变形如果超过一定的限度，吊车就不能在其上正常行驶。因此，设计时要限制构件的变形不超过正常工作容许的范围，即要求具有足够的刚度。

3. 稳定性

稳定性是指构件保持其原有平衡状态的能力。例如，房屋中承重的柱子，如果过细、过高，当压力超过某一数值时，就可能由于柱子的失稳而导致整个房屋的倒塌。因此，对于细长压杆，必须保证其具有足够的稳定性。

构件承载能力的大小不仅与其受力有关，还与其截面几何形状和尺寸、材料的力学性能、工作条件及构造情况等有关。设计结构时，如果截面尺寸过小，则构件不能满足强度、刚度或稳定性的要求；如果截面尺寸过大，虽然满足了上述要求，但构件承载能力难以充分发挥，既浪费了材料，又增加了成本。

建筑力学是研究各种类型构件和构件系统的强度、刚度、稳定性问题的学科。建筑力学的任务是：研究结构或构件的强度、刚度和稳定性，材料的力学性能及结构的组成规则，为构件选择合适的材料，确定合理的截面形状和尺寸，为保证结构既安全可靠又经济合理提供必要的理论基础和计算方法。

三、建筑力学的学习要求

建筑力学作为土建类专业的技术基础课程，能够为学习后续结构类专业课奠定基础，也能够为终身学习打下基础。在学习过程中，一方面要注意理论知识与实际工程结构知识的结合；另一方面要重视基本理论学习与基本技能（如解题运算能力）训练的结合。读者应独立完成一定数量的思考题和习题，通过做习题来理解和掌握基本概念、基本原理和计算方法，提高分析和解决工程中实际问题的能力。

任务二 变形固体及其基本假设

任务描述

在我们惊叹于建筑的精妙时，你可知其背后变形固体特性的关键作用？生活中金属受载微弯、木材负重变形皆为变形固体实例。建筑构件材料多样，受力变形复杂。本任务将探秘变形固体假设的世界。

任务分析

从变形固体的本质剖析，其涵盖钢、木、混凝土等多种材料，受力时弹性变形与塑性变形并存。弹性变形可逆，外力消除即恢复；塑性变形不可逆，留存于构件，影响其服役性能。通过本任务的学习，读者将深度洞悉变形固体的本质，精准剖析弹性变形与塑性变形的差异及工程影响。

任务实施

构件都是由固体材料制成的，如钢、铸铁、木材、混凝土等，它们在外力作用下或多或少会产生变形，有些变形可直接观察到，有些变形可通过仪器测出。在外力作用下会产生变形的固体称为变形固体。

变形固体在外力作用下会产生两种不同性质的变形：一种是当外力消除时，变形也随着消失，称为弹性变形；另一种是外力消除后，变形不能消失，称为塑性变形。

变形固体材料多种多样，其组成和性质十分复杂。对用变形固体材料制成的构件进行强度、刚度和稳定性计算时，为使问题得到简化，常略去一些次要因素，而保留其主要性质。根据主要性质对变形固体做如下基本假设。

一、均匀连续性假设

假设变形固体在其整个体积内毫无空隙地充满了物质，各处的力学性能连续且均匀一致。

变形固体是由很多微粒或晶体组成的，各微粒或晶体之间是有空隙的，且各微粒或晶体的性质并不完全相同。但是，由于这些空隙与构件的尺寸相比是极微小的，因此，这些空隙的存在及由此引起的性质上的差异，在研究构件受力和变形时可以忽略不计。

二、各向同性假设

假设变形固体沿各个方向的力学性能均相同。

实际上，组成固体的各微粒或晶体在不同方向上的性质是不同的。但由于构件所包含的微粒或晶体数量极多，且排列也完全没有规则，因此它们的统计平均性质在各个方向趋于一致。在以构件为研究对象时，就可以认为是各向同性的。

根据上述假设，可以认为在物体内的各处沿各方向的变形和位移等是连续的。进行分析时，可以从物体中任取一微小部分来研究物体的性质，也可将那些大尺寸的构件的实验结果应用于物体任一微小部分上。

三、小变形假设

在实际工程中，构件在荷载作用下，其变形与构件的原始尺寸相比通常很微小。在研究构件的平衡和运动时，可忽略其变形，按构件变形前的尺寸和形状进行计算。这样可使计算工作大为简化，而又不影响计算结果的精度。

四、线弹性假设

假设外力大小不超过一定范围时（在线弹性范围内），构件只产生弹性变形且外力与变形之间呈线性关系，即服从胡克定律。

当外力不超过一定范围时，工程中常用材料的塑性变形很小，可忽略不计，认为只有弹性变形。

任务三 杆件变形的基本形式

任务描述

当我们观察建筑中的梁、柱等杆件时，可曾好奇它们在不同工况下如何变形？从建筑框架梁承重弯曲到桁架杆件轴向受力，杆件变形形式多样且关键。本任务将探讨杆件变形的基本形式。

任务分析

精准剖析变形形式是解锁杆件力学性能、优化结构设计的关键。通过本任务的学习，读者将深度洞察杆件轴向拉伸或压缩、剪切、扭转、弯曲等基本变形形式，精准把握其受力特性、变形规律及工程实例，筑牢理论根基。

任务实施

在不同的外力作用下，杆件会产生各种形式的变形。根据外力的性质及其作用点的不同，杆件的变形可以划分为基本变形和组合变形两大类。

杆件的基本变形形式包括四种：轴向拉伸或压缩、剪切、扭转和弯曲。

一、轴向拉伸或压缩

在一对大小相等、方向相反、作用线与杆轴线重合的外力作用下，杆件发生沿轴线方向的伸长或缩短，这种变形形式称为轴向拉伸或压缩，如图 1-9 所示。例如，结点荷载作用下的桁架中的杆件通常发生轴向拉伸或压缩变形。

（a）轴向拉伸　　（b）轴向压缩

图 1-9　轴向拉伸或压缩

二、剪切

在一对大小相等、方向相反、作用线相距很近的横向外力作用下，杆件相邻横截面沿外力作用方向发生相对错动，这种变形形式称为剪切，如图 1-10（a）所示。机械中常用的连接件，如螺栓、销钉等产生的是剪切变形。

三、扭转

在一对大小相等、方向相反、作用面垂直于杆轴线的外力偶作用下，杆件的各横截面将绕轴线发生相对转动，而轴线仍保持直线，这种变形形式称为扭转，如图 1-10（b）所示。汽车的传动轴、电动机的主轴等的主要变形都包含了扭转变形。

四、弯曲

在一对大小相等、方向相反、作用于杆件的纵向平面的外力偶作用下，杆轴线由直线弯成曲线，这种变形形式称为弯曲，如图 1-10（c）所示。框架梁、吊车梁、阳台挑梁等的变形都属于弯曲变形。

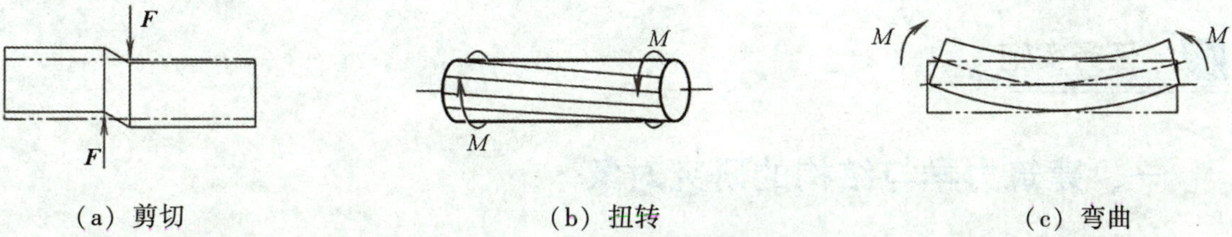

图 1-10　剪切、扭转和弯曲

在实际工程中，杆件往往同时承受不同形式的荷载而发生复杂变形，但这些变形都可以看作上述基本变形的组合。由两种及两种以上基本变形组成的复杂变形称为组合变形，如拉弯变形、压弯变形、弯剪扭变形等，如图 1-11 所示。

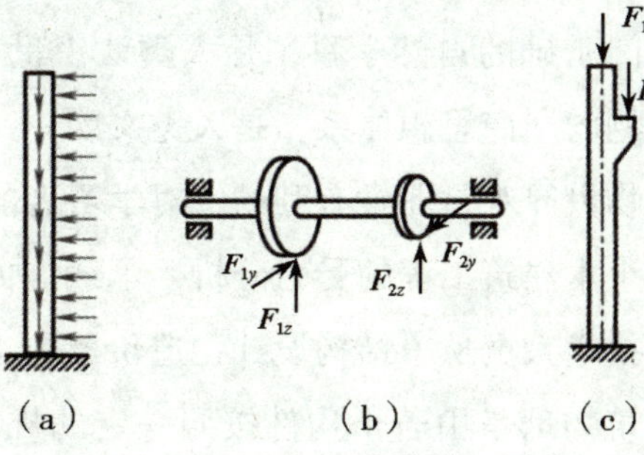

图 1-11　组合变形

任务四 建筑力学与结构的研究对象和主要研究方法

任务描述

当我们仰望巍峨耸立的建筑奇观，惊叹其稳固持久时，可曾思索其背后隐含的建筑力学与结构研究方法的深邃智慧？建筑，作为生活空间的艺术结晶与功能载体，从古老文明的宏伟庙宇到现代都市的摩天大楼，力学与结构原理如灵魂般贯穿始终。本任务将深入探讨建筑力学与结构的研究对象和主要研究方法。

任务分析

在建筑科学的广阔领域中，建筑力学与结构的研究方法宛若繁星，照亮了人类创造安全、稳固且充满创意建筑的前进之路。本任务围绕建筑力学与结构的研究对象和主要研究方法展开，明确建筑范畴，剖析建筑物、构筑物及其中结构与构件的力学意义，筑牢研究基础。

任务实施

一、建筑力学与结构的研究对象

建筑是根据人们物质生活和精神生活的要求，为满足各种不同的社会过程的需要而建造的有组织的内部和外部空间环境。建筑一般包括建筑物和构筑物，满足功能需要并提供活动空间和场所的建筑称为建筑物，是供人们生活、学习、工作及从事文化活动的房屋，如住宅、学校、工厂、影剧院等；仅满足功能需要的建筑称为构筑物，如水塔、纪念碑、烟囱、栈桥、堤坝、蓄水池等。

建筑力学与结构作为一门基础的自然学科，是人类认识世界、改造世界的锐利武器。其形成了一套朴素的辩证唯物的严谨思想体系，是人类文明中一颗璀璨的明珠。因此，学习力学与结构对形成辩证唯物世界观是非常有利的，对学习者的思维训练也是极有益的。

建筑力学与结构是研究土木建筑工程的受力分析、承载能力、结构类型等基本原理和方法的科学。它是土木工程技术人员从事结构设计、造价及施工管理等所必须具备的理论基础。工程中各种各样的建筑物都是由若干构件按照一定的规律组合而成的，称为结构。

结构和构件就是建筑力学与结构课程的研究对象。

在高等专科学校和高等职业学校土建类各专业文化基础课与专业课教学中，建筑力学与结构课程起着承上启下的关键作用。大量的实践证明，只有学好了本部分内容才可能具备良好的工程素质，才能在工作现场用理性的思维解决千变万化的实际工程问题。

二、建筑力学与结构的主要研究方法

在当今信息时代，知识获取方便、快捷、准确，我们要在掌握基本知识的基础上，更加注重研究方式，才能对事物的本质进行认识，才能使学习到的知识更好地应用和发挥更大的价值。

理论分析、实验分析和计算分析是建筑力学与结构中三种主要的研究方法。理论分析是以基本概念和定理为基础，经过数学推演，得到问题的解答，它是广泛使用的一种方法。建筑力学与结构的基本概念和定理都是以实验为基础的，构件的失效与所选材料的力学性能有关。材料的力学性能是材料在力的作用下，抵抗变形和破坏等表现出来的性能，它必须通过材料实验才能测定。另外，对于现有理论还不能解决的某些复杂的建筑力学与结构问题，有时要依靠实验方法加以解决。实验分析方法在建筑力学与结构中既是理论分析的基础，又与理论分析互为补充。因此，实验分析方法在建筑力学与结构中占有重要的地位。随着计算机技术的飞速发展，建筑力学与结构的计算手段发生了根本性变化，使计算得到简化。例如，几十层的高层建筑的结构计算，现在仅用几个小时便能得到全部结果。不仅如此，在理论分析中，可以利用计算机得到难以导出的公式或不便于用公式进行的计算；在实验分析中，计算机可以整理数据、绘制实验曲线，选用最优参数，甚至可以模拟实验，得出实验结果，包括在实验室无法进行的实验等。计算分析已成为一种独特的研究方法，其地位将越来越重要。

应该指出，上述建筑力学与结构的三种研究方法是相辅相成、互相补充、互相促进的。在学习时，应首先掌握好传统的理论分析与实验分析方法，因为它是进一步学习建筑力学其他内容及掌握计算分析方法的基础。

建筑力学与结构并不是高深莫测的，我们在生活中处处都能遇到力学问题，且在自觉或不自觉中运用着力学规律。在学习建筑结构时，必须理论联系实际，遇到实际问题尽量用学到的理论加以定性或定量的分析，利用力学中分析和解决问题的思维方式去解决生活、工作中的难题。建筑力学与结构涉及大量的受力分析、杆件计算及变形求解，这些过程均依赖精确的数学运算，因而运算能力是造价管理和工程技术人员应具备的重要素质之一。

项目小结

本项目主要介绍了建筑力学与结构领域的核心内容与研究方法。首先，介绍了建筑力学的研究对象，区分建筑物与构筑物，剖析结构与构件，强调杆件结构及相关任务与影响因素，梳理知识脉络；其次，介绍了变形固体的知识与基本假设，阐述受力变形特性、微观构成及四大假设的内涵意义；再次，介绍了杆件变形的形式，分析多种基本变形与组合变形的特征、规律和应用；最后，介绍了研究方法体系，阐述了理论分析、实验分析、计算分析的各自要点与协同关系，并展望了创新趋势。通过本项目的学习，读者可系统构建知识框架，理解内在联系，掌握研究方法运用与协同模式，具备在建筑工程领域深入学习、研究与实践的基础能力，做到精准分析力学行为、设计结构方案并解决工程问题，助力建筑技术创新发展。

项 目 工 单

【实训名称】

轴向拉伸与压缩杆件的应力应变测量实训。

【实训目的】

（1）深入理解轴向拉伸与压缩杆件的力学概念与变形特性。

（2）熟练掌握材料试验机的操作方法，能够准确施加轴向荷载。

（3）学会使用应变片和应变测量仪测量杆件在轴向拉伸或压缩过程中的应变值。

（4）根据测量数据计算杆件的应力，并绘制应力-应变曲线，分析材料的力学性能。

【实训步骤】

1. 试件准备

（1）使用游标卡尺测量试件的原始直径和长度，并记录数据。用砂纸轻轻打磨试件的测量部位，以保证应变片粘贴牢固且测量准确。

（2）将电阻应变片按照正确的方向和位置，使用配套胶水粘贴在试件的中部表面，确保应变片与试件紧密贴合，无气泡和褶皱。将应变片的导线连接至静态应变测量仪。

2. 试验机调试

（1）开启万能材料试验机，检查设备是否正常运行，各仪表显示是否准确。

（2）根据试件的材料和预估的承载能力，在试验机控制系统中设置好加载速度、加载量程等参数。

3. 安装试件

将粘贴好应变片并连接好测量仪的试件安装在万能材料试验机的上下夹头之间，确保试件轴线与材料试验机加载轴线重合，夹紧试件，避免加载过程中试件发生滑移。

4. 测量与记录

（1）开启应变测量仪，对测量通道进行调零，确保初始应变读数为零。

（2）启动万能材料试验机，缓慢增加荷载，同时密切观察应变测量仪的读数变化，每隔一定荷载增量（如 5 kN）记录一次应变值和对应的荷载值，直至试件发生明显屈服或断裂。

（3）在加载过程中，注意观察试件的变形情况，如是否出现颈缩现象等，并记录相关现象发生时的荷载和应变数据。

5. 数据处理与分析

（1）根据记录的荷载值和试件的原始尺寸，计算出各测量点对应的应力值（应力=荷载/横截面积）。

（2）以应力为纵坐标，应变为横坐标，绘制应力-应变曲线。

（3）根据应力-应变曲线，确定材料的屈服强度、抗拉强度等力学性能指标，并与理论值进行对比分析，讨论误差产生的原因。

【实训评定】

请学生在实训过程中认真对待每一项任务，并根据评价表内容进行自评和互评，以便更好地了解自己在实训中的表现和进步空间。教师将根据实训表现给出最终评价。考核评价表如表 1-1 所示。

表 1-1　考核评价表

项目名称	评价内容	分值	评价分数		
			自评	互评	师评
职业素养考核项目（40%）	安全与规范意识	10 分			
	团队协作与沟通	10 分			
	职业态度与责任心	10 分			
	时间管理与效率	10 分			
专业能力考核项目（60%）	试件准备与测量	15 分			
	试验机操作与数据采集	15 分			
	数据处理与分析	15 分			
	知识理解与应用	15 分			
综合分数：________［自评（20%）+互评（20%）+师评（60%）］		100 分			

课后练习

一、填空题

1. 构件根据几何特征可以分为三类：________、________和________。
2. 构件的承载能力主要包括________、________和________三个方面的要求。
3. 杆件的基本变形形式包括四种：________、________、________和________。
4. 在外力作用下会产生变形的固体称为________。
5. ________、________和________是建筑力学与结构中三种主要的研究方法。

二、简答题

1. 简述块体的基本含义。
2. 简述剪切的基本含义。

项目二

静力学

项目导读

在工程领域蓬勃发展的进程中，从高耸入云的摩天大厦到精妙复杂的机械装备，从跨越山川的桥梁架构到翱翔天际的航空器械，静力学知识始终发挥着中流砥柱般的关键效能。本项目聚焦静力学核心知识领域，是深入探究物体在静止状态下力学规律的关键篇章。它犹如基石，为后续复杂工程力学分析筑牢根基，在建筑、机械制造、航空航天等众多领域发挥着不可或缺的支撑作用。

学习目标

知识目标

1. 掌握力的基本概念及其三要素（大小、方向、作用点），了解力作为矢量的特性。

2. 理解刚体的概念，并能够区分刚体与变形体在力学分析中的不同处理方法。

3. 学习力系分类及等效力系的概念，掌握合力的计算方法。

4. 深入理解力矩、力偶及其性质，包括力矩的正负号规定、力偶矩的计算和力偶的基本性质。

5. 掌握静力学基本公理，如二力平衡条件、加减平衡力系原理、力的平行四边形定则、作用和反作用定律、刚化原理等。

6. 了解并能应用合力矩定理、平面力偶等效定理和力的平移定理。

能力目标

1. 能够识别实际问题中的力系类型，并选择合适的简化模型进行分析。

2. 具备使用几何法和力的平行四边形定则求解多个力的合成的能力。

3. 能够运用所学理论对简单结构进行受力分析，确定结构是否处于平衡状态。

4. 可以通过实验或模拟验证理论结果，培养解决实际工程问题的能力。

5. 发展逻辑思维能力和抽象思维能力，提高数学建模水平，以便更好地理解和应用力学原理。

素质目标

1. 培养严谨的科学态度和实事求是的工作作风，确保数据分析准确无误。

2. 强化团队协作精神，在小组讨论和项目作业中倾听他人意见，共同解决问题。

3. 提升创新意识和技术应用能力，鼓励学生探索新的解决方案，促进科技发展。

4. 增强环境保护和社会责任感，意识到工程活动对环境和社会的影响，追求可持续发展的理念。

思政目标

1. 厚植爱国主义情怀与文化自信根基，通过领略我国古代建筑奇迹（如长城、赵州桥）蕴含的静力学智慧及现代重大工程成就（如高铁、港珠澳大桥）彰显的力学创新实力，感悟科技自立自强对国家崛起的关键意义，激发投身国家建设的热忱，为民族复兴贡献智慧与力量。

2. 砥砺工程伦理担当与社会责任意识，在静力学设计计算中严守安全规范、秉持可持续发展理念，权衡力学性能、成本效益与环境影响，确保工程造福大众、契合生态诉求，坚守伦理底线，以高度责任感塑造工程造福人类、守护家园的高尚品质。

任务一 力与力系

任务描述

在日常生活中，我们常常会遇到各种各样的机械作用现象。例如，当我们推动门时，门会因为受到推力而转动；当汽车行驶在路上时，轮胎与地面之间的摩擦力使得车辆能够前进或停止。这些现象背后隐藏着物理学中一个重要的概念——力。

任务分析

力不仅是使物体产生运动变化的原因，也是改变物体形状的关键因素。在建筑力学中，研究力的作用规律及其对结构的影响是至关重要的。本任务旨在帮助读者深入理解力在物体上的作用机制，并掌握简化复杂力系的技巧。

任务实施

力的概念

一、力的概念

力不能脱离物体而单独存在，有力则必定有施力体和受力体存在。力是物体间相互的机械作用，这种作用使物体的运动状态或形状发生改变。使物体的运动状态发生改变，称为力的运动效应或外效应；使物体的形状发生改变，称为力的变形效应或内效应。

实践表明，力对物体的作用效应取决于力的三要素——力的大小、力的方向和力的作用点。

力的大小是指物体间相互机械作用的强弱程度。在国际单位制中，力的基本单位是牛顿（N）。

力的方向表示物体间的机械作用具有方向性，它包括力作用线在空间的方位和力沿其作用线的指向。

力的作用点是指力作用在物体上的位置。

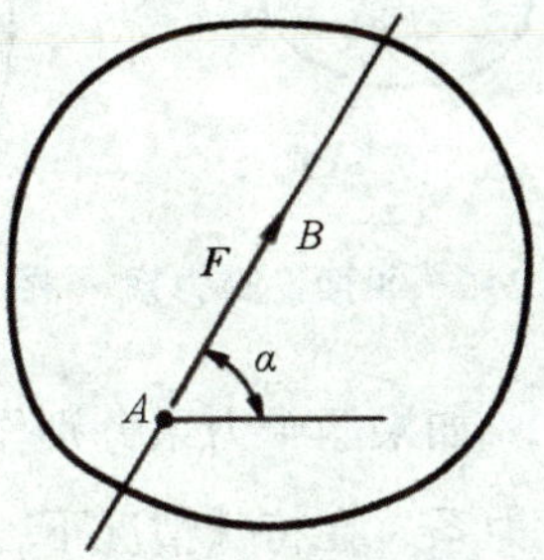

图 2-1 力的三要素

由力的三要素可知，力是既有大小又有方向的量，所以力是矢量，通常用一带箭头的线段来表示。如图 2-1 所示，线段 AB 的长度（按一定比例）表示力的大小；线段与某定直线的夹角 α 表示力的方位，箭头表示力的指向；线段的起点 A（或终点 B）表示力的作用点；线段所在的直线称为力的作用线。

二、刚体的概念

静力学是以研究力系的简化、合成与力系的平衡条件为主要内容。在静力学中，将所考察的物体都抽象为刚体这种理想模型。刚体是指在受到力的作用时，大小和形状都不发生变化的物体。事实上刚体是不存在的，因为任何物体受力后都将或多或少地发生变形。但研究物体的平衡或运动时，变形只是次要因素可以忽略不计，因而可将物体看作刚体。然而当变形在所研究的问题中成为主要因素时，如在材料力学中，就不能把物体看作刚体了。

三、力系

作用于物体上的一群力或一组力称为力系。根据力系中各力作用线的分布情况，可将力系分为平面力系和空间力系两大类。各力的作用线位于同一平面内的力系称为平面力系，各力的作用线不在同一平面内的力系称为空间力系。根据力系中各力作用线的关系，可将力系分为汇交力系、力偶系、一般力系和平行力系。

在平面力系中，平面汇交力系是指各力作用线汇交于一点，如图 2–2 所示；平面力偶系是指各力构成多个力偶，如图 2–3 所示；平面一般力系是指各力作用线既不汇交也不平行，又称平面任意力系，如图 2–4 所示；平面平行力系是指各力的作用线都相互平行，如图 2–5 所示。

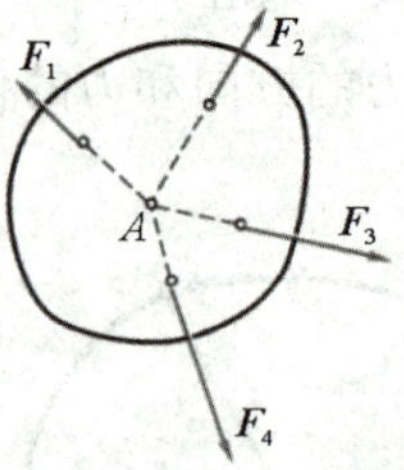

图 2–2　平面汇交力系

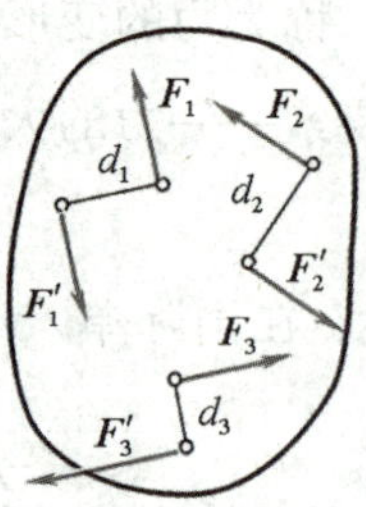

图 2–3　平面力偶系

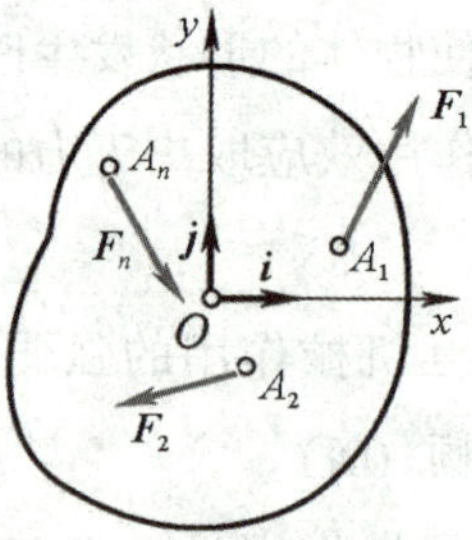

图 2–4　平面一般力系

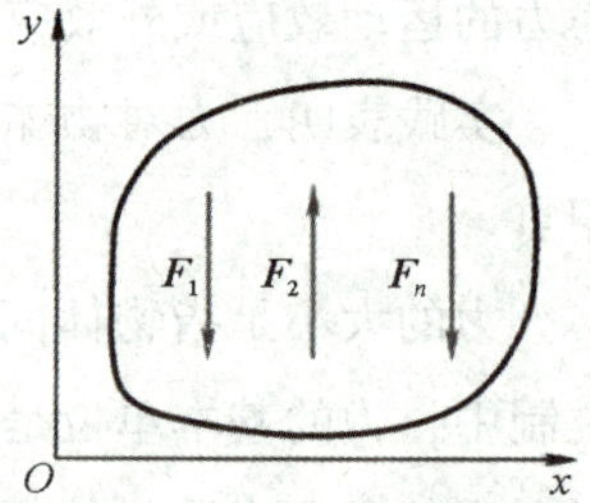

图 2–5　平面平行力系

如果两个力系分别作用于同一物体上时，其效应完全相同，那么这两个力系互称为等效力系。在特殊情况下，一个力与一个力系等效，称此力为该力系的合力，而该力系中的每个力称为此合力的分力。

任务二　力矩与力偶

任务描述

作为工厂的工程师，在操作扳手拧紧螺母时，必须精确控制螺丝或螺栓的紧固程度，为此，深入理解力矩与力偶的概念至关重要；同时，还需掌握计算它们对物体产生的转动效应的方法。那么，何为力矩？何为力偶？二者之间存在何种差异与联系？本任务将深入探讨力矩与力偶。

任务分析

力矩与力偶在生活中无处不在，它们不仅简化了我们的日常活动，还在很多领域中发挥着关键作用。理解这些基本力学概念不仅可以帮助读者更好地掌握相关工具和技术，还能启发读者在解决问题时采用更加科学的方法。

任务实施

一、力矩与力偶的概念

1. 力矩

力使物体移动的效应取决于它的大小与方向，而力使物体转动的效应则取决于力矩。生活实践中，广泛使用的杠杆、铡刀、剪刀、扳手等省力工具（或机械），它们的工作原理中都包含着力矩效应。

以扳手扳动螺母为例，作用于扳手一端的力 $\boldsymbol{F}_{p1}$ 使扳手同螺母绕点 O 转动，即绕点 O 垂直于图面的轴转动，如图 2-6（a）所示。当要拧紧螺母时，手上用的力 $\boldsymbol{F}_{p1}$ 越大，螺母拧得越紧。有时为了省力，采取加长扳手，使手上的用力点离绕点 O 更远一点，如图 2-6（b）所示。这样，拧紧螺母的力 $\boldsymbol{F}_{p2}$ 就会比原来的力 $\boldsymbol{F}_{p1}$ 小一些。由此可知，力 $\boldsymbol{F}_p$ 使物体绕 O 点转动的效应，不仅与力 $\boldsymbol{F}_p$ 的大小有关，而且还与力的作用线到 O 点的垂直距离 h 有关。因此，$\boldsymbol{F}_p$ 与 h 的乘积（$\boldsymbol{F}_p h$）就是力的转动效应的度量，力 $\boldsymbol{F}_p$ 对矩心 O 之矩，称为力矩。力矩使物体绕矩心产生的转动方向用力矩的正负值表示，当力矩使物体产生逆时针方向转动时，力矩取为正值，反之取为负值。图 2-6 中的 $\boldsymbol{F}_{p1}$、$\boldsymbol{F}_{p2}$、$\boldsymbol{F}_{p3}$ 各力对矩心 O 的力矩均取负值。

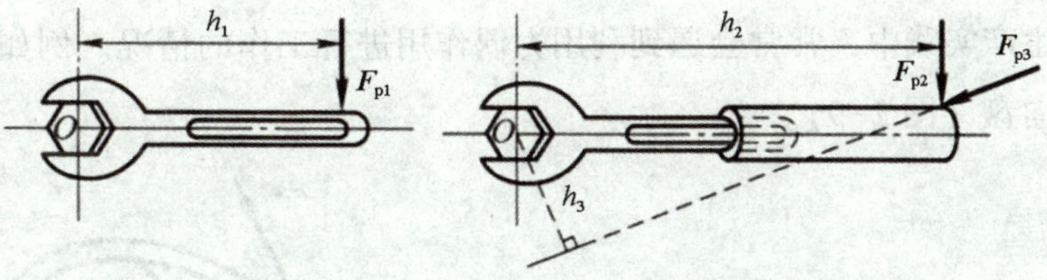

（a）　　（b）

图 2-6　力矩

力 $\boldsymbol{F}_p$ 对于矩心 O 的矩以 M_O（$\boldsymbol{F}_p$）表示，其计算公式为

$$M_O(\boldsymbol{F}_p) = \pm F_p h \quad (2\text{-}1)$$

力矩的单位常用 N · m 或 kN · m 表示。

如图 2-7（a）所示，设平面上作用一力 $\boldsymbol{F}_p$，在同平面内任取一点 O，点 O 称为矩心，从点 O 沿力 $\boldsymbol{F}_p$ 作用面的法线作一矢量来表示，如图 2-7（b）所示，矢量的模表示力矩的大小。矢量的指向按右手螺旋定则确定，即四指表示力矩转向［图 2-7（b）虚线］，拇指表示力矩矢量的指向。由此可知，力对垂直于力作用平面的某一轴的转动效应，即为力对轴之矩，如图 2-7（c）所示，力 $\boldsymbol{F}_{\mathrm{p}}$ 对其作用平面的垂直轴（On）之矩可以表示为

$$M_n(\boldsymbol{F}_{\mathrm{p}}) = F_{\mathrm{p}}h \tag{2-2}$$

式中　h——力 $\boldsymbol{F}_{\mathrm{p}}$ 与力的作用平面和垂直轴（On）交点 O 的距离（力臂）。

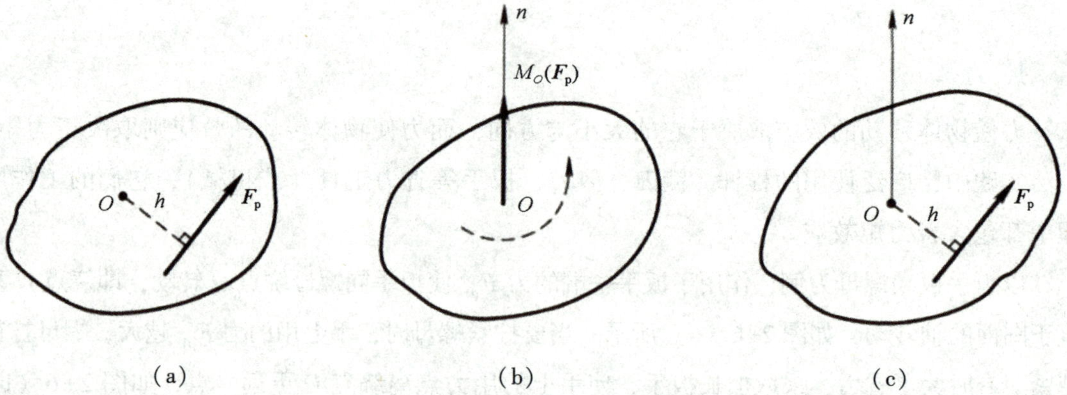

图 2-7　力矩用矢量表示

2. 力偶概述

作用在同一物体上的两个大小相等、方向相反，且不共线的平行力，称为力偶，以符号（$\boldsymbol{F}_{\mathrm{p}}$，$\boldsymbol{F}'_{\mathrm{p}}$）表示，如图 2-8 所示。力偶的两力之间的垂直距离 h 称为力偶臂，力偶所在的平面称为力偶的作用面。力偶对物体的作用效果是使物体产生单纯的转动。力偶中的两个力在任何坐标轴上投影之和等于零。

在生活和生产实践中，常常会遇到利用力偶作用进行工作的情况。例如，汽车驾驶员用双手转动方向盘（图 2-9）。

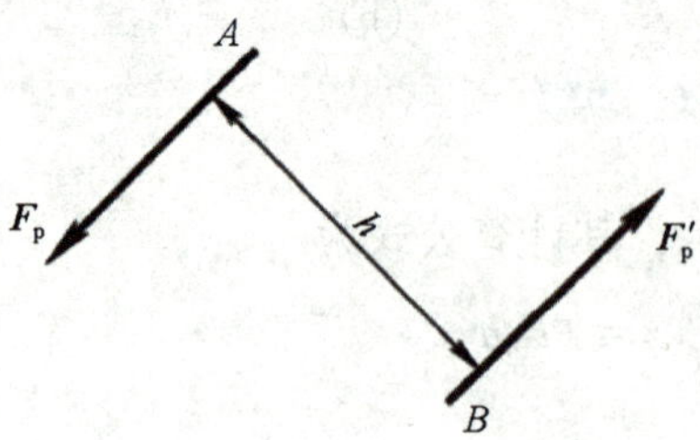

图 2-8　力偶

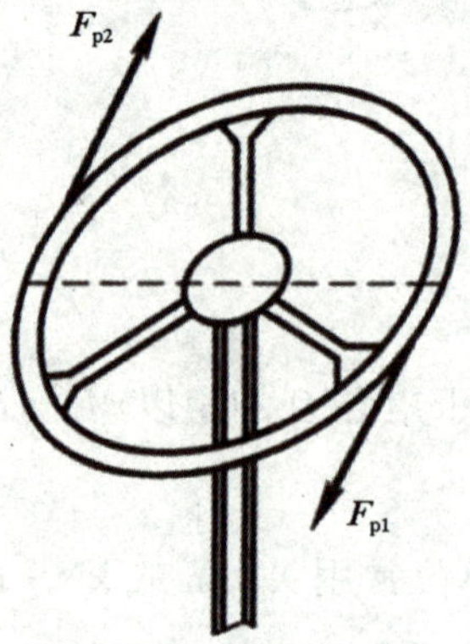

图 2-9　方向盘的作用力

力偶对物体产生的转动效应，用力偶矩 $\boldsymbol{M}$ 来度量，力偶矩是力偶的一个力（$\boldsymbol{F}_{\mathrm{p}}$）与力偶臂（$h$）的乘积（与矩心的位置无关，无须附注矩心），它的计算公式为

$$M=F_{p}h \tag{2-3}$$

常用图 2-10 所示的符号表示力偶，M 为力偶的矩。

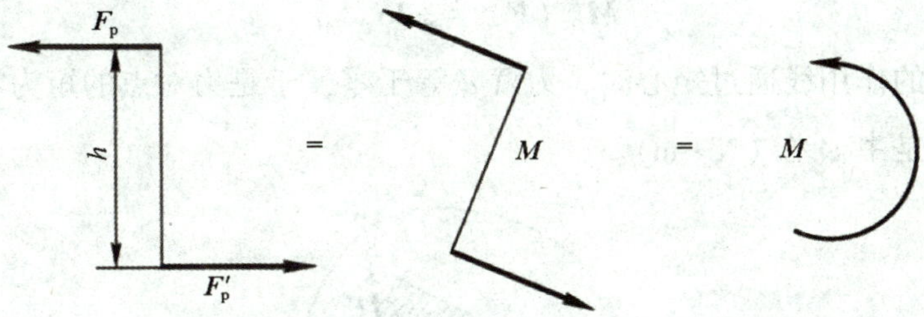

图 2-10 力偶符号

二、力对点的矩

作用在物体上的力可以使物体移动，力所产生的移动效果与力的大小和方向有关。力也能使物体转动，力所产生的转动效果与哪些因素有关，如何度量这一转动效果是我们将要讨论的问题。

在扳手上加一力 F 可以使扳手绕螺母过点 O 垂直于图面的轴线旋转（图 2-11）。经验证明，力 F 使扳手绕轴线的转动效果与三个因素有关：力 F 的大小；转动中心 O 到力 F 作用线的距离 d；力 F 使扳手转动的方向。总之，力 F 使扳手绕点 O 转动的效果可用代数量 $\pm Fd$ 来确定，正、负号表示扳手的两个不同的转动方向。确定力使物体绕点转动效果的这个代数量 $\pm Fd$，称为力 F 对点 O 的矩。点 O 称为矩心，点 O 到力 F 作用线的距离 d 称为力臂。

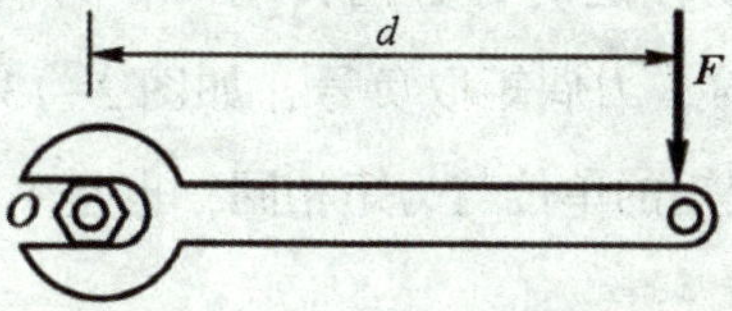

图 2-11 扳手上的作用力

在一般情况下，物体受力 F 作用（图 2-12），力 F 使物体绕平面上任意点 O 的转动效果，可用力 F 对 O 点的矩来度量。于是，可将力 F 对点的矩定义如下：力对点的矩是力使物体绕点转动效果的度量，它是一个代数量，其绝对值等于力的大小与力臂之积。其正负可做如下规定：力使物体绕矩心逆时针转动时取正号，反之取负号。

力 F 对 O 点的矩用符号 M_O（F）表示，即

$$M_O(F)=\pm Fd \tag{2-4}$$

由图 2-12 可以看出，力对点的矩还可以用以矩心为顶点，以力矢量为底边所构成的三角形的面积的 2 倍来表示，即

$$M_O(F) = \pm 2S_{\triangle OAB} \tag{2-5}$$

显然，当力的作用线通过矩心时，力臂 d 等于零，于是力对点的矩为零。

力矩的单位是牛·米（N·m）。

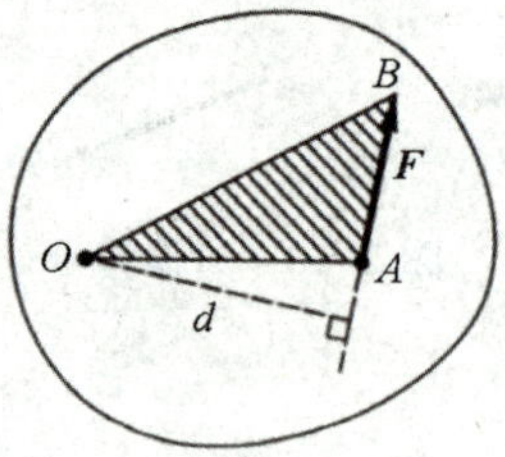

图 2-12　物体受力 F 作用

三、力偶矩

力偶与力是两种不同性质的力。在一般情况下，单个力既能使物体产生移动效应，又能使物体产生转动效应，而力偶对物体的作用只能使其产生转动效应。这种转动效应是用力偶中的一个力与力偶臂的乘积来量度的，称为力偶矩，用符号 M 表示，即

$$M = \pm Fd \tag{2-6}$$

乘积 Fd 表示力偶矩的大小，若力偶的力 F 越大，或力偶臂 d 越长，则力偶使物体转动的效应就越强；反之就越弱。式（2-6）中的正负号表示力偶使物体转动的方向，在平面问题中一般规定：力偶使物体逆时针方向转动时，力偶矩取正号，如图 2-13（a）所示；使物体顺时针方向转动时，力偶矩取负号，如图 2-13（b）所示。所以，在平面问题中力偶矩为一个代数量。力偶矩的单位与力矩相同，也是牛·米（N·m）。

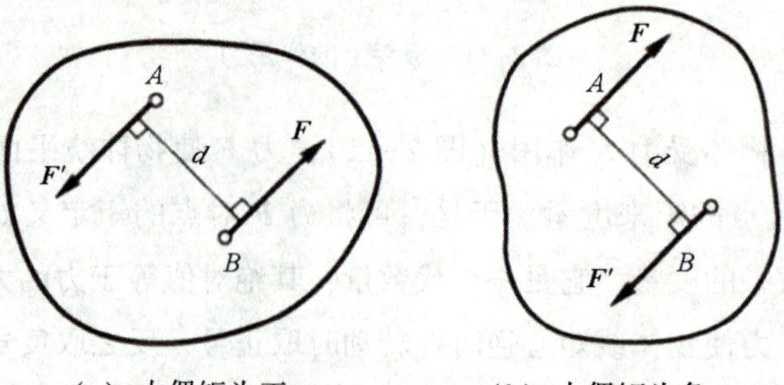

（a）力偶矩为正　　（b）力偶矩为负

图 2-13　力偶矩

四、力偶的基本性质

性质 1：力偶既不能合成一个力，也不能与一个力平衡，力偶只能和力偶平衡。

验证：设 $\boldsymbol{F}$ 和 $\boldsymbol{F}'$ 为大小相等、方向相反、作用线相互平行且不共线的两个力，力与 x 轴的夹角为 α，如图 2-14 所示。由合力投影定理得

$$\sum F_x = F\cos\alpha - F'\cos\alpha = F\cos\alpha - F\cos\alpha = 0$$

$$\sum F_y = F\sin\alpha - F'\sin\alpha = F\sin\alpha - F\sin\alpha = 0$$

$$F_R = \sqrt{\left(\sum F_x\right)^2 + \left(\sum F_y\right)^2} = 0$$

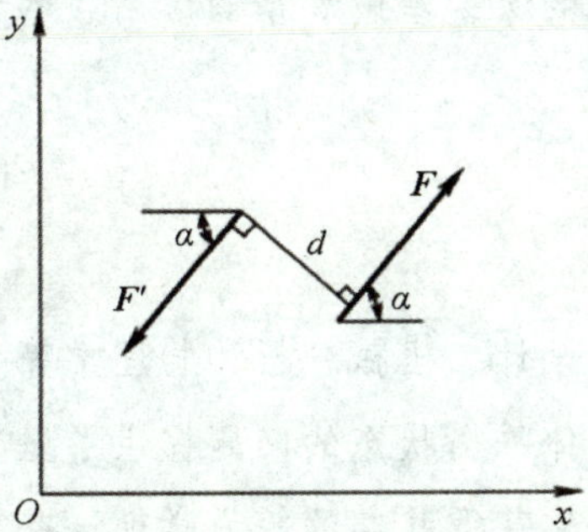

图 2-14　力偶的基本性质

这表明力偶不能合成一个力，即力偶无合力。力偶不能与一个力等效，也就不能和一个力平衡。因此，力偶对物体不产生移动效应，只产生转动效应，力偶只能与力偶平衡。

性质 2：力偶对其作用面内任一点之矩恒等于其力偶矩，而与矩心的位置无关。

性质 3：在同一平面内的两个力偶，如果它们的力偶矩的大小相等、转向相同，则这两个力偶彼此等效。

由以上性质可得到以下两个推论。

推论 1：只要保持力偶矩的大小和转向不变，力偶就可在其作用平面内任意移动，而不改变它对物体的转动效应。

推论 2：只要保持力偶矩的大小和力偶的转向不变，就可以同时改变力偶中力的大小和力偶臂的长短，而不改变力偶对物体的作用效应。

由上述力偶的性质和推论可知，力偶对物体的转动效应完全取决于力偶矩的大小、力偶的转向和力偶的作用面，这就是力偶的三要素。

任务三 静力学公理与定理

任务描述

在建筑力学中，静力学是研究物体在力的作用下保持平衡状态的一门科学。它不仅帮助人们理解自然界中的物理现象，还在工程设计、机械制造等多个领域有着广泛的应用。从桥梁到高楼大厦，从简单的杠杆工具到复杂的航天器结构，每一个成功的设计背后都离不开对静力学原理的深刻理解和精确应用。本任务将带领大家进入静力学的核心——静力学公理与定理。

任务分析

静力学公理与定理在工程设计、机械分析和物理学等多个领域中起着至关重要的作用。它们为理解和解决涉及物体平衡状态的问题提供了坚实的理论基础和实用工具。通过本任务的学习，读者不仅能够获得扎实的静力学理论基础，还能够在实践中灵活运用这些知识。

任务实施

一、静力学公理

1. 公理一：二力平衡条件

作用在刚体上的两个力，使刚体保持平衡的充分必要条件是：这两个力的大小相等，方向相反，作用在同一个刚体，且作用在同一直线上。这就是二力平衡条件，如图 2-15 所示。

$$\boldsymbol{F}_{p1}=-\boldsymbol{F}_{p2} \tag{2-7}$$

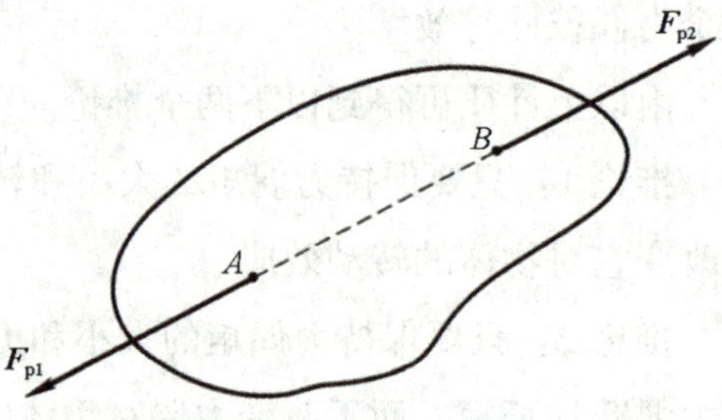

图 2-15 二力平衡条件

这个公理表明了作用于刚体上的最简单的力系平衡时所必须满足的条件。值得注意的是，公理一只适用于刚体，对于变形体只是必要条件而不是充分条件。例如，绳索在等值、反向、共线的两个拉力作用下可以处于平衡状态；但绳索在等值、反向、共线的两个压力作用下则不能平衡。

由此可见，对于变形体的平衡来说，除了满足刚体静力学的平衡条件外，还应满足与变形体的物理性质有关的相关条件。

工程上常遇到仅在两点受力作用下处于平衡状态的构件或杆件，通常称之为二力构件或二力杆。

2. 公理二：加减平衡力系原理

加减平衡力系原理：在作用于刚体的任意已知力系中，加上或减去任意的平衡力系，不改变原力系对刚体的作用效果。也就是说，如果两个力系只相差一个或几个平衡力系，则它们对刚体的作用效果是相同的，因此这两个力系可以等效替换。

根据上述公理可以导出下列定理。

力的可传性原理：作用于刚体上的力在刚体内沿着它的作用线移到任意一点，并不改变该力对刚体的作用。

证明：设有力 $\boldsymbol{F}_p$ 作用在刚体上的 A 点，如图 2-16（a）所示。根据加减平衡力系原理，可在力的作用线上任取一点 B，并加上两个相互平衡的力 $\boldsymbol{F}_{p1}$ 和 $\boldsymbol{F}_{p2}$，使 $\boldsymbol{F}_{p2}=-\boldsymbol{F}_{p1}=\boldsymbol{F}_p$，如图 2-16（b）所示。由于力 $\boldsymbol{F}_p$ 和 $\boldsymbol{F}_{p1}$ 也是一个平衡力系，故可去掉，这样只剩下一个力 F_{p2}，如图 2-16（c）所示。力 $\boldsymbol{F}_{p2}$ 与力 $\boldsymbol{F}_p$ 的大小、方向、作用线都相同，只是作用点从 A 点移动到 B 点，因此，作用效果不变。

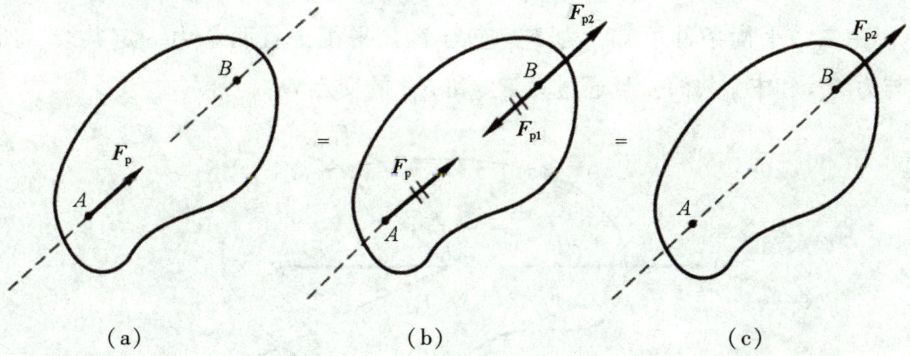

图 2-16　力的可传性原理

由此可见，对于刚体来说，力的作用点已不是决定力的作用效果的要素，它已被作用线所代替。因此，作用于刚体上的力的三要素是力的大小、方向和作用线。

应当指出，力的可传性只适用于刚体，不适用于变形体。

3. 公理三：力的平行四边形定则

力的平行四边形定则：作用于刚体上一点的两个力的合力也作用于同一点，且合力的大小可用这两个力为边的平行四边形的对角线来表示。

如图 2-17 所示，有两个力（$\boldsymbol{F}_{p1}$，$\boldsymbol{F}_{p2}$）作用在物体上同一点 A，利用几何法将其合成合力 $\boldsymbol{F}_R$。具体做法是：用这两个力（$\boldsymbol{F}_{p1}$，$\boldsymbol{F}_{p2}$）为边构成平行四边形 $ABCD$，则合力 $\boldsymbol{F}_R$ 的大小和方向可由构成的平行四边形的对角线确定。合力的作用点在两个已知力的汇交点 A 处。上述就是根据力的平行四边形定则求得的合力 $\boldsymbol{F}_R$。

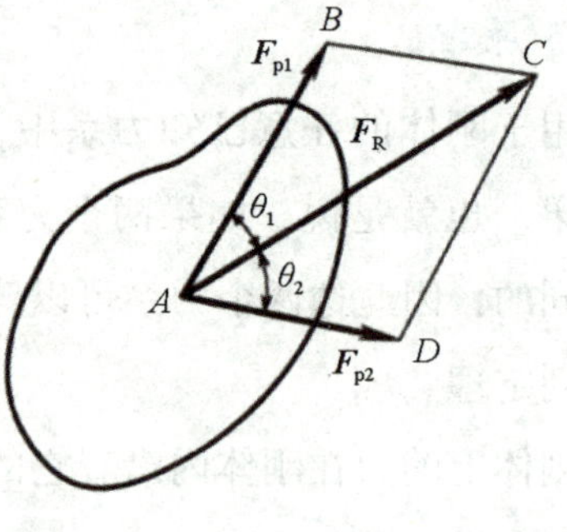

图 2-17　力的平行四边形定则

三力平衡汇交定理：如果作用于刚体上的三个力是相互平衡的力，那么其中任意两个力的合力一定与第三个力满足二力平衡条件，同时此三力必在同一平面内，且三个力的作用线一定汇交于一点。

证明：如图 2-18 所示，在刚体的 A、B、C 三点上，作用三个相互平衡的力 $\boldsymbol{F}_{p1}$、$\boldsymbol{F}_{p2}$、$\boldsymbol{F}_{p3}$。根据力的可传性，将力 $\boldsymbol{F}_{p1}$ 和 $\boldsymbol{F}_{p2}$ 移到汇交点 O，然后根据力的平行四边形定则，得合力 $\boldsymbol{F}_{R12}$。由二力平衡条件可知，力 $\boldsymbol{F}_{p3}$ 应与 $\boldsymbol{F}_{R12}$ 平衡，且两个力一定共线。所以，力 $\boldsymbol{F}_{p3}$ 必定与力 $\boldsymbol{F}_{p1}$ 和 $\boldsymbol{F}_{p2}$ 共面，且通过力 $\boldsymbol{F}_{p1}$ 和 $\boldsymbol{F}_{p2}$ 的交点 O。

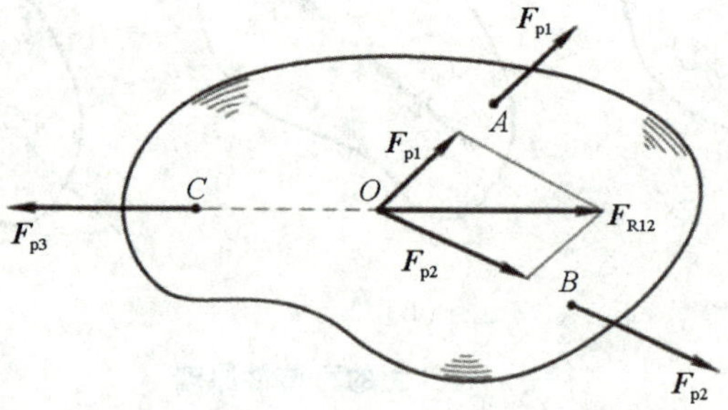

图 2-18　三力平衡汇交定理

4. 公理四：作用和反作用定律

作用和反作用定律：作用力和反作用力总是同时存在的，且大小相等、方向相反，沿着同一直线作用，但分别作用在两个相互作用的物体上。

这个公理概括了物体间相互作用的关系，表明作用力和反作用力总是成对出现的。下面举一个实例来说明。

如图 2-19（a）所示，用绳索悬吊一重物于固定装置 AB 上，重物受到重力 $\boldsymbol{F}_{\mathrm{p}}$ 和绳索拉力 $\boldsymbol{F}_{\mathrm{T}}$ 的作用。重力 $\boldsymbol{F}_{\mathrm{p}}$ 和绳索拉力 $\boldsymbol{F}_{\mathrm{T}}$ 二力平衡。绳索拉力 $\boldsymbol{F}_{\mathrm{T}}$ 是固定装置 AB 对重物的拉力，作用在重物上；同时，重物对固定装置 AB 也有一个拉力 $\boldsymbol{F}_{\mathrm{T}}'$ 作用在固定装置 AB 上，如图 2-19（b）所示，两者等值、反向共线，即 $\boldsymbol{F}_{\mathrm{T}}=-\boldsymbol{F}_{\mathrm{T}}'$，这两个力就是作用力和反作用力。

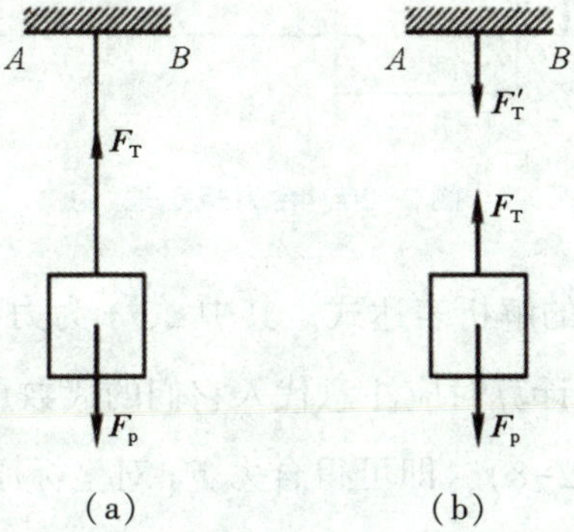

图 2-19 作用和反作用定律

必须指出，不能把作用和反作用定律与二力平衡条件相混淆，作用力与反作用力是作用在两个物体上，所以它们不能互相平衡。所谓平衡是指同一物体上所受力的平衡。

5. 公理五：刚化原理

刚化原理：当变形体在已知力系作用下处于平衡状态时，如将此变形体视为刚体（刚化），则平衡状态保持不变。

这个公理提供了把变形体看作刚体模型的条件。处于平衡状态的变形体，总可以把它视为刚体来研究，这就建立了刚体力学与变形体力学间的联系。

二、合力矩定理

合力矩定理：平面力系的合力对作用平面内任一点的力矩等于力系中各力对同一点力矩的代数和，即

$$M_O(\boldsymbol{F}_{\mathrm{R}})=M_O(\boldsymbol{F}_{\mathrm{p1}})+M_O(\boldsymbol{F}_{\mathrm{p2}})+\cdots+M_O(\boldsymbol{F}_{\mathrm{p}n})=\sum_{i=1}^{n}M_O(\boldsymbol{F}_{\mathrm{p}i}) \tag{2-8}$$

如图 2-20 所示，已知力 $\boldsymbol{F}_{\mathrm{p}}$、作用点 A（x，y）及其夹角 α，欲求力 $\boldsymbol{F}_{\mathrm{p}}$ 对坐标原点 O 之矩，可按式（2-8），通过其分力 $\boldsymbol{F}_x$ 与 $\boldsymbol{F}_y$ 对点 O 之矩代数和得到，即

$$M_O(\boldsymbol{F}_{\mathrm{p}})=M_O(\boldsymbol{F}_y)+M_O(\boldsymbol{F}_x)=xF_{\mathrm{p}}\sin\alpha-yF_{\mathrm{p}}\cos\alpha$$

或

$$M_O(\boldsymbol{F}_{\mathrm{p}})=x\boldsymbol{F}_y-y\boldsymbol{F}_x \tag{2-9}$$

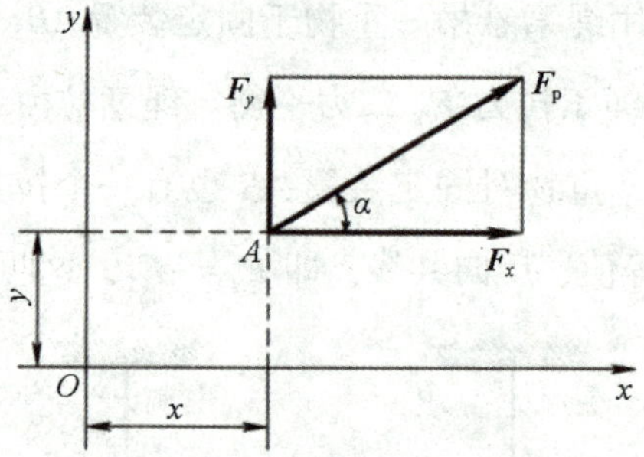

图 2-20　合力矩定理

式（2-9）为平面内力矩的解析表达式。其中 x、y 为力 $\boldsymbol{F}_{\mathrm{p}}$ 作用点的坐标；$\boldsymbol{F}_x$、$\boldsymbol{F}_y$ 分别为力 $\boldsymbol{F}_{\mathrm{p}}$ 在 x、y 轴的分力。计算时应注意代入它们的代数量。

若将式（2-9）代入式（2-8），即可得合力 $\boldsymbol{F}_{\mathrm{R}}$ 对坐标原点之矩的解析表达式，即

$$M_O(\boldsymbol{F}_{\mathrm{R}}) = \sum_{i=1}^{n}(x_i F_{yi} - y_i F_{xi}) \tag{2-10}$$

三、平面力偶等效定理

平面力偶等效定理：在同平面内的两个力偶，如果力偶矩相等，则两力偶彼此等效。该定理给出了在同一平面内力偶等效的条件。

平面力偶等效定理的应用非常广泛，如在桥梁设计中，可以将桥梁两边的动车风压等效为一个竖直向下的力和一个力臂，以便进行结构计算。在物体平衡问题中，平面力偶等效定理可以将多个力偶等效为一个力和一个力矩，从而简化计算过程。

平面力偶等效定理是力学中的重要理论的平衡问题的计算。通过应用这个定理，我们可以更方便地解决各种力学问题，并为工程设计和物体平衡问题提供有效的解决方法。

四、力的平移定理

为了研究平面力系对刚体的作用效应，需将力系进行简化，力的平移定理就是力系简化的依据。

作用在物体上的力，它对物体作用的效应，取决于力的三要素：力的大小、方向和作用点。如果只讨论物体的外效应，那么可将作用点扩大为作用线。由力的可传性可以得到上述结论。

如图 2-21（a）所示，在刚体上有一力 $\boldsymbol{F}_{\mathrm{p}}$ 作用在 A 点，欲将其等效地平移到刚体上的任一点 B。为此，在 B 点加上一对大小相等、方向相反、作用线与 $\boldsymbol{F}_{\mathrm{p}}$ 的作用线平行的

一对平衡力 $\boldsymbol{F}'_p$ 和 $\boldsymbol{F}''_p$，并令 $\boldsymbol{F}_p=\boldsymbol{F}'_p=-\boldsymbol{F}''_p$。根据加减平衡力系原理，新力系与原力系等效，如图 2-21（b）所示。图 2-21（b）中的力系可以看作由作用在 B 点的一个力 $\boldsymbol{F}'_p$ 和一个附加力偶（$\boldsymbol{F}_p$，$\boldsymbol{F}''_p$）组成。在此基础上，根据力偶等效定理，附加力偶（$\boldsymbol{F}_p$，$\boldsymbol{F}''_p$）可以用力偶矩 $M=F_p h$ 来表示，如图 2-21（c）所示。经过如此变换，就将力 $\boldsymbol{F}_p$ 等效地移动到了 B 点。由此可得力的平移定理：作用在刚体上的力 $\boldsymbol{F}_p$ 可以平移其作用线到刚体上任意一点处，但必须附加一个力偶，此附加力偶的矩等于原来的力 $\boldsymbol{F}_p$ 对新作用点的力矩。

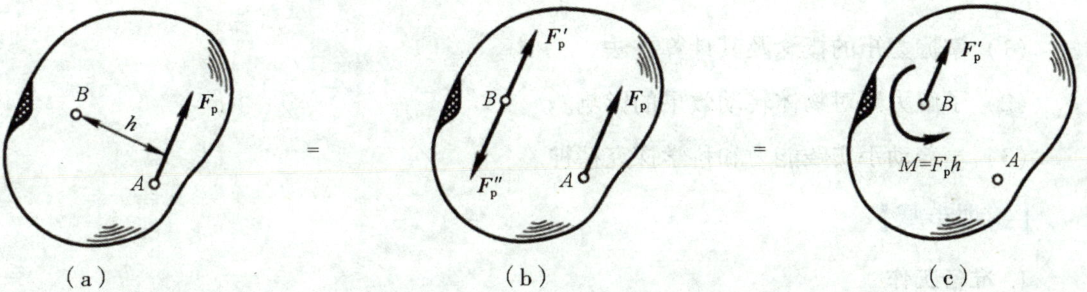

图 2-21　力的平移定理

图 2-21 的逆过程也是成立的，即同平面的一个力和一个力偶总可以合成一个力，这个力的大小和方向与原来的力相同，但它们的作用线却要有一定的距离，其距离为

$$h=\frac{|M|}{F_p} \tag{2-11}$$

力的平移定理不仅是力系简化的理论依据，也是分析力对物体作用效应的一个重要方法。

项目小结

本项目主要介绍了静力学的基本概念、力矩与力偶，以及静力学公理与定理。首先，介绍了力与力系，涵盖力的三要素（大小、方向和作用点）及不同类型的力系分类，并探讨了刚体模型的应用。其次，介绍了力矩与力偶，包括力矩的概念及其计算方法、力偶的特性及其转动效应，通过实例解析加深理解。最后，介绍了静力学的公理与定理，如二力平衡条件、加减平衡力系原理、力的平行四边形定则等基本公理，以及合力矩定理、平面力偶等效定理、力的平移定理等关键定理。通过本项目的学习，读者能够掌握静力学的核心理论，能够在实际问题中灵活应用这些知识进行分析和对策，同时提升了逻辑思维能力和科学探究精神，为未来从事相关领域的研究和工作打下了坚实的基础。

项 目 工 单

【实训名称】

力矩的计算与验证。

【实训目的】

（1）掌握力矩的概念及其计算方法。

（2）了解力矩对物体转动效果的影响。

（3）培养动手实践能力和科学探究精神。

【实训步骤】

1. 准备工作

（1）确保所有工具和设备处于良好状态，并准备好所需的记录表格。

（2）将螺母固定在一个稳定的平台上，以便使用扳手进行操作。

2. 测量与记录

（1）使用直尺或卷尺测量并记录不同位置下力臂 h 的长度。

（2）利用弹簧秤在不同位置上施加已知大小的力 $\boldsymbol{F}$，并记录每次施加的力值。

（3）每次施加力时，确保力的方向与力臂垂直，可以使用角度计辅助校准。

3. 计算理论力矩

（1）根据公式 $M_O(\boldsymbol{F}_\mathrm{p}) = \pm F_\mathrm{p}h$，计算每个测量点处的理论力矩。

（2）注意根据实际转动方向选择正确的符号。

4. 实验验证

（1）观察并记录当施加不同的力和力臂组合时，螺母转动的情况。

（2）比较实验观察到的转动效果与理论计算得到的力矩值是否一致。

5. 数据分析与总结

（1）对比理论计算结果与实验观测结果，分析可能存在的差异及其原因。

（2）总结力矩对物体转动效果的影响规律，讨论如何通过调整力臂或施加力来改变转动效果。

6. **报告撰写**

完成实验报告，内容应包括实验目的、原理简介、实验步骤、数据记录、结果分析和结论等部分。

【实训评定】

请学生在实训过程中认真对待每一项任务，并根据评价表内容进行自评和互评，以便更好地了解自己在实训中的表现和进步空间。教师将根据实训表现给出最终评价。考核评价表如表 2-1 所示。

表 2-1 考核评价表

项目名称	评价内容	分值	评价分数		
			自评	互评	师评
职业素养考核项目（40%）	安全与规范意识	10 分			
	团队协作与沟通	10 分			
	职业态度与责任心	10 分			
	时间管理与效率	10 分			
专业能力考核项目（60%）	理论知识掌握	15 分			
	实验技能与数据分析	15 分			
	实验问题解决	15 分			
	报告撰写情况	15 分			
综合分数：______［自评（20%）+互评（20%）+师评（60%）］		100 分			

课后练习

一、填空题

1. 力的三要素包括力的______、力的______和力的______。

2. 根据力系中各力作用线的关系，可将力系分为______、______、______和______。

3. 力使物体移动的效应取决于它的______，而力使物体转动的效应则取决于______。

4. 矢量的指向按________确定。

5. 力的可传性只适用于________，不适用于________。

二、简答题

1. 简述力偶的性质。

2. 请问力矩与力偶的区别有哪些？

项目三

力学的平衡

项目导读

在工程实践中，结构的力学分析是确保建筑物、桥梁、机械设备等安全可靠运行的基础。无论是设计阶段还是施工过程中的优化调整，了解并掌握力系的简化、合成与平衡条件对于工程师而言都是不可或缺的知识。本项目旨在通过系统地学习平面和空间力系的相关理论，提升学生对实际工程问题的理解能力，培养解决复杂力学问题的能力，为将来从事相关领域的工作打下坚实的基础。

学习目标

知识目标

1. 深入理解平面力系和空间力系的概念、分类及特点。

2. 牢固掌握力的平移定理、力系简化方法及合成法则。

3. 精准记忆各种力系的平衡条件及对应平衡方程的推导过程与适用情形。

4. 清晰明确力对点的矩、力对轴的矩、力偶矩矢的概念、计算方法及相互关系。

能力目标

1. 熟练运用力系简化理论，准确求解主矢、主矩，精准分析复杂力系等效替换问题，提升力学模型简化与分析能力。

2. 正确选择几何法或解析法进行力的合成与分解，高效解决平面及空间力系合成计算任务，能灵活处理多力作用情境。

3. 依据不同力系平衡条件，精准建立平衡方程求解未知力，熟练处理实际工程中结构受力平衡分析，如求解平面结构或简单空间架构在荷载下的内力与反力。

4. 熟练将力学理论用于分析常见工程构件受力，准确绘制受力图、计算关键参数、评估结构稳定性与安全性、提供合理的设计改进建议。

素质目标

1. 培养严谨的科学态度，确保力学计算与分析的精确性，注重数据精度与单位的统一，如实记录处理结果。

2. 锻炼逻辑思维，通过构建力系分析流程、推导平衡方程、剖析力与力矩关系，形成清晰的逻辑链条，提升复杂问题的逻辑推导与结构化的思维能力。

3. 提升自主学习与知识拓展能力，主动钻研力学前沿技术，积极探索跨学科领域力学应用，拓宽知识视野。

4. 强化团队协作意识，在大型工程力学项目中团队成员积极沟通、合理分工、协同攻克难题、发挥专长，提升团队整体效能。

思政目标

1. 领略力学发展历程中科学家（如牛顿、阿基米德、欧拉）的创新精神与科学追求，激发创新意识与探索精神，为科技创新贡献智慧。

2. 树立正确工程伦理观，设计计算时兼顾力学原理、安全标准、经济成本与环境影响，确保工程可持续发展，造福社会。

任务一　平面力系的简化

任务描述

工程师在设计一座桥梁时，不仅需要考虑桥面承受车辆行驶带来的垂直荷载，还要考虑应对风力、地震等横向作用力。这些不同方向、大小各异的力构成了一个复杂的力系。如果能够找到一种方法，把这样一个复杂的力系简化成一个简单的模型，那么工程师的设计工作将会变得更加直观和高效。本任务将深入探讨平面力系的简化。

任务分析

在工程实践中，结构或构件往往受到多个力的作用，这些力共同影响着结构的安全性和稳定性。通过本任务的学习，读者将学会如何应用力的平移定理与平面力系向一点的简化。

任务实施

如果在一个力系中，各力的作用线均匀分布在同一平面内，但它们既不完全平行，又不汇交于同一点，那么将这种力系称为平面一般力系，简称平面力系。

平面力系的研究与讨论，无论在理论上还是在实际工程中都有着重要的意义。首先，平面力系概括了平面内各种特殊力系，同时又是研究空间力系的基础。其次，平面力系是工程中最常见的一种力系，如在很多实际工程中的结构（或构件）和受力都具有同一对称面，此时作用力就可简化为作用在对称面内的平面力系。

如果平面力系中各力的作用线均汇交于一点，则称此力系为平面汇交力系。

如果平面力系中各力的作用线均相互平行，则称此力系为平面平行力系。

如果平面力系仅由力偶组成，则称此力系为平面力偶系。

在作用效果等效的前提下，用最简单的力系来代替原力系对刚体的作用，称为力系的简化。为了便于研究任意力系对刚体的作用效应，常需进行力系的简化。

一、力的平移定理

对刚体而言，根据力的可传性原理，力的三要素为力的大小、方向和作用点。无论改变力的三要素中的哪一个，力的作用效应都将发生变化。如果保持力的大小、方向不变，将力的作用线平行移动到同一刚体的任意一点，则力对刚体的作用效应必定要发生变化；若要保持力对刚体的作用效应不变，则必须要有附加条件。

作用在刚体上的力可以平移到刚体上任意一个指定位置，但必须在该力和指定点所决定的平面内附加一个力偶，附加力偶的矩等于原力对指定点之矩，这个结论称为力的平移定理，可表示为

$$M=Fd=M_B(\boldsymbol{F}) \tag{3-1}$$

根据力向点平移的逆过程，总可以将同平面内的一个力 $\boldsymbol{F}$ 和力偶矩为 M 的力偶简化为一个力 $\boldsymbol{F}'$，此力 $\boldsymbol{F}'$ 与原力 $\boldsymbol{F}$ 大小相等、方向相同，作用线间的距离为 $d=M/F$，至于 $\boldsymbol{F}'$ 在 $\boldsymbol{F}$ 的哪一侧，则视 $\boldsymbol{F}$ 的方向和 M 的转向而定。

二、平面力系向一点的简化

O 为简化中心，平面力系向 O 点简化，如图 3-1 所示。

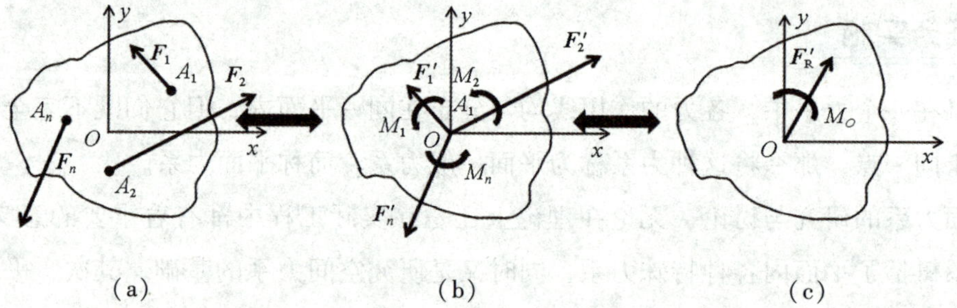

图 3-1　平面力系简化图

主矢： $$F'_R = F'_1 + F'_2 + \cdots + F'_n = F_1 + F_2 + \cdots + F_n = \sum F_i \quad (3\text{-}2)$$

由式（3-2）可知，由于原力中各力的大小和方向都是一定的，它们的矢量和也是一定的，即对一个已知力系来说，主矢与简化中心位置无关。

主矩： $$M_O = M_1 + M_2 + \cdots + M_n = M_O(F_1) + M_O(F_2) + \cdots + M_O(F_n)$$

$$M_O = \sum M_O(F_i) \quad (3\text{-}3)$$

由式（3-3）可知，力系中各力对不同的简化中心的矩是不同的，力系的主矩一般与简化中心的位置有关，符号中的下标 O 就是表示简化中心为 O。

$$\begin{cases} F_{Rx} = F'_{1x} + F'_{2x} + \cdots + F'_{nx} = F_{1x} + F_{2x} + \cdots + F_{nx} = \sum F_x \\ F_{Ry} = F'_{1y} + F'_{2y} + \cdots + F'_{ny} = F_{1y} + F_{2y} + \cdots + F_{ny} = \sum F_y \end{cases}$$

$$M_O = \sum M_O(F_i) \quad (3\text{-}4)$$

平面一般力系向作用面内任意一点简化的结果，一般是一个力和一个力偶。这个力的作用线通过简化中心，其大小和方向决定于原力系中各力的矢量和，即等于原力系的主矢，与简化中心的具体位置无关；这个力偶的矩等于原力系中各力对简化中心之矩的代数和，即等于原力系对简化中心的主矩，它一般随简化中心位置的变化而变化。

平面力系向一点简化所得到的主矢和主矩，并不是该力系简化的最终结果，因此有必要根据力系的主矢和主矩这两个量可能出现的几种情况做进一步的讨论。

（1）$F'_R = 0$，$M_O \neq 0$，此时原力系只与一个力偶等效，此力偶称为原力系的合力偶。所以原力系简化的最后结果是一个合力偶，其矩等于原力系各力对简化中心 O 的主矩 $\sum M_O(F_i)$，此主矩与简化中心的位置无关。因为根据力偶的性质，力偶矩与矩心的位置无关，也就是说，原力系无论是对哪一点进行简化，其最后结果都是一样的。

（2）$F'_R \neq 0$，$M_O = 0$，此时原力系只与一个力等效，此力称为原力系的合力。所以原力系简化的最后结果是一个合力，它等于原力系的主矢 $\sum F_i$，作用线通过简化中心。如

果用 F_R 表示合力，则有

$$F_R = F'_R = \sum F_i \tag{3-5}$$

(3) $F'_R \neq 0$, $M_O \neq 0$，此时可根据力的平移定理的逆过程，将作用线通过 O 点的力 F'_R 所及矩为 M_O 的力偶合成为一个作用线通过 A 点的力，此力称为原力系的合力，如图 3-2 所示，且有

$$F_R = F'_R = \sum F_i \tag{3-6}$$

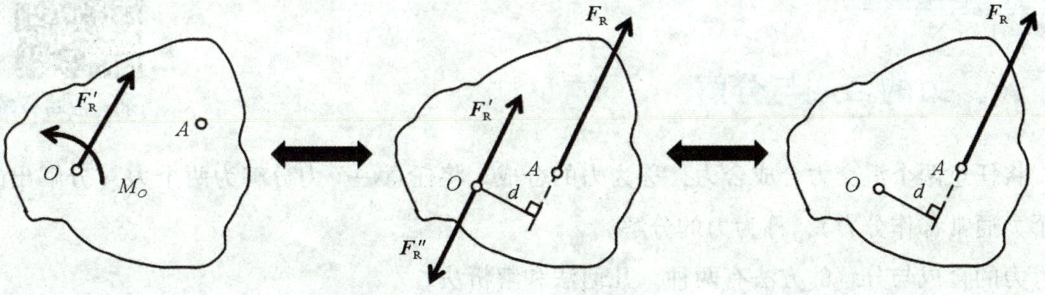

图 3-2　原力系的合力

合力作用线到 O 点的距离 d 为

$$d = \frac{|M'_O|}{F'_R} \tag{3-7}$$

合力 F_R 在主矢 F'_R 的哪一侧，要根据主矩的正负来确定。

从（2）和（3）可知，只要力系向某一点简化所得的主矢 F'_R 不等于零，则无论主矩 M_O 是否为零，最终均能简化为一个合力 F_R。

(4) $F'_R = 0$, $M_O = 0$，此时原力系是一个平衡力系。

任务二　力系的合成与平衡

任务描述

在工程实践中，结构或构件常常受到多个力的同时作用。这些力不仅来自外部环境，还包括内部荷载（如建筑物自重、设备重力等）。为了确保结构的安全性和稳定性，工程师必须能够准确地分析和处理这些复杂力系。本任务将学习力系的合成与平衡。

任务分析

力系的合成与平衡不仅仅是一个抽象的物理概念，它贯穿于我们的日常生活之中，从大型基础设施到个人用品的设计，从专业竞技到日常活动的安全保障，都离不开这一基本原理的支持。通过本任务的学习，读者将深入理解力系合成与分解的基本原理，掌握几何法和解析法的应用，并熟悉不同类型平面力系及其合成方法。

任务实施

力的合成与分解

一、力的合成与分解

将任意两个汇交力合成合力，称为力的合成。将任意一个力分解为两个力（分解出的两个力通常称作分力），称为力的分解。

力的合成与分解的方法有两种：几何法和解析法。

1. 几何法

（1）图解法

① 力的合成。如图 3-3（a）所示，选取适当的比例尺表示力的大小，按选定的比例尺作出力 $\boldsymbol{F}_{p1}$ 和 $\boldsymbol{F}_{p2}$ 的大小，按力的平行四边形定则作出平行四边形 $ABCD$，量取对角线 AC 和角 θ_1 或 θ_2 即可确定合力 $\boldsymbol{F}_R$。

用图解法求合力矢量时，可以不作如图 3-3（a）所示的力的平行四边形，而采用力的三角形作图法求得。具体做法是：选取适当的比例尺表示力的大小，按选定的比例尺依次作出两个力矢量 $\boldsymbol{F}_{p1}$ 和 $\boldsymbol{F}_{p2}$，并使两矢量首尾相连，再从第一个矢量的起点向第二个矢量的终点引矢量 $\boldsymbol{F}_R$，它就是按选定比例尺所表示的合力矢量，如图 3-3（b）、图 3-3（c）所示。此方法称为力的三角形法则。

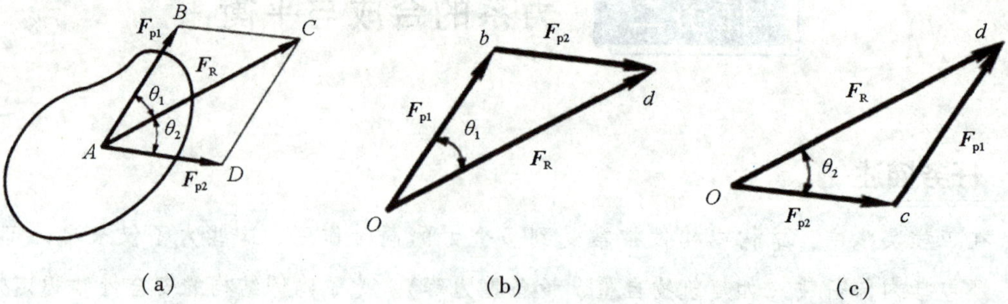

图 3-3　力的合成

② 力的分解。力的分解也可以利用力的平行四边形定则。但是，以这个力为对角线可以作出无数多个平行四边形，可得无数组分力。所以，在求解具体问题时，可以给出必要的附加条件：条件一为已知一个分力的大小与方向；条件二为已知两个分力的方向。这样就可以得到一组确定的分力。

图 3-3 中，$\boldsymbol{F}_{p1}$ 和 $\boldsymbol{F}_{p2}$ 也可以看作由力 $\boldsymbol{F}_R$ 分解而成，当 θ_1、θ_2 取不同的值时，将有不同的分力 $\boldsymbol{F}_{p1}$ 和 $\boldsymbol{F}_{p2}$。当 $\theta_1+\theta_2=90°$时，属于特殊情况，称为正交分解。

当不给定两个分力的具体方向角（θ_1，θ_2）或其中一个分力的具体大小与方向角（θ）时，通常采用正交分解来进行力的分解。

（2）数解法

合力的大小与方位角也可利用力的平行四边形的几何关系求解，利用数学演算来求解问题的方法称为数解法。

具体解法如下：如图 3-4 所示，两个分力 $\boldsymbol{F}_{p1}$ 和 $\boldsymbol{F}_{p2}$ 的大小及它们之间的夹角 α 是已知的，对图 3-4（a）中平行四边形 $ABCD$ 的一半［或图 3-4（b）中的三角形］应用余弦定理，可求得合力的大小为

$$F_R=\sqrt{F_{p1}^2+F_{p2}^2+2F_{p1}F_{p2}\cos\alpha} \tag{3-8}$$

再用正弦定理确定合力 $\boldsymbol{F}_R$ 与分力的夹角，有

$$\frac{F_R}{\sin\alpha}=\frac{F_{p1}}{\sin(\alpha-\varphi)}=\frac{F_{p2}}{\sin\varphi} \tag{3-9}$$

由式（3-8）、式（3-9）可得合力 $\boldsymbol{F}_R$ 的数值与方向角（φ 或 $\alpha-\varphi$）。

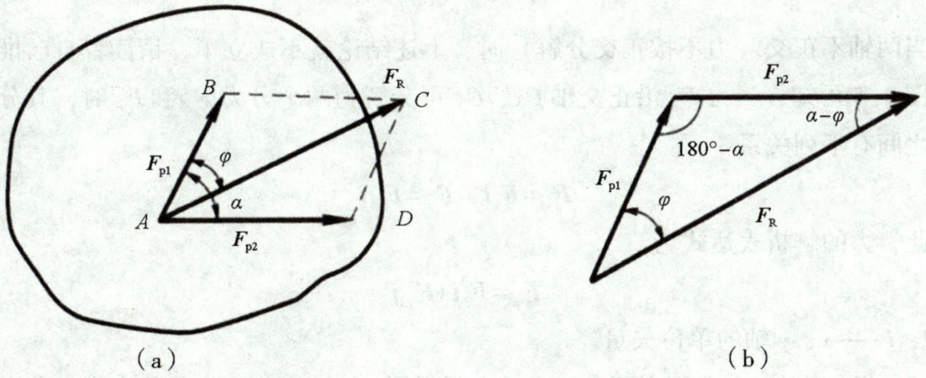

图 3-4 合力的数值与方向角

2. 解析法

解析法是通过力矢在坐标轴上的投影来分析力的合成与分解。换句话说，解析法就是利用正交分解来分析力的合成与分解的。

如图 3-5 所示，已知力 F_p 与平面内正交轴 x、y 的夹角分别为 α、β，力在某轴的投影等于力的大小乘以力与投影轴正向间夹角的余弦。则力 F_p 在 x、y 轴上的投影（X、Y）分别为

$$\begin{cases} X = F_p\cos\alpha \\ Y = F_p\cos\beta \end{cases} \tag{3-10}$$

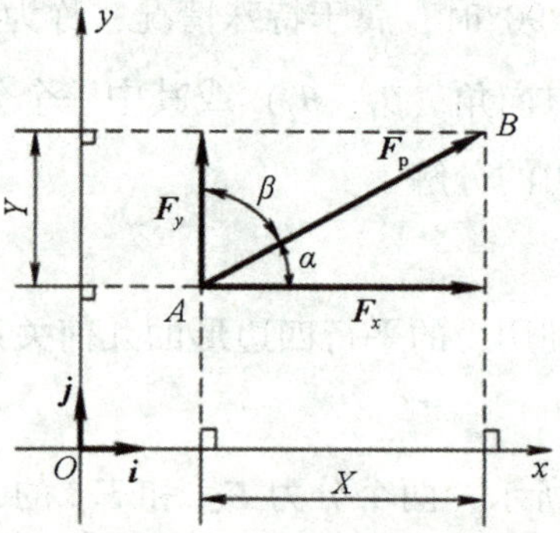

图 3-5　解析法实例

力在轴上的投影为代数量，当力与轴间夹角为锐角时，其值为正；当夹角为钝角时，其值为负。

当 F_p 沿正交的 x、y 轴分解为两个分力 F_x 和 F_y 时，它们的大小恰好等于力 F_p 在两个轴上的投影 X 和 Y 的绝对值。

$$\begin{cases} F_x = F_p\cos\alpha \\ F_y = F_p\cos\beta \end{cases} \tag{3-11}$$

但当两轴不正交（力不按正交分解）时，上述结论就不成立了，请读者自己推证。

由图 3-5 可知，当力 F_p 沿正交轴 Ox、Oy 可分解为两个分力 F_x 和 F_y 时，其分力与力的投影之间有下列关系：

$$\boldsymbol{F}_x = F_x\boldsymbol{i}，\boldsymbol{F}_y = F_y\boldsymbol{j}$$

由此，力的解析表达式为

$$\boldsymbol{F}_p = F_x\boldsymbol{i} + F_y\boldsymbol{j} \tag{3-12}$$

式中　$\boldsymbol{i}$、$\boldsymbol{j}$——x、y 轴的单位矢量。

显然，已知力 F_p 在平面内两个正交轴上的投影 F_x 和 F_y，该力矢的大小和方向余弦分别为

$$\begin{cases} F_p = \sqrt{F_x^2 + F_y^2} \\ \cos(\boldsymbol{F}_p, \boldsymbol{i}) = \dfrac{F_x}{F_p}，\cos(\boldsymbol{F}_p, \boldsymbol{j}) = \dfrac{F_y}{F_p} \end{cases} \tag{3-13}$$

如图 3-5 所示，式（3-13）也可写为

$$\begin{cases} F_p = \sqrt{F_x^2 + F_y^2} \\ \cos\alpha = \dfrac{F_x}{F_p},\ \cos\beta = \dfrac{F_y}{F_p} \end{cases} \tag{3-14}$$

必须注意，力在轴上的投影为代数量，而力沿轴的分量 $\boldsymbol{F}_x$ 和 $\boldsymbol{F}_y$ 为矢量，二者不可混淆。

二、平面力系的合成

1. 平面汇交力系的合成

由图 3-3（a）可以看出，合力 $\boldsymbol{F}_R$ 等于两个力（$\boldsymbol{F}_{p1}$，$\boldsymbol{F}_{p2}$）的矢量和（或称几何和），即

$$\boldsymbol{F}_R = \boldsymbol{F}_{p1} + \boldsymbol{F}_{p2} \tag{3-15}$$

同理，设平面汇交力系包含 n 个力（$\boldsymbol{F}_{p1}$，$\boldsymbol{F}_{p2}$，…，$\boldsymbol{F}_{pn}$），以 $\boldsymbol{F}_R$ 表示它们的合力，则有

$$\boldsymbol{F}_R = \boldsymbol{F}_{p1} + \boldsymbol{F}_{p2} + \cdots + \boldsymbol{F}_{pn} = \sum_{i=1}^{n} \boldsymbol{F}_{pi} = \sum \boldsymbol{F}_p \tag{3-16}$$

式（3-16）表示合力 $\boldsymbol{F}_R$ 等于平面汇交力系中各个力的矢量和（几何和），合力的作用线通过汇交点。合力 $\boldsymbol{F}_R$ 对刚体的作用与原力系对该刚体的作用等效。$\sum_{i=1}^{n} \boldsymbol{F}_{pi}$ 表示 $i=1$ 到 $i=n$ 个力 $\boldsymbol{F}_p$ 逐项相加之和，以下简写为 $\sum \boldsymbol{F}_p$。

（1）平面汇交力系合成的几何法

设在刚体受到平面汇交力系 $\boldsymbol{F}_{p1}$、$\boldsymbol{F}_{p2}$、$\boldsymbol{F}_{p3}$、$\boldsymbol{F}_{p4}$ 的作用，如图 3-6（a）所示，各力作用线汇交于 A 点，根据刚体内部力的可传性，可将各力沿其作用线移至汇交点 A 处，如图 3-6（b）所示。

若求该力系的合力，可以用力的平行四边形定则或力的三角形法则将各力依次合成。这里只介绍应用力的三角形法则将该力系中各力依次合成合力的具体步骤：任取一点 A，先用力的三角形法则求出 $\boldsymbol{F}_{p1}$ 与 $\boldsymbol{F}_{p2}$ 的合力大小与方向 $\boldsymbol{F}_{R12}$；同理，再用力的三角形法则合成 $\boldsymbol{F}_{R12}$ 与 $\boldsymbol{F}_{p3}$ 得 $\boldsymbol{F}_{R123}$；最后合成 $\boldsymbol{F}_{R123}$ 与 $\boldsymbol{F}_{p4}$ 得 $\boldsymbol{F}_R$，如图 3-6（c）所示。由图 3-6 可见，为了求合力矢量 $\boldsymbol{F}_R$，其实并不需要画出中间的力矢量 $\boldsymbol{F}_{R12}$ 和 $\boldsymbol{F}_{R123}$，只要将力系中各力矢量首尾相连，构成开口的力多边形 $abcde$，然后由第一个分力矢量的起点向最后一个分力矢量的末端引一矢量 $\boldsymbol{F}_R$，将力多边形封闭，力多边形的封闭边矢量 $\boldsymbol{F}_R$ 即是该力系的合力

矢量。这种通过几何法求合力矢量的方法称为力的多边形法则，如图 3-6（d）所示。注意利用力的多边形法则求得的合力的作用线仍应通过原汇交点 A，如图 3-6（a）所示的 $\boldsymbol{F}_R$。

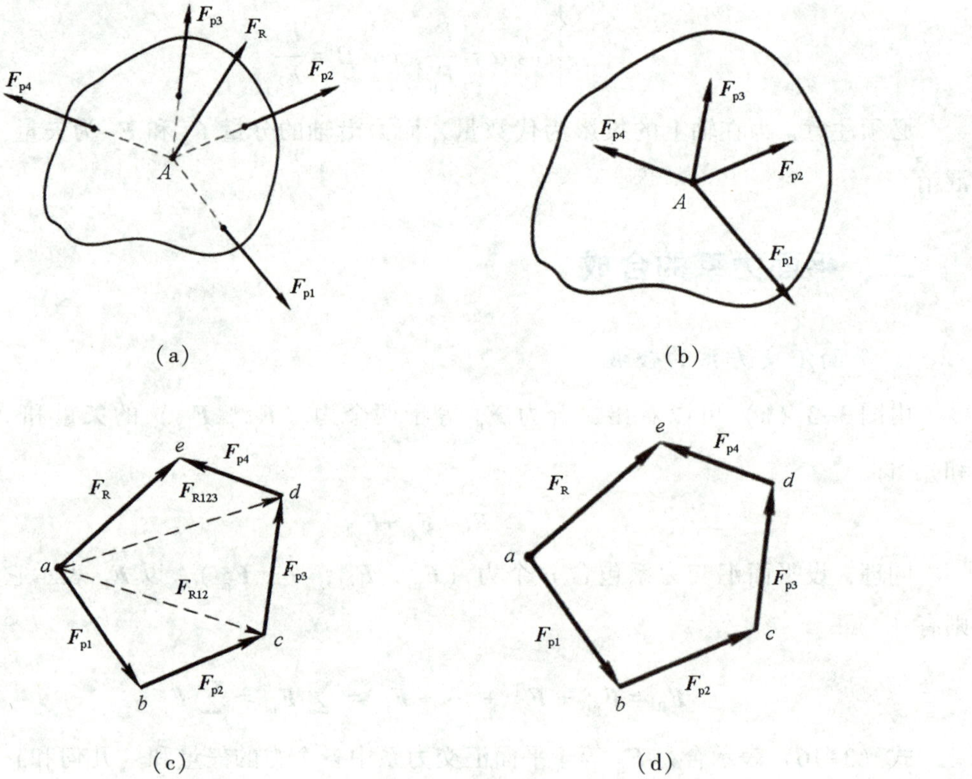

图 3-6　平面汇交力系合成的几何法

上述方法可以推广到包含 n 个力（$\boldsymbol{F}_{p1}$，$\boldsymbol{F}_{p2}$，…，$\boldsymbol{F}_{pn}$）的平面汇交力系中，并得到如下结论：平面汇交力系的合力矢量等于力系中各力的矢量和，合力的作用线通过各力的汇交点，即得到式（3-16）。

必须注意，作力多边形时，任意变换分力矢量的作图次序，可得形状不同的力多边形，但合力矢量（合力的大小与方向）并不改变。

（2）平面汇交力系合成的解析法

设由 n 个力组成的平面汇交力系作用于一个刚体上，以汇交点 O 作为坐标原点，建立直角坐标系 Oxy，如图 3-7（a）所示。

将式（3-16）向 x、y 轴投影，可得

$$\begin{cases} F_{Rx} = F_{x1} + F_{x2} + \cdots + F_{xn} = \sum_{i=1}^{n} F_{xi} \\ F_{Ry} = F_{y1} + F_{y2} + \cdots + F_{yn} = \sum_{i=1}^{n} F_{yi} \end{cases} \tag{3-17}$$

式中　F_{x1} 和 F_{y1}，F_{x2} 和 F_{y2}，…，F_{xn} 和 F_{yn}——各分力在 x 轴和 y 轴上的投影。

由此得合力投影定理：力系的合力在任一轴上的投影等于各分力在同一轴上投影的代数和。

如图 3-7（b）所示，此汇交力系的合力 $\boldsymbol{F}_R$ 的解析表达式为

$$\boldsymbol{F}_R=\boldsymbol{F}_{Rx}\boldsymbol{i}+\boldsymbol{F}_{Ry}\boldsymbol{j} \tag{3-18}$$

式中　F_{Rx}、F_{Ry}——合力 $\boldsymbol{F}_R$ 在 x、y 轴上的投影。

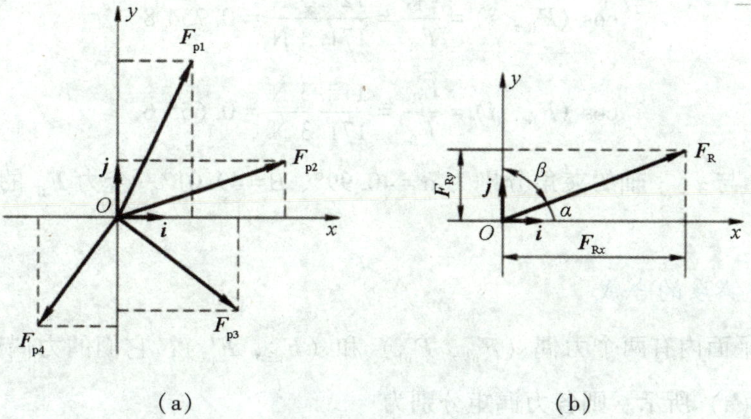

图 3-7　平面汇交力系合成的解析法

根据式（3-14）和式（3-17），可求得合力的大小和方向余弦为

$$\begin{cases} F_R=\sqrt{F_{Rx}^2+F_{Ry}^2}=\sqrt{\left(\sum F_{xi}\right)^2+\left(\sum F_{yi}\right)^2} \\ \cos\left(\boldsymbol{F}_R,\ \boldsymbol{i}\right)=\dfrac{F_{Rx}}{F_R}=\dfrac{\sum F_{xi}}{F_R},\ \cos\left(\boldsymbol{F}_R,\ \boldsymbol{j}\right)=\dfrac{F_{Ry}}{F_R}=\dfrac{\sum F_{yi}}{F_R} \end{cases} \tag{3-19}$$

【例】求如图 3-8 所示平面汇交力系的合力。

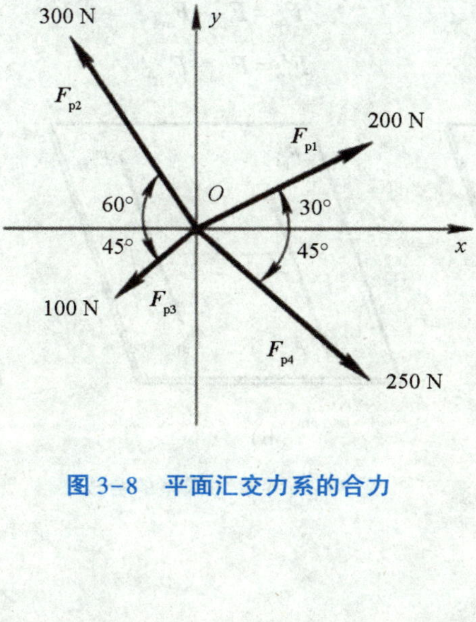

图 3-8　平面汇交力系的合力

【解】用式（3-17）和式（3-19）计算。

$$F_{Rx}=\sum_{i=1}^{4}F_{xi}=F_{p1}\cos 30°-F_{p2}\cos 60°-F_{p3}\cos 45°+F_{p4}\cos 45°=129.3\ \text{N}$$

$$F_{Ry}=\sum_{i=1}^{4}F_{yi}=F_{p1}\cos 60°+F_{p2}\cos 30°-F_{p3}\cos 45°-F_{p4}\cos 45°=112.3\ \text{N}$$

$$F_R=\sqrt{F_{Rx}^2+F_{Ry}^2}=\sqrt{(129.3\ \text{N})^2+(112.3\ \text{N})^2}=171.3\ \text{N}$$

$$\cos(\boldsymbol{F}_R,\ \boldsymbol{i})=\frac{F_{Rx}}{F_R}=\frac{129.3\ \text{N}}{171.3\ \text{N}}=0.7548$$

$$\cos(\boldsymbol{F}_R,\ \boldsymbol{j})=\frac{F_{Ry}}{F_R}=\frac{112.3\ \text{N}}{171.3\ \text{N}}=0.6556$$

则合力 $\boldsymbol{F}_R$ 与 x、y 轴的夹角分别为 $\alpha=40.99°$、$\beta=49.01°$。合力 $\boldsymbol{F}_R$ 的作用线通过汇交点 O。

2. 平面力偶系的合成

设在同一平面内有两个力偶（$\boldsymbol{F}_{p1}$，$\boldsymbol{F}'_{p1}$）和（$\boldsymbol{F}_{p2}$，$\boldsymbol{F}'_{p2}$），它们的力偶臂分别为 h_1 和 h_2，如图 3-9（a）所示。则各力偶矩分别为

$$M_1=F_{p1}h_1,\ M_2=-F_{p2}h_2 \tag{3-20}$$

以下求两力偶的合成。

在保持力偶矩不变的情况下，同时改变这两个力偶的力的大小和力偶臂的长短，使它们具有相同的臂长 h，并将它们在平面内移转，使力的作用线重合，如图 3-9（b）所示。于是得到与原力偶等效的两个新力偶（$\boldsymbol{F}_{p3}$，$\boldsymbol{F}'_{p3}$）和（$\boldsymbol{F}_{p4}$，$\boldsymbol{F}'_{p4}$），根据力偶等效条件得

$$M_1=F_{p3}h,\ M_2=-F_{p4}h \tag{3-21}$$

分别将作用在点 A 和 B 的力合成，得

$$\boldsymbol{F}_p=\boldsymbol{F}_{p3}-\boldsymbol{F}_{p4} \tag{3-22}$$

$$\boldsymbol{F}'_p=\boldsymbol{F}'_{p3}-\boldsymbol{F}'_{p4} \tag{3-23}$$

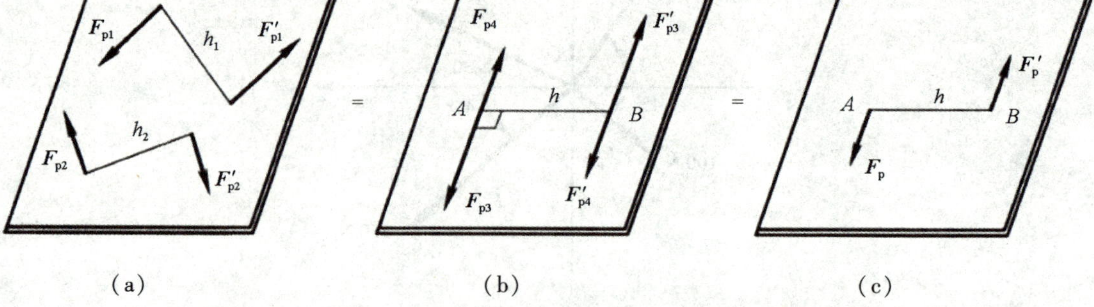

图 3-9　平面力偶系的合成

由于 $\boldsymbol{F}_p$ 与 $\boldsymbol{F}'_p$ 的大小是相等的，所以构成了与原力偶系等效的合力偶（$\boldsymbol{F}_p$，$\boldsymbol{F}'_p$），如图 3-9（c）所示，以 M 表示合力偶的矩，得

$$M=F_ph=(F_{p3}-F_{p4})h=F_{p3}h-F_{p4}h=M_1+M_2 \tag{3-24}$$

若作用在同一平面内有 n 个力偶，则式（3-24）可推广为

$$M=M_1+M_2+\cdots+M_n=\sum_{i=1}^{n}M_i \tag{3-25}$$

式（3-25）表明，在同一平面内的任意一个力偶可以合成一个合力偶，合力偶矩等于各个力偶矩的代数和。

3. 平面平行力系的合成

在实际工程中，往往遇到作用在物体同一平面内的力是相互平行的力系，称为平面平行力系。图 3-10 所示为一塔式起重机，如何求得其平面平行力系的合力，在工程上往往是至关重要的问题。

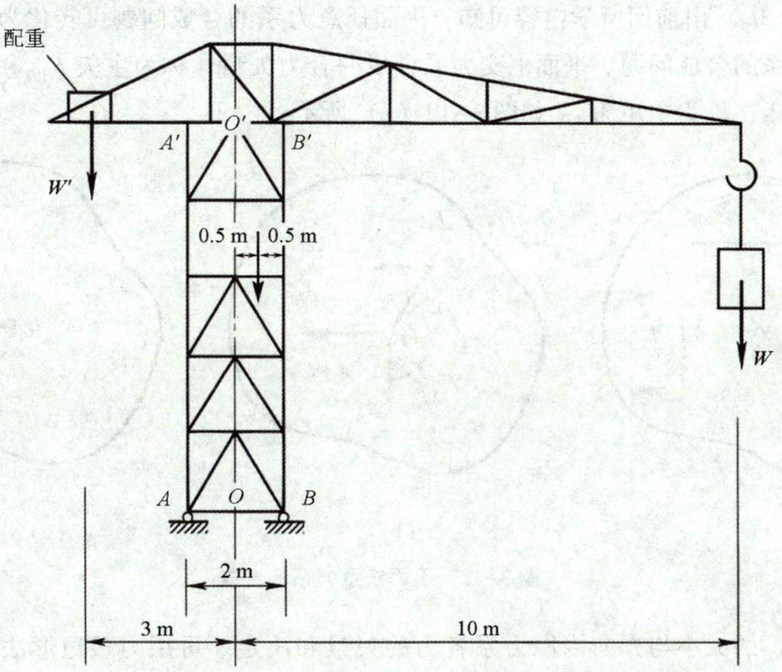

图 3-10　塔式起重机的平面平行力系的合成

图 3-11 所示物体在同一平面内有 $\boldsymbol{F}_{p1}$、$\boldsymbol{F}_{p2}$、$\boldsymbol{F}_{p3}$ 三个互相平行的作用力，那么它们的合力作用线必平行于各力作用线，合力的大小是两个力的代数和，即

$$F_R=F_{p1}+F_{p2}+F_{p3}=\sum_{i=1}^{3}F_{pi}=\sum F_p \tag{3-26}$$

合力作用线的位置：可在该平面内任选一点为参考点（如图 3-11 中的 O 点），利用合力矩定理求得，即

$$H = \frac{F_{p1}h_1 + F_{p2}h_2 + F_{p3}h_3}{F_R} = \frac{\sum M_O}{\sum F_p} \quad (3-27)$$

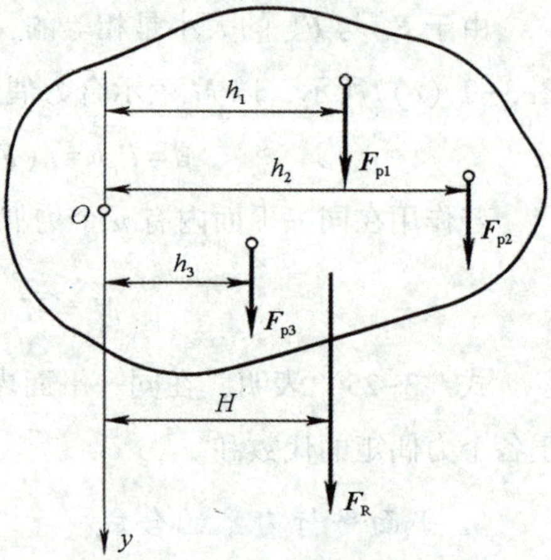

图 3-11　同一平面内互相平行的力

4. 平面任意力系的合成

如图 3-12（a）所示，一平面任意力系中 $\boldsymbol{F}_{p1}$、$\boldsymbol{F}_{p2}$、$\boldsymbol{F}_{p3}$ 三个力分别作用在 A_1、A_2、A_3 点。将该力系向作用平面内任一点 O 简化，如图 3-12（b）所示。$\boldsymbol{F}_{p1}$ 向 O 点平移，得力 $\boldsymbol{F}'_{p1}$、力偶 M_1 与原 $\boldsymbol{F}_{p1}$ 力等价；同理，$\boldsymbol{F}_{p2}$、$\boldsymbol{F}_{p3}$ 向 O 点平移，得 $\boldsymbol{F}'_{p2}$、M_2 与 $\boldsymbol{F}'_{p3}$、M_3。故作用在 A_1、A_2、A_3 的力 $\boldsymbol{F}_{p1}$、$\boldsymbol{F}_{p2}$、$\boldsymbol{F}_{p3}$ 向作用平面 O 点简化后得一汇交力系 $\boldsymbol{F}'_{p1}$、$\boldsymbol{F}'_{p2}$、$\boldsymbol{F}'_{p3}$，以及一平面力偶系 M_1、M_2、M_3。由前面所学内容可知，平面任意力系的合成问题可转化为平面汇交力系和平面力偶系的合成问题。平面汇交力系合成一合力矢量，称为主矢 $\boldsymbol{F}_{RO}$。平面力偶系合成一合力偶矩，称为主矩 M_O，如图 3-12（c）所示。

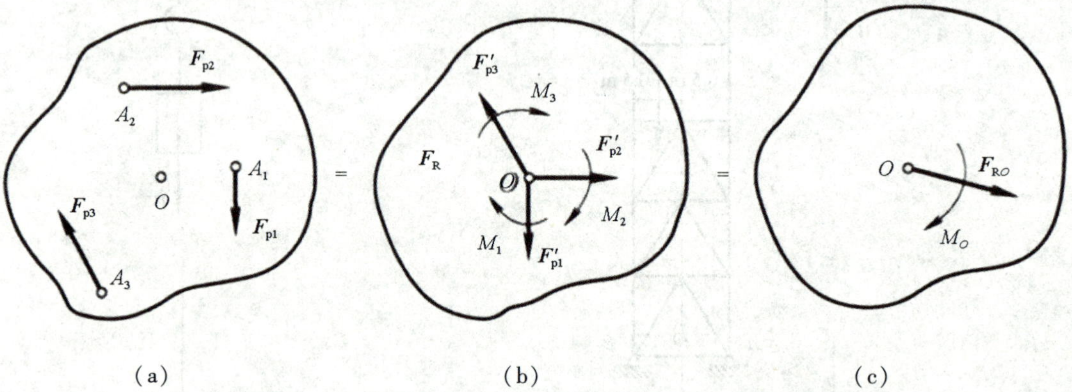

图 3-12　平面任意力系的合成

主矢 $\boldsymbol{F}_{RO}$ 的大小与方向由原力系各力的矢量和决定。可用力多边形法则的图解法求解，或用解析法求出。用解析法时，利用式（3-17）和式（3-19）计算合力的大小和方向。

$$\begin{cases} F_{ROx} = F_{x1} + F_{x2} + \cdots + F_{xn} = \sum_{i=1}^{n} F_{xi} \\ F_{ROy} = F_{y1} + F_{y2} + \cdots + F_{yn} = \sum_{i=1}^{n} F_{yi} \end{cases} \quad (3-28)$$

进一步得到主矢 $\boldsymbol{F}_{RO}$ 的大小为

$$F_{RO}=\sqrt{F_{ROx}^2+F_{ROy}^2}=\sqrt{\left(\sum_{i=1}^{n}F_{xi}\right)^2+\left(\sum_{i=1}^{n}F_{yi}\right)^2} \tag{3-29}$$

主矢 F_{RO} 的方向为

$$\tan\alpha=\left|\frac{\sum_{i=1}^{n}F_{yi}}{\sum_{i=1}^{n}F_{xi}}\right| \tag{3-30}$$

因为平面力偶系的合力偶矩等于各分力偶矩的代数和，所以主矩 M_O 为

$$M_O=M_1+M_2+\cdots+M_n=M_O(\boldsymbol{F}_{p1})+M_O(\boldsymbol{F}_{p2})+\cdots+M_O(\boldsymbol{F}_{pn})=M_O(\boldsymbol{F}_{p}) \tag{3-31}$$

由式（3-31）可知，主矩是原力系中各力对简化中心（O 点）之矩的代数和。

需要说明的是，主矢量 $\boldsymbol{F}_{RO}$ 的大小与方向和简化中心 O 点的位置无关，且在一般情况下不是 $\boldsymbol{F}_{p1}$、$\boldsymbol{F}_{p2}$、$\boldsymbol{F}_{p3}$ 力系的合力，也即该力系的合力作用线一般情况下不通过 O 点。主矩 M_O 的数值和方向与简化中心 O 点的位置有关，因为对于不同的简化中心，其力偶臂是不同的。

由前文可知，将一力平移后可用一力与一力偶与之等价，反之，也可利用力线平移法则将一力与一力偶合成一个力。现将图 3-12（a）力系合成为图 3-12（c）的主矢 $\boldsymbol{F}_{RO}$ 与主矩 M_O 再一次合成，得到原力系的合力 $\boldsymbol{F}_R$。下面叙述如何求得合力 $\boldsymbol{F}_R$ 的大小、方向和作用线。

将主矩 M_O 用图 3-13（b）的 $\boldsymbol{F}'_R$、$\boldsymbol{F}_R$ 两力表示，要求 $\boldsymbol{F}_R=-\boldsymbol{F}'_R=\boldsymbol{F}_{RO}$，$\boldsymbol{F}'_R$ 与 $\boldsymbol{F}_{RO}$ 等值、反向、共线，$\boldsymbol{F}'_R$、$\boldsymbol{F}_R$ 两力的力偶臂为 h，并保证 $F_R h=M_O$，这样图 3-13（a）中主矢 $\boldsymbol{F}_{RO}$、主矩 M_O 与图 3-13（b）力系 $\boldsymbol{F}_R$、$\boldsymbol{F}'_R$、$\boldsymbol{F}_{RO}$ 等价。由于 $\boldsymbol{F}'_R$、$\boldsymbol{F}_{RO}$ 是互相平衡的一对力，故可去掉，只留下图 3-13（c）中所示的合力 $\boldsymbol{F}_R$。由此可见，$\boldsymbol{F}_{p1}$、$\boldsymbol{F}_{p2}$、$\boldsymbol{F}_{p3}$ 力系合成的最后结果是一合力 $\boldsymbol{F}_R$。其大小、方向与主矢 $\boldsymbol{F}_{RO}$ 相同，而作用线过 O_1 且平行于主矢 $\boldsymbol{F}_{RO}$。

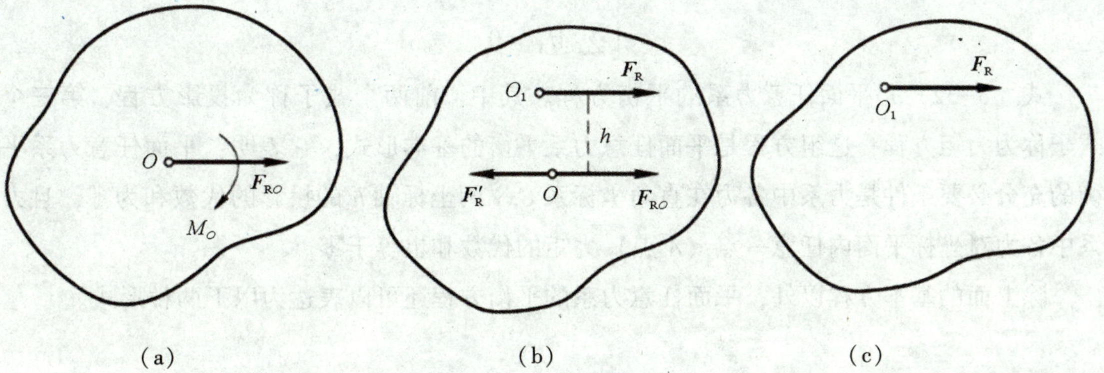

图 3-13　力线平移法

上面讨论的是平面一般力系求合力的一般情况，下面进一步讨论其特殊情况。

（1）$\boldsymbol{F}_{RO} \neq \boldsymbol{0}$，$M_O = 0$。在这种情况下，由于附加力偶系的合力偶矩等于零，原力系只与一个力等效，因此，原力系简化为一合力。此合力的矢量即为力系的主矢，合力作用线通过简化中心 O 点。

（2）$\boldsymbol{F}_{RO} = \boldsymbol{0}$，$M_O \neq 0$。在这种情况下，原平面任意力系中各力向 O 点简化后，所得到的汇交力系是一平衡力系，附加力偶系与原力系等效。原力系简化为一合力偶，该力偶的矩就是原力系相对于简化中心的主矩 M_O。原力系等效于一力偶，因此，主矩与简化中心的位置无关。

（3）$\boldsymbol{F}_{RO} = \boldsymbol{0}$，$M_O = 0$。在这种情况下，原平面任意力系是一个平衡力系。

总之，对平面任意力系进行简化，其简化结果为以下三种：合力、合力偶和平衡。

三、平面力系的平衡

不同力系合成的结果分别是：平面汇交力系与平面平行力系合成合力；平面力偶系合成合力偶；平面一般力系合成主矢 $\boldsymbol{F}_{RO}$ 与主矩 M_O。由此可知：平面汇交力系、平面平行力系和平面力偶系都属于平面任意力系的特殊情况。因此，关于平面力系的平衡问题，首先应研究平面任意力系的平衡问题。

1. 平面任意力系的平衡

平面任意力系合成的结果为一矢量 $\boldsymbol{F}_{RO}$ 与主矩 M_O。因此，平面任意力系平衡的充分必要条件是主矢 $\boldsymbol{F}_{RO} = \boldsymbol{0}$ 与主矩 $M_O = 0$。一般情况下将 $\boldsymbol{F}_{RO}$ 用解析方程表示，则平衡方程表达为

$$\begin{cases} \sum F_x = 0 \\ \sum F_y = 0 \\ \sum M_A = 0 \end{cases} \tag{3-32}$$

式（3-32）是平面任意力系的平衡方程。其中，前两个式子称为投影方程，第三个式子称为力矩方程，这组方程是平面任意力系平衡的基本形式，它表明：平面任意力系平衡的充分必要条件是力系中各力在直角坐标系 Oxy 两坐标轴 h 的投影的代数和为零，且力系中各力对坐标平面内任意一点（A 点）力矩的代数和也等于零。

除上面的基本方程以外，平面任意力系的平衡方程还可以表达为以下两种形式。

（1）当 AB 不垂直于 Ox 轴时

$$\begin{cases}\sum F_x = 0\\ \sum M_A = 0\\ \sum M_B = 0\end{cases} \tag{3-33}$$

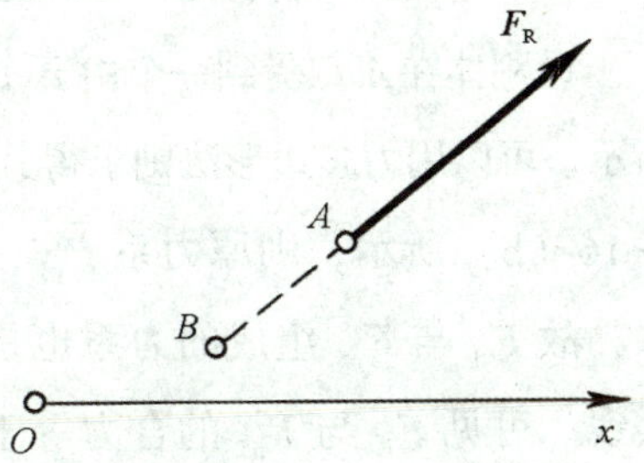

图 3-14 AB 连线与合力 F_R 的作用线

式（3-33）中的 $\sum M_A = 0$ 表示该力系不能简化为力偶，但可能简化为一个通过 A 点的合力 $\boldsymbol{F}_R$。若该力系同时满足 $\sum M_B = 0$，那么，力系的平衡条件还不充分，因当 AB 连线与合力 $\boldsymbol{F}_R$ 的作用线相重合时，力系能同时满足 $\sum M_A = 0$ 与 $\sum M_B = 0$，而合力还可能不为零，如图 3-14 所示，所以还必须要求 AB 连线与 Ox 轴不垂直，且合力 $\boldsymbol{F}_R$ 在 x 轴上的投影为零，即 $\sum F_x = 0$。因合力 $\boldsymbol{F}_R$ 作用线不垂直于 Ox 轴，那么，只有 $\boldsymbol{F}_R$ 为零，才能满足 $\sum F_x = 0$ 方程。

（2）当 A、B、C 不在同一直线上时

$$\begin{cases}\sum M_A = 0\\ \sum M_B = 0\\ \sum M_C = 0\end{cases} \tag{3-34}$$

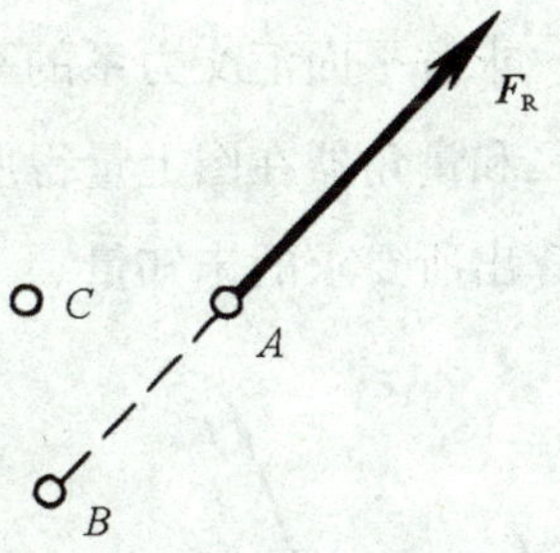

图 3-15 A、B、C 三点不在同一直线

式（3-34）中，$\sum M_A = 0$，$\sum M_B = 0$，同样说明该力系不可能简化为力偶，合力 $\boldsymbol{F}_R$ 作用线若与 AB 连线相重合，合力 $\boldsymbol{F}_R$ 可不为零。现进一步要求 A、B、C 三点不在同一直线上，如图 3-15 所示，当该力系同时需满足 $\sum M_C = 0$ 时，才表明原力系必然为平衡力系。那么，为何强调 C 点必须与 AB 不在同一直线上呢？因为当 C 点与 AB 在同一直线上时，即合力作用线过 C 点，当然 $\boldsymbol{F}_R$ 不为零也满足 $\sum M_C = 0$，所以式（3-34）不能表明该力系是平衡的，即该力系的平衡条件还不充分。现要求 C 点必须不与 AB 在同一直线上，那么，只有当合力 $\boldsymbol{F}_R$ 为零时，才能满足方程 $\sum M_C = 0$。

平面任意力系的平衡条件可由式（3-32）、式（3-33）、式（3-34）任意一个方程组来表示。每一组方程均由三个彼此独立的方程式组成。只要满足其中一组方程组，力系就既不能简化为合力，也不可能简化为力偶，该力系就必定平衡。所以，当一个物体受平面

任意力系作用而处于平衡状态时，只能写出三个独立方程，能解三个未知量。对于另外写出的投影方程或力矩方程，只能作为校核计算结果之用，故称为不独立方程。

式（3-32）、式（3-33）、式（3-34）又分别称为一矩式、二矩式和三矩式。

2. 平面汇交力系的平衡

（1）平面汇交力系平衡的几何条件

设刚体在A点受到一个由五个力组成的平面汇交力系作用而处于平衡状态，如图3-16（a）所示。可以用力多边形法则求得其中任意四个力（如$\boldsymbol{F}_{p1}$，$\boldsymbol{F}_{p2}$，$\boldsymbol{F}_{p3}$，$\boldsymbol{F}_{p4}$）的合力$\boldsymbol{F}_R$，如图3-16（b）所示，则原力系$\boldsymbol{F}_{p1}$、$\boldsymbol{F}_{p2}$、$\boldsymbol{F}_{p3}$、$\boldsymbol{F}_{p4}$、$\boldsymbol{F}_{p5}$与$\boldsymbol{F}_R$、$\boldsymbol{F}_{p5}$等效。而原力系是平衡力系，故$\boldsymbol{F}_R$与$\boldsymbol{F}_{p5}$组成的力系也是平衡力系。根据二力平衡条件，$\boldsymbol{F}_R$与$\boldsymbol{F}_{p5}$应等值、反向、共线。可见$\boldsymbol{F}_R$与$\boldsymbol{F}_{p5}$的合力等于零，也就是原力系的合力等于零。

由此可见，平面汇交力系平衡的充分必要条件是该力系的合力等于零。如用矢量等式表示，则有

$$\boldsymbol{F}_R=\boldsymbol{0} \text{ 或 } \sum_{i=1}^{n}\boldsymbol{F}_{pi}=\boldsymbol{0} \tag{3-35}$$

如果利用力多边形法则将$\boldsymbol{F}_{p1}$、$\boldsymbol{F}_{p2}$、$\boldsymbol{F}_{p3}$、$\boldsymbol{F}_{p4}$、$\boldsymbol{F}_{p5}$依次合成，则最后一力矢$\boldsymbol{F}_{p5}$的末端与第一力矢$\boldsymbol{F}_{p1}$的始端相接，即这五个力矢首尾相接构成一自行封闭的力多边形，如图3-16（c）所示。此时的力多边形称为封闭的力多边形。于是，可得出如下结论：平面汇交力系平衡的充分必要条件是该力系的力多边形自行封闭。这就是平面汇交力系平衡的几何条件。

求解平面汇交力系的平衡问题时可用图解法，即按比例先画出封闭的力多边形，然后用尺和量角器在图上量得所要求的未知量，也可根据图形的几何关系，用力的三角形法则计算出所要求的未知量。

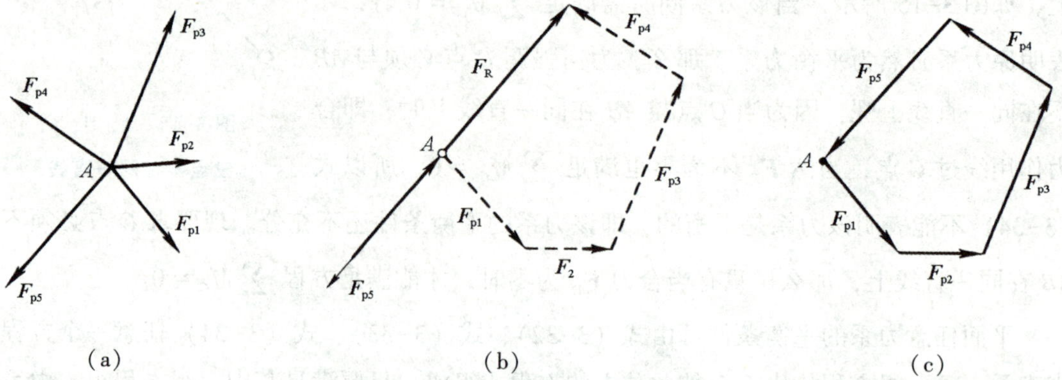

图3-16 平面汇交力系平衡的几何条件

(2) 平面汇交力系的平衡方程

平面汇交力系最后合成的结果为合力，即

$$\boldsymbol{F}_{\mathrm{R}} = \boldsymbol{F}_{\mathrm{p}1} + \boldsymbol{F}_{\mathrm{p}2} + \cdots + \boldsymbol{F}_{\mathrm{p}n} = \sum_{i=1}^{n} \boldsymbol{F}_{\mathrm{p}i}$$

当平面汇交力系的合力为零时，该力系为平衡力系，即得式（3-35）：

$$\boldsymbol{F}_{\mathrm{R}} = \boldsymbol{0} \text{ 或 } \sum_{i=1}^{n} \boldsymbol{F}_{\mathrm{p}i} = \boldsymbol{0}$$

从而有

$$F_{\mathrm{R}} = \sqrt{\left(\sum F_{xi}\right)^2 + \left(\sum F_{yi}\right)^2} = 0$$

欲使上式成立，必须同时满足以下条件：

$$\begin{cases} \sum F_x = 0 \\ \sum F_y = 0 \end{cases} \tag{3-36}$$

式（3-36）中的 $\sum F_x$ 代替 $\sum_{i=1}^{n} F_{xi}$，$\sum F_y$ 代替 $\sum_{i=1}^{n} F_{yi}$。

于是，平面汇交力系平衡的充分必要条件是各力在两个坐标轴上投影的代数和分别等于零。或者说平面汇交力系的合力为零。式（3-36）称为平面汇交力系的平衡方程。这是两个独立的方程，可以求解两个未知量。

比较式（3-36）与式（3-32）可以看出，式（3-36）比式（3-32）少一个方程式 $\sum M_A = 0$，这主要是因为汇交力系只能合成一个合力。因此，式（3-32）可以简化成式（3-36）。由此可知，平面汇交力系平衡是平面任意力系平衡中的一个特例。

3. 平面平行力系的平衡

平面平行力系是平面任意力系的一种特殊情况。在平面平行力系中力的作用线都在同一平面内且彼此平行。它的平衡条件可由平面任意力系的平衡条件导出。

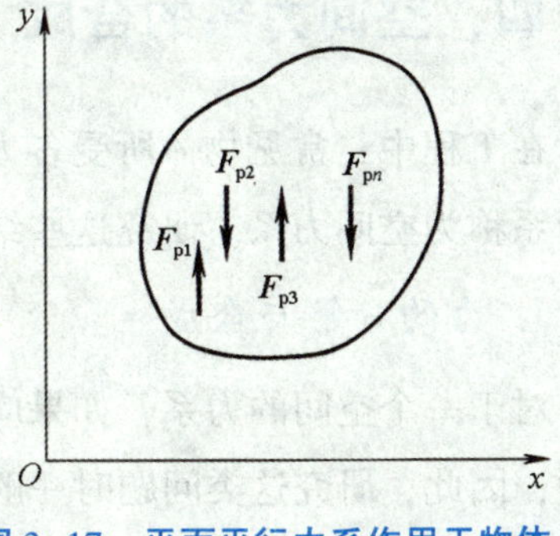

图 3-17 平面平行力系作用于物体上

设有平面平行力系 $\boldsymbol{F}_{\mathrm{p}1}$，$\boldsymbol{F}_{\mathrm{p}2}$，…，$\boldsymbol{F}_{\mathrm{p}n}$ 作用于物体上（图 3-17），若取 x 轴与各力垂直，则不论力系是否平衡，每一个力在 x 轴上的投影都恒等于零，即 $\sum F_x = 0$。则平行力系的独立平衡方程数量只有两个，即式（3-32）改写为

$$\begin{cases} \sum F_y = 0 \\ \sum M_O(\boldsymbol{F}_{\mathrm{p}}) = 0 \end{cases} \tag{3-37}$$

这就是平面平行力系平衡方程的基本形式。两个独立的平衡方程可以求解两个未知数。

同理，也可以得到平面平行力系平衡方程的二力矩形式，即式（3-33）可改写为

$$\begin{cases}\sum M_A(\boldsymbol{F}_{\mathrm{p}})=0\\ \sum M_B(\boldsymbol{F}_{\mathrm{p}})=0\end{cases} \tag{3-38}$$

式（3-38）中，A、B 连线不与平行力的作用线平行。

在应用平衡方程解平衡问题时，要根据实际情况，选取适当的坐标轴的力矩中心。选取的坐标轴应尽可能与力系中多数未知力的作用线平行或垂直，而力矩中心应选在两个未知力的交点上。总之，选择的原则应使每个方程中的未知量尽可能少，最好每个方程中只含有一个未知量，这样可以使计算大为简化。列平衡方程时要注意力的投影和力对点之矩的正负。对于同一个平面力系，当选取不同的投影轴和矩心时，可写出无穷多个平衡方程，但在这些平衡方程中，只有三个是独立的，只能求出三个未知量。

4. 平面力偶系的平衡

由合成结果可知，当力偶系平衡时，其合力偶的矩等于零。因此，平面力偶系平衡的充分必要条件是所有各力偶矩的代数和等于零，即

$$\sum_{i=1}^{n} M_i = 0 \tag{3-39}$$

式（3-39）称为平面力偶系的平衡方程，应用平面力偶系的平衡方程可以求解一个未知量。

四、空间力系的合成

在工程中，常见物体所受各力的作用线并不都在同一平面内，而是空间分布的，这样的力系称为空间力系。研究这些结构时，需用空间力系的简化和平衡条件。

1. 力的分解与合成

对于一个空间的力系，如果应用力的平行四边形定则，将会使问题的研究变得抽象和烦琐，因此，研究这类问题时一般应用解析法。利用解析法时需要选定一个坐标系，并把力系中的力向坐标轴进行投影。将力 $\boldsymbol{F}_{\mathrm{p}}$ 作为对角线画直角平行六面体，以三个棱边为空间直角坐标系的三个坐标轴，或将三个棱边分别平行于三个坐标轴，力 $\boldsymbol{F}_{\mathrm{p}}$ 在空间的方向可由力 $\boldsymbol{F}_{\mathrm{p}}$ 与坐标轴 x、y、z 的正向夹角 α、β、γ 来完全确定（图 3-18）。如果已知力 $\boldsymbol{F}_{\mathrm{p}}$ 的大小及其方向角 α、β、γ，则力在三个坐标轴上的投影分别等于力的大小乘以对应方向角的余弦，即

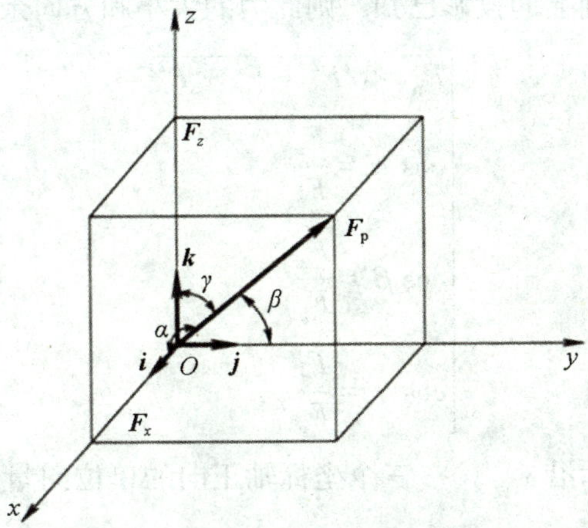

图 3-18　力的分解与合成

$$\begin{cases} F_x = F_p\cos\alpha \\ F_y = F_p\cos\beta \\ F_z = F_p\cos\gamma \end{cases} \tag{3-40}$$

这种方法称为直接投影法或方位角法。

如图 3-19 所示，当力 $\boldsymbol{F}_p$ 与坐标轴 Ox、Oy 间的夹角 α、β 不易确定时，可以先把力投影到坐标平面 xOy 上，得到力 $\boldsymbol{F}_{xy}$，然后再把这个力投影到 x、y 轴上，这种方法在工程中经常应用，称为间接投影法或二次投影法。在图 3-19 中，已知角 γ 和 θ，则力在三个坐标轴上的投影为

$$\begin{cases} F_x = F_p\sin\gamma\cos\theta \\ F_y = F_p\sin\gamma\sin\theta \\ F_z = F_p\cos\gamma \end{cases} \tag{3-41}$$

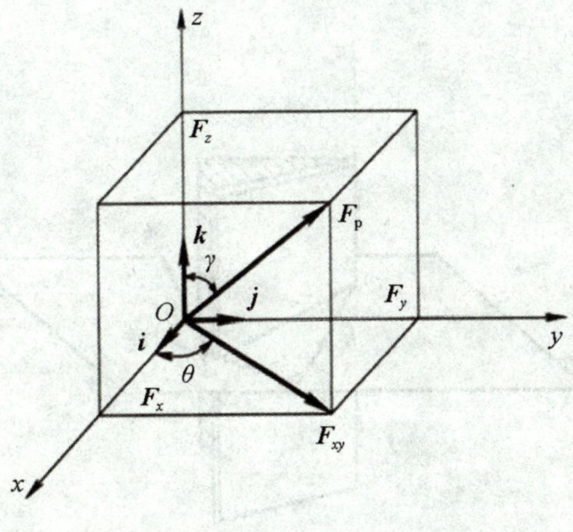

图 3-19　直接投影法

若力 $\boldsymbol{F}_{\rm p}$ 在三个坐标轴上的投影已知，则此力的大小和方向余弦分别为

$$\begin{cases} F_{\rm p}=\sqrt{F_x^2+F_y^2+F_z^2} \\ \cos\alpha=\dfrac{F_x}{F_{\rm p}} \\ \cos\beta=\dfrac{F_x}{F_{\rm p}} \\ \cos\gamma=\dfrac{F_z}{F_{\rm p}} \end{cases} \tag{3-42}$$

若以 $\boldsymbol{i}$、$\boldsymbol{j}$、$\boldsymbol{k}$ 分别表示沿 x、y、z 三个坐标轴正向的单位向量，则力 $\boldsymbol{F}_{\rm p}$ 沿空间直角坐标系的解析表达式为

$$\boldsymbol{F}_{\rm p}=\boldsymbol{F}_x+\boldsymbol{F}_y+\boldsymbol{F}_z=\boldsymbol{F}_x\boldsymbol{i}+\boldsymbol{F}_y\boldsymbol{j}+\boldsymbol{F}_z\boldsymbol{k} \tag{3-43}$$

2. 力矩与力偶矩矢

在平面力系中，我们建立了力对点的矩的概念。力对点的矩与力对通过矩心且垂直于力作用面的轴的矩在平面力系中是一致的。如果从空间角度来分析，由于力的方向是任意的，所以力对点的矩和力对通过该点的轴的矩很多时候是不同的。现在来分别研究它们及其之间的关系。

（1）力对轴的矩

在实际工程中，经常遇到刚体绕固定轴转动的情形，力对轴的矩是度量力对绕定轴转动刚体的作用效果的物理量。如图 3-20 所示，门上 A 点作用有一个力 $\boldsymbol{F}_{\rm p}$，使其绕固定轴 z 转动。现将力 $\boldsymbol{F}_{\rm p}$ 分解为平行于 z 轴的分力 $\boldsymbol{F}_z$ 和垂直于 z 轴的分力 $\boldsymbol{F}_{xy}$。由经验可知，分力 $\boldsymbol{F}_z$ 不能使静止的门绕 z 轴转动，故力 $\boldsymbol{F}_z$ 对 z 轴的矩为零；只有分力 $\boldsymbol{F}_{xy}$ 才能使静止的门绕 z 轴转动。现用符号 $M_z(\boldsymbol{F}_{\rm p})$ 表示力 $\boldsymbol{F}_{\rm p}$ 对 z 轴的矩，点 O 为平面 xOy 与 z 轴的交点，h 为点 O 到力 $\boldsymbol{F}_{xy}$ 作用线的距离。因此，力 $\boldsymbol{F}_{\rm p}$ 对 z 轴的矩就是分力 $\boldsymbol{F}_{xy}$ 对点 O 的矩，即

$$M_z(\boldsymbol{F}_{\rm p})=M_O(\boldsymbol{F}_{xy})=\pm F_{xy}h \tag{3-44}$$

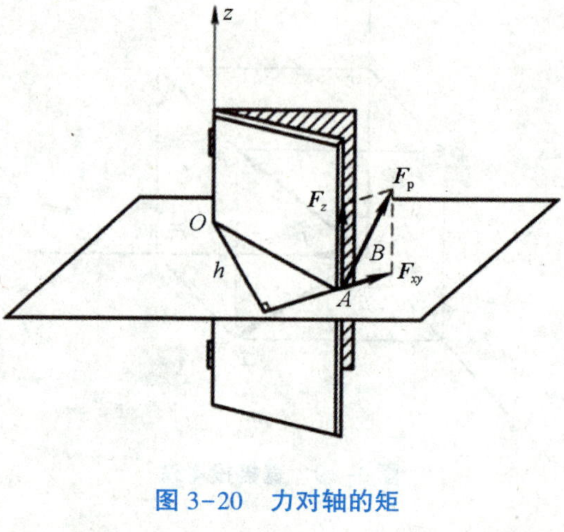

图 3-20　力对轴的矩

于是，力对轴的矩的定义如下：力对轴的矩是力使刚体绕该轴转动效果的度量，是一个代数量，其绝对值等于该力在垂直于该轴的平面上的投影对于这个平面与该轴的交点的矩的大小。其正负号按以下方法确定：从 z 轴正端来看，若力的投影使物体绕该轴按逆时针转动，则取正号，反之取负号。力对轴的矩的单位为 N · m。

从力对轴之矩的定义可知，当力与轴相交（$h=0$）或者力与轴平行（$F_{xy}=0$）时，力对轴的矩等于零，也就是说，当力与轴在同一平面时，力对该轴的矩等于零。

力对轴的矩也可用解析式表示。设力 $\boldsymbol{F}_{\mathrm{p}}$ 在三个坐标轴上的投影分别为 F_x、F_y、F_z，力作用点 A 的坐标为（x，y，z），如图 3-21 所示。

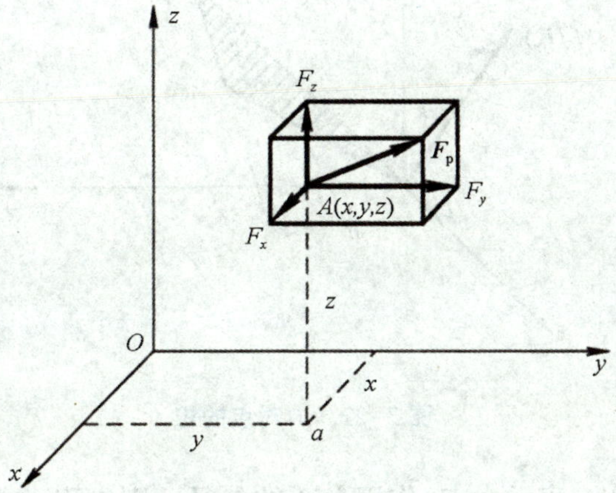

图 3-21　力 $\boldsymbol{F}_{\mathrm{p}}$ 在坐标轴上的投影

根据合力矩定理，得

$$M_z(\boldsymbol{F}_{\mathrm{p}}) = M_O(\boldsymbol{F}_{xy}) = M_O(\boldsymbol{F}_x) + M_O(\boldsymbol{F}_y)$$

即

$$M_z(\boldsymbol{F}_{\mathrm{p}}) = xF_y - yF_x$$

同理可以得到其余两式。于是有

$$\begin{cases} M_x(\boldsymbol{F}_{\mathrm{p}}) = yF_z - zF_y \\ M_y(\boldsymbol{F}_{\mathrm{p}}) = zF_x - xF_z \\ M_z(\boldsymbol{F}_{\mathrm{p}}) = xF_y - yF_x \end{cases} \tag{3-45}$$

以上三式是计算力对轴之矩的解析式。

（2）力对点的矩

在平面力系中，力对点的矩由两个因素决定：力矩的大小和力矩的转向。因此，用代数量就可以描述它。但是，在空间力系中，决定力对点的因素除了上述两个因素外，还有一个决定因素，即此力与力矩中心所组成的平面（力矩作用面）在空间的方位。方位不

同，即使力矩的大小一样，对刚体的作用效果也将截然不同。例如，作用在飞机尾部铅垂舵和水平舵上的力，对飞机绕重心转动的效果不同，前者能使飞机转弯，而后者则能使飞机发生俯仰。显然，用代数量来表示空间力对点的矩是完全不够的。因此，需要引入一个矢量来表示它，这个矢量称为力矩矢 $\boldsymbol{M}_O(\boldsymbol{F}_p)$。矢量的模 $|\boldsymbol{M}_O(\boldsymbol{F}_p)|=F_p h=2A_{\triangle OAB}$；矢量的方位和该力与矩心组成的平面的法线的方位相同；矢量的指向按以下方法确定：从这个矢量的末端来看，物体由该力所引起的转动是逆时针方向，如图 3-22 所示。

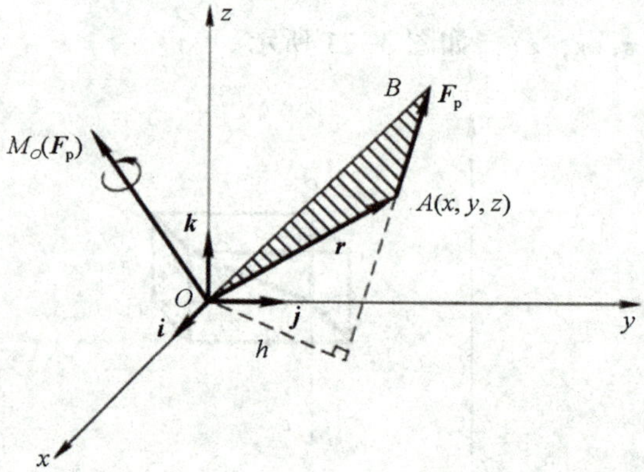

图 3-22　力对点的矩

由图 3-22 可见，以 $\boldsymbol{r}$ 表示力 $\boldsymbol{F}_p$ 作用点 A 的矢径，则矢积 $\boldsymbol{r}\times\boldsymbol{F}_p$ 的模等于△OAB 面积的两倍，其方向与力矩矢 $\boldsymbol{M}_O(\boldsymbol{F}_p)$ 一致。因此，可得

$$\boldsymbol{M}_O(\boldsymbol{F}_p)=\boldsymbol{r}\times\boldsymbol{F}_p \tag{3-46}$$

式（3-46）为力对点的矩的矢积表达式，即力对点的矩矢等于矩心到该力作用点的矢径与该力的矢量积。

若以矩心 O 为原点，设力作用点 A 的坐标为 (x, y, z)，力在三个坐标轴上的投影分别为 F_x、F_y、F_z，令 $\boldsymbol{i}$、$\boldsymbol{j}$、$\boldsymbol{k}$ 分别为坐标轴 x、y、z 正方向的单位矢量。则有

$$\boldsymbol{M}_O(\boldsymbol{F}_p)=\boldsymbol{r}\times\boldsymbol{F}_p=(yF_z-zF_y)\boldsymbol{i}+(zF_x-xF_z)\boldsymbol{j}+(xF_y-yF_x)\boldsymbol{k} \tag{3-47}$$

单位矢量 $\boldsymbol{i}$、$\boldsymbol{j}$、$\boldsymbol{k}$ 前面的三个系数，分别表示力对点的矩矢 $\boldsymbol{M}_O(\boldsymbol{F}_p)$ 在三个坐标轴上的投影，即

$$\begin{cases}[\boldsymbol{M}_O(\boldsymbol{F}_p)]_x=yF_z-zF_y\\ [\boldsymbol{M}_O(\boldsymbol{F}_p)]_y=zF_x-xF_z\\ [\boldsymbol{M}_O(\boldsymbol{F}_p)]_z=xF_y-yF_x\end{cases} \tag{3-48}$$

应该指出，由于力矩矢 $\boldsymbol{M}_O(\boldsymbol{F}_p)$ 的大小和方向都与矩心 O 的位置有关，故力矩矢的始端必须在矩心 O，不可任意移动，这种矢量称为定位矢量。

(3) 力对点的矩与力对通过该点的轴的矩的关系

比较式(3-45)和式(3-48),可得

$$\begin{cases}[\boldsymbol{M}_O(\boldsymbol{F}_\mathrm{p})]_x = M_x(\boldsymbol{F}_\mathrm{p})\\ [\boldsymbol{M}_O(\boldsymbol{F}_\mathrm{p})]_y = M_y(\boldsymbol{F}_\mathrm{p})\\ [\boldsymbol{M}_O(\boldsymbol{F}_\mathrm{p})]_z = M_z(\boldsymbol{F}_\mathrm{p})\end{cases} \tag{3-49}$$

式(3-49)说明,力对点的矩矢在通过该点的某轴上的投影,等于力对该轴的矩。

(4) 力偶矩矢

由平面力偶理论可知,平面力偶对刚体的作用效应由力偶的两个要素决定,即力偶矩的大小和旋转的方向。而空间力偶则由三个要素决定,即力偶矩的大小、力偶的转向和力偶作用面在空间的方位。这三个要素可以用一个矢量表示,矢量的长度表示力偶矩的大小,矢量的方位与力偶作用面的法线方位相同,矢量的指向与力偶转向的关系服从右手螺旋定则,即如以力偶的转向为右手螺旋的转动方向,则螺旋前进的方向即为矢的指向,或从矢的末端看去应看到力偶的转向是逆时针方向(图 3-23)。这样,这个矢量就完全包括了上述三个因素,可称它为力偶矩矢,记作 $\boldsymbol{M}$。由此可知,空间力偶对刚体的作用完全由力偶矩矢所决定。应该指出,由于力偶可以在同平面内任意转移,并可搬移到平行平面内,而不改变它对刚体的作用效果,故力偶矩矢可以平行搬移,且不需要确定矢的初端位置。这样的矢量称为自由矢量。

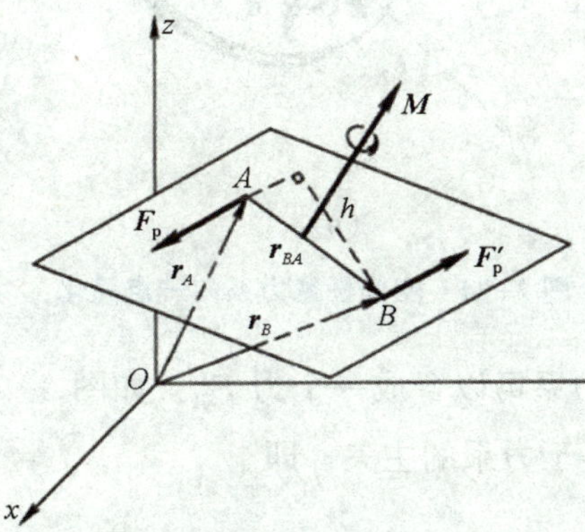

图 3-23 力偶矩矢

根据力偶矩矢的概念可知,凡力偶矩矢相等的力偶均为等效力偶。这就是空间力偶等效定理。这一结果表明,空间力偶不仅可以平移到与其作用面平行的任意平面上而不改变力偶对刚体的作用效果,还可以同时改变力与力偶臂的大小,只要力偶矩矢的大小不变、方向不变,其对刚体的作用效果就相同。因此,力偶矩矢是空间力偶作用效果的唯一度量。

五、空间力系的平衡

1. 空间任意力系向一点简化

现在来讨论空间任意力系的简化问题。与平面任意力系的简化方法一样，也要应用力的平移定理，依次将作用于刚体上的每个力向简化中心平移，同时附加一个相应的力偶。这样，原来的空间任意力系可以由空间汇交力系和空间力偶系两个简单力系等效替换。如图 3-24（a）所示，刚体上作用一空间任意力系 $\boldsymbol{F}_{p1}$，$\boldsymbol{F}_{p2}$，…，$\boldsymbol{F}_{pn}$ 选任一点 O 为简化中心，应用力的平移定理，将各力平行移动到点 O 同时附加相应的附加力偶。于是，原平面任意力系等效变换为一个作用于点 O 的空间汇交力系 $\boldsymbol{F}'_{p1}$，$\boldsymbol{F}'_{p2}$，…，$\boldsymbol{F}'_{pn}$ 和一个空间附加力偶系，如图 3-24（b）所示，这些附加力偶矩矢分别为 $\boldsymbol{M}_1$，$\boldsymbol{M}_2$，…，$\boldsymbol{M}_n$，其中

$$\boldsymbol{F}'_{pi}=\boldsymbol{F}_{pi}\ (i=1,\ 2,\ \cdots,\ n)$$

$$\boldsymbol{M}_i=\boldsymbol{M}_O(\boldsymbol{F}_{pi})$$

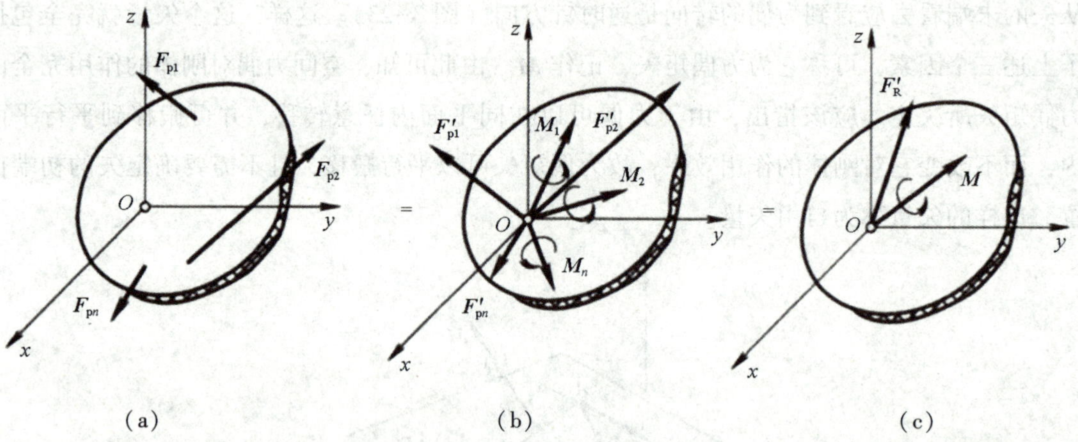

图 3-24　空间任意力系向一点简化

作用于点 O 的空间汇交力系可以合成一个力 $\boldsymbol{F}'_R$，如图 3-24（c）所示，此力的作用线通过点 O，其大小和方向等于力系的主矢，即

$$\boldsymbol{F}'_R=\boldsymbol{F}'_{p1}+\boldsymbol{F}'_{p2}+\cdots+\boldsymbol{F}'_{pn}=\sum_{i=1}^{n}\boldsymbol{F}_{pi} \tag{3-50}$$

力系的主矢与简化中心的选择无关。给定坐标系 $Oxyz$，$\boldsymbol{i}$、$\boldsymbol{j}$、$\boldsymbol{k}$ 分别为沿 x 轴、y 轴和 z 轴的单位向量，则力系主矢 $\boldsymbol{F}'_R$ 的解析表达式为

$$\boldsymbol{F}'_R=\boldsymbol{F}'_{Rx}+\boldsymbol{F}'_{Ry}+\boldsymbol{F}'_{Rz}=\sum F_x\boldsymbol{i}+\sum F_y\boldsymbol{j}+\sum F_z\boldsymbol{k} \tag{3-51}$$

于是，主矢 $\boldsymbol{F}'_R$ 的大小和方向余弦分别为

$$F'_R=\sqrt{\left(\sum F_x\right)^2+\left(\sum F_y\right)^2+\left(\sum F_z\right)^2} \tag{3-52}$$

$$\begin{cases}\cos(\boldsymbol{F}'_{\rm R},\ \boldsymbol{i})=\dfrac{\sum F_x}{F'_{\rm R}}\\ \cos(\boldsymbol{F}'_{\rm R},\ \boldsymbol{j})=\dfrac{\sum F_y}{F'_{\rm R}}\\ \cos(\boldsymbol{F}'_{\rm R},\ \boldsymbol{k})=\dfrac{\sum F_z}{F'_{\rm R}}\end{cases} \tag{3-53}$$

空间分布的力偶系可合成一力偶。以 $\boldsymbol{M}_O$ 表示其力偶矩矢，它等于各附加力偶矩矢的矢量和，又等于力对于点 O 之矩的矢量和，即原力系对点 O 的主矩为

$$\boldsymbol{M}_O=\sum_{i=1}^{n}\boldsymbol{M}_O(\boldsymbol{F}_{pi}) \tag{3-54}$$

力系的主矩与简化中心的选择有关。力系对点 O 的主矩的解析表达式为

$$\boldsymbol{M}_O=\sum_{i=1}^{n}(y_iF_{zi}-z_iF_{yi})\boldsymbol{i}+\sum_{i=1}^{n}(z_iF_{xi}-x_iF_{zi})\boldsymbol{j}+\sum_{i=1}^{n}(x_iF_{yi}-y_iF_{xi})\boldsymbol{k} \tag{3-55}$$

式中　x_i、y_i、z_i——力 $\boldsymbol{F}_{\rm pi}$ 作用点的坐标。

由力对点之矩与力对轴之矩的关系，则主矩 $\boldsymbol{M}_O$ 在三个坐标轴上的投影为

$$\begin{cases}M_{Ox}=\left[\sum\boldsymbol{M}_O(\boldsymbol{F}_{\rm p})\right]_x=\sum M_x(\boldsymbol{F}_{\rm p})\\ M_{Oy}=\left[\sum\boldsymbol{M}_O(\boldsymbol{F}_{\rm p})\right]_y=\sum M_y(\boldsymbol{F}_{\rm p})\\ M_{Oz}=\left[\sum\boldsymbol{M}_O(\boldsymbol{F}_{\rm p})\right]_z=\sum M_z(\boldsymbol{F}_{\rm p})\end{cases} \tag{3-56}$$

力系对点 O 的主矩 $\boldsymbol{M}_O$ 的大小和方向余弦分别为

$$M_O=\sqrt{\left[\sum M_x(\boldsymbol{F}_{pi})\right]^2+\left[\sum M_y(\boldsymbol{F}_{pi})\right]^2+\left[\sum M_z(\boldsymbol{F}_{pi})\right]^2} \tag{3-57}$$

$$\begin{cases}\cos(\boldsymbol{M}_O,\ \boldsymbol{i})=\dfrac{M_{Ox}}{M_O}=\dfrac{\sum M_x(\boldsymbol{F}_{\rm p})}{M_O}\\ \cos(\boldsymbol{M}_O,\ \boldsymbol{j})=\dfrac{M_{Oy}}{M_O}=\dfrac{\sum M_y(\boldsymbol{F}_{\rm p})}{M_O}\\ \cos(\boldsymbol{M}_O,\ \boldsymbol{k})=\dfrac{M_{Oz}}{M_O}=\dfrac{\sum M_z(\boldsymbol{F}_{\rm p})}{M_O}\end{cases} \tag{3-58}$$

于是可得结论如下：空间任意力系向任一点 O 简化，可得一力和一力偶；这个力的大小和方向等于该力系的主矢，作用线通过简化中心 O；这个力偶的矩矢等于该力系对简化中心 O 的主矩；主矢与简化中心的位置无关，主矩一般与简化中心的位置有关。

2. 空间任意力系的平衡方程

在空间任意力系作用时刚体处于平衡状态的充分必要条件是：力系的主矢等于零，对

于任一点的主矩等于零，即

$$\begin{cases} \boldsymbol{F}'_{\mathrm{R}} = \boldsymbol{0} \\ M_O = 0 \end{cases} \tag{3-59}$$

由式（3-49）和式（3-54），可将上述平衡条件写成空间任意力系平衡方程的解析形式，即

$$\begin{cases} \sum F_x = 0 \\ \sum F_y = 0 \\ \sum F_z = 0 \\ \sum M_x(\boldsymbol{F}_{\mathrm{p}}) = 0 \\ \sum M_y(\boldsymbol{F}_{\mathrm{p}}) = 0 \\ \sum M_z(\boldsymbol{F}_{\mathrm{p}}) = 0 \end{cases} \tag{3-60}$$

于是空间任意力系平衡的充分必要条件是：所有各力在三个坐标轴中每一个轴上的投影的代数和等于零，以及这些力对于每一个坐标轴的矩的代数和也等于零。

与平面力系相同，空间力系的平衡方程也有其他的形式，如四矩式、五矩式和六矩式。但是多矩式平衡方程在使用时需要附加相应的限制条件。由于各种形式的限制条件过于复杂，在此不一一论述。使用时可不考虑这些限制条件，只需要灵活选取力矩轴，保证每一个平衡方程都能够求解出一个未知量，以此确定方程的独立性。式（3-60）是在直角坐标系下导出的，但在解题过程中，列平衡方程时投影轴可以不必互相垂直，力矩轴也不一定是坐标轴，而且投影轴和力矩轴可以不重合。

空间任意力系作用下的刚体平衡时有六个独立的平衡方程，可解六个独立的未知量。从空间任意力系的普遍平衡规律中可以导出特殊情况的平衡规律，如空间平行力系、空间汇交力系和空间力偶系等的平衡规律。现以空间平行力系为例探讨其平衡方程，其余情况读者可自行推导。

设刚体上作用有空间平行力系 $\boldsymbol{F}_{\mathrm{p1}}$，$\boldsymbol{F}_{\mathrm{p2}}$，…，$\boldsymbol{F}_{\mathrm{p}n}$（图 3-25），取坐标系 $Oxyz$ 的 Oz 出轴与各力作用线平行，则空间任意力系作用下刚体的六个平衡方程式（3-58）中，有三个成为恒等式，即

$$\begin{cases} \sum F_x \equiv 0 \\ \sum F_y \equiv 0 \\ \sum M_z(\boldsymbol{F}_{\mathrm{p}}) \equiv 0 \end{cases}$$

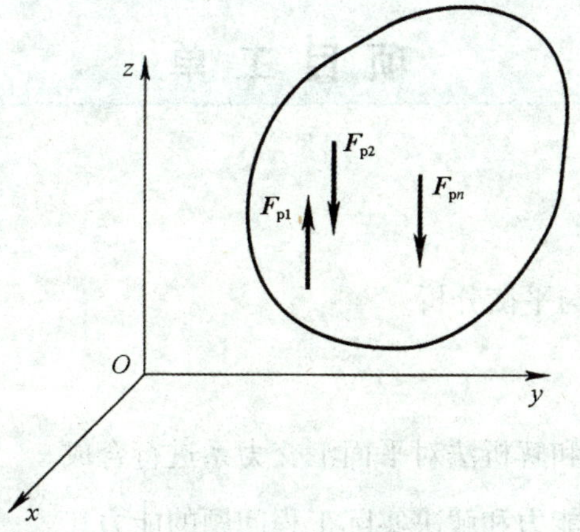

图 3-25 刚体上的空间平行力系

因此，空间平行力系只有三个平衡方程，即

$$\begin{cases}\sum F_z = 0 \\ \sum F_x(\boldsymbol{F}_p) = 0 \\ \sum M_y(\boldsymbol{F}_p) = 0\end{cases} \tag{3-61}$$

式（3-61）就是空间平行力系作用下刚体的平衡方程。三个独立的平衡方程可以解三个未知量。

项目小结

本项目主要介绍了平面力系和空间力系的简化、合成与平衡条件，涵盖了从理论基础到实际应用的全部内容。首先，介绍了平面力系的简化，包括不同类型的平面力系（如平面一般力系、汇交力系、平行力系和力偶系）的概念及其特点，并详细讲解了力的平移定理及其在简化复杂力系中的应用。其次，探讨了力系的合成与平衡，通过几何法和解析法学习了力的合成与分解的方法，分析了不同类型平面力系的合成过程及平衡条件，强调了如何利用投影方程和力矩方程解决实际工程问题。最后，介绍了空间力系的合成与平衡，讨论了力对点和轴的矩、力矩矢量及空间任意力系向一点简化的原理，并阐述了空间力系的平衡方程及其在特殊力系中的应用。通过本项目的学习，读者不仅掌握了力系简化、合成与平衡的基本理论和方法，还能够将这些知识应用于实际工程场景中，如建筑结构设计、家居安全优化、交通工具性能提升等。

项 目 工 单

【实训名称】

平面汇交力系的合成与平衡分析。

【实训目的】

（1）掌握利用几何法和解析法对平面汇交力系进行合成。

（2）培养学生的动手能力和解决实际工程问题的能力。

【实训步骤】

1. 构建力系模型

（1）在力学实验平台上选择一个固定点作为汇交点。

（2）使用细线或绳索从该固定点引出三条线，每条线上挂一个弹簧测力计，确保每个弹簧测力计都能独立施加力。

（3）调整各个弹簧测力计的方向，使其作用线相交于同一点，形成一个简单的平面汇交力系。

2. 测量各分力大小及方向

（1）用弹簧测力计分别测量三个力的大小，并用量角器测量它们相对于水平线的角度。

（2）记录每个力的大小和方向。

3. 几何法求合力

（1）根据测得的数据，使用图解法（如力的平行四边形定则或三角形法则），在纸上绘制出力多边形，确定合力的大小和方向。

（2）测量并记录合力的大小和方向。

4. 解析法求合力

（1）利用力的解析表达式 $\boldsymbol{F}=F_x\boldsymbol{i}+F_y\boldsymbol{j}$，根据各分力在 x 轴和 y 轴上的投影计算合力的大小和方向。

（2）将结果填入实训报告中，并与几何法的结果进行对比。

5. 验证平衡条件

（1）如果所构建的力系是平衡的，则合力应为零。检查合力是否接近零，并讨论可能存在的误差来源。

（2）对比理论计算值与实际测量值之间的差异，分析原因。

【实训评定】

请学生在实训过程中认真对待每一项任务，并根据评价表内容进行自评和互评，以便更好地了解自己在实训中的表现和进步空间。教师将根据实训表现给出最终评价。考核评价表如表 3-1 所示。

表 3-1　考核评价表

项目名称	评价内容	分值	评价分数		
			自评	互评	师评
职业素养考核项目（40%）	安全与规范意识	10 分			
	团队协作与沟通	10 分			
	职业态度与责任心	10 分			
	时间管理与效率	10 分			
专业能力考核项目（60%）	理论知识掌握程度	10 分			
	实验操作技能	15 分			
	数据分析与处理能力	15 分			
	问题解决与创新思维	10 分			
	总结与报告撰写能力	10 分			
综合分数：________［自评（20%）+互评（20%）+师评（60%）］		100 分			

课后练习

一、填空题

1. 如果平面力系中各力的作用线均汇交于一点，则此力系称为________。

2. 力的合成与分解的方法有两种：________和________。

3. ________是通过力矢在坐标轴上的投影来分析力的合成与分解。

4. 空间力偶由三个要素决定，即________、________和________。

5. ________与简化中心的位置无关，________一般与简化中心的位置有关。

二、简答题

1. 请简述力的合成与分解的含义。

2. 请简述力对轴的矩的定义。

项目四

应力与强度

项目导读

在建筑工程领域，结构的安全性与稳定性始终是核心关注点，而应力与强度的精准把握则是实现这一目标的关键所在。本项目聚焦于建筑力学核心领域——应力与强度，其理论基础与实践应用紧密交织，为建筑结构设计、分析及安全评估筑牢根基。从基础理论深入，拉（压）杆应力剖析，借截面法引入应力概念，由轴力、横截面积精确定义正应力，经实例展示应力计算，此为洞察杆件受力响应的关键；强度探究立基于应力，借强度条件精准把控，涵盖校核、尺寸厘定与荷载限定，多维度守护杆件服役安全；变形诠释紧扣胡克定律与泊松比，借公式量化轴向及横向变形，为结构变形预估导航。

学习目标

知识目标

1. 掌握应力与强度的基本概念，理解应力的概念及其计算方法。

2. 了解拉（压）杆的正应力分布规律，掌握胡克定律的应用条件及变形计算。

3. 熟悉材料在拉伸过程中的四个阶段：弹性阶段、屈服阶段、强化阶段和局部变形阶段，以及相应的力学性能指标。

4. 掌握平面图形的几何性质，包括截面形心、静矩、惯性矩的定义及其计算方法。

5. 学习梁平面弯曲时的正应力分布规律及强度条件。

能力目标

1. 能够应用截面法确定轴力，并计算不同截面形状的杆件在拉伸或压缩下的应力值。

2. 具备对工程材料力学性能进行实验测试的能力，如通过拉伸实验获取材料的应力-应变曲线。

3. 能够根据给定的工程问题，选择适当的理论模型进行结构分析，确保设计方案满足强度要求。

4. 会使用计算机辅助设计软件进行简单的结构分析，提高解决实际工程问题的能力。

5. 在团队合作中有效沟通，共同完成复杂结构的设计与分析任务。

素质目标

1. 培养严谨求实的科学态度，注重数据的准确性，保证工程设计的安全可靠。

2. 发展创新思维，鼓励学生提出新颖的设计理念和技术解决方案。

3. 强化安全意识，认识到结构安全性对于公众生命财产的重要性。

4. 提升社会责任感，理解工程师的职业道德和社会责任，致力于建设更美好的生活环境。

思政目标

1. 厚植爱国主义情怀，深度挖掘建筑力学领域国内科研成就与工程典范，如我国自主研发的高性能建筑材料及其在重大工程中的卓越应用、创新性结构设计成果等，激发学生的民族自豪感与投身国家建设的使命感，坚定科技强国信念。

2. 强化社会责任担当，深度剖析建筑结构安全事故案例，引导学生明晰建筑力学工作者肩负的保障公众安全、推动行业进步的社会责任，坚守职业道德底线，在职业生涯中始终秉持严谨、公正、负责的态度，为社会筑牢安全屏障。

任务一 拉（压）杆的应力、强度与变形

任务描述

小王是一名工程师，负责设计一座大桥的主梁。他需要考虑哪些因素来保证这座桥的安全性和耐用性呢？具体来说，你如何确定所使用的材料是否足够坚固以支撑预期的交通流量，又怎样预测长期使用后桥梁是否会因为过度变形而影响其功能？

任务分析

无论是大型基础设施还是小型个人用品，拉（压）杆的应力、强度与变形的知识都在其中扮演着不可或缺的角色。本任务将帮助读者掌握拉（压）杆应力、强度与变形的基础理论知识。

任务实施

一、拉（压）杆的应力

1. 应力

应用截面法确定了轴力后，单凭轴力并不能判断杆件的强度是否足够。例如，用同一材料制成粗细不等的两根直杆，在相同的拉力作用下，虽然两杆轴力相同，但随着拉力的增大，横截面小的杆件必然先被拉断。这说明杆件的强度不仅与轴力的大小有关，还与横截面积的大小有关。为此，引入应力的概念。把单位面积上内力的大小称为应力，并以此作为衡量受力程度的尺度。

2. 横截面上的正应力

取一橡胶（或其他易于变形的材料）制成的等横截面直杆，沿杆的轴线作用拉力（或压力）$\boldsymbol{F}$，使杆件产生拉伸（压缩）变形，如图 4-1 所示。

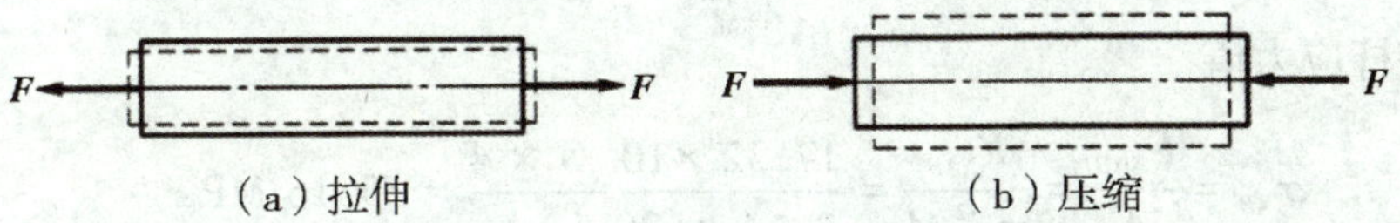

图 4-1　拉（压）杆受力简图

设想杆件由无数条纵向纤维组成，根据平截面假设，在任意两个横截面之间的各条纤维的伸长量相同，即变形相同。由材料的连续性、均匀性假设可以推断出内力在横截面上的分布是均匀的，即横截面上各点处的应力大小相等，其方向与横截面上的轴力一致，垂直于横截面，故为正应力，如图 4-2 所示。

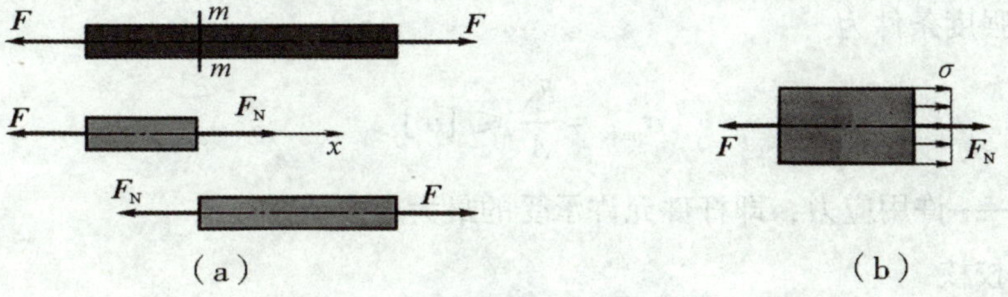

图 4-2　横截面上的正应力

杆件横截面积为 A，轴力为 $\boldsymbol{F}_{\mathrm{N}}$，则根据上述假设可知，横截面上各点处的正应力均为

$$\sigma = \frac{F_{\mathrm{N}}}{A} \tag{4-1}$$

式（4-1）已被实验所证实，适用于横截面任何形状的等截面直杆。当轴力为拉伸时，正应力为正，称为拉应力；当轴力为压缩时，正应力为负，称为压应力。

【例】图 4-3 所示为三角托架，已知 $F=10$ kN，夹角 $\alpha=30°$，杆 AB 为圆截面，其直径 $d=20$ mm，杆 BC 为正方形截面，其边长 $a=100$ mm，试求各杆的应力。

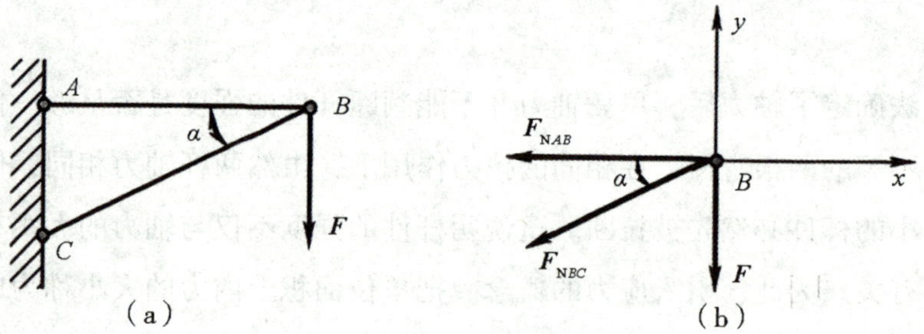

图 4-3　三角托架受力分析

【解】（1）计算各杆轴力

$$\sum F_y=0,\ -F_{NBC}\sin\alpha-10\text{ kN}=0,\ F_{NBC}=-10\text{ kN}/\sin 30°=-20\text{ kN}\ (\text{压})$$

$$\sum F_x=0,\ -F_{NAB}-F_{NBC}\cos\alpha=0,\ F_{NAB}=-F_{NBC}\cos 30°=17.32\text{ kN}\ (\text{拉})$$

（2）求各杆应力值

$$\sigma_{AB}=\frac{F_{NAB}}{A}=\frac{F_{NAB}}{\pi d^2/4}=\frac{17.32\times10^3\text{ N}\times4}{3.14\times(20\text{ mm})^2}=55.16\text{ MPa}$$

$$\sigma_{BC}=\frac{F_{NBC}}{A}=\frac{F_{NBC}}{a^2}=\frac{-20\times10^3\text{ N}}{(100\text{ mm})^2}=-2\text{ MPa}$$

二、拉（压）杆的强度

杆件轴向受拉（压）时横截面上的内力为轴力 F_N，下面讨论截面上任一点的应力。轴向拉压杆的强度条件为

$$\sigma_{max}=\frac{F_N}{A}\leqslant[\sigma] \tag{4-2}$$

式中　$[\sigma]$ ——许用应力，即杆件允许承受的最大应力值。

（1）强度校核

判断工作应力是否在允许范围内，则有

$$\frac{F_N}{A}\leqslant[\sigma] \tag{4-3}$$

（2）确定截面尺寸

先确定满足强度条件所需的横截面积，再确定截面尺寸，则有

$$A \geqslant \frac{F_N}{\sigma} \tag{4-4}$$

（3）确定允许荷载

先确定强度条件所允许的最大内力值，再根据外力与内力的关系确定所允许的最大荷载值，则有

$$F_{Nmax} \leqslant A[\sigma] \tag{4-5}$$

【例】如图4-4所示为变截面柱子，$F=100$ kN，柱段①的横截面积 $A_1=240$ mm×240 mm，柱段②的横截面积 $A_2=240$ mm×370 mm，许用应力$[\sigma]=4$ MPa，试校核该柱子的强度。

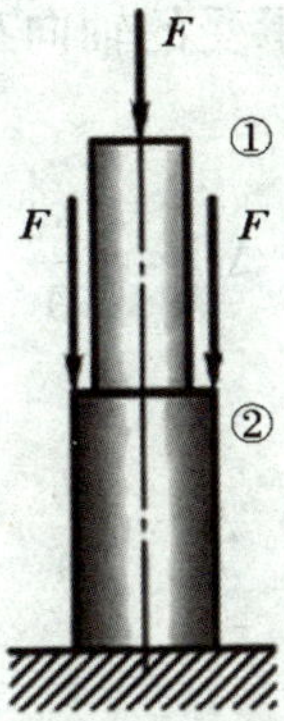

图4-4 变截面柱子受力分析

【解】（1）计算各段轴力

$$F_{N1}=-F=-100\text{ kN（压）}；F_{N2}=-3F=-300\text{ kN（压）}$$

（2）求各段应力

$$\sigma_1=\frac{F_{N1}}{A_1}=\frac{100\times10^3\text{ N}}{240\text{ mm}\times40\text{ mm}}=-1.74\text{ MPa}$$

$$\sigma_2=\frac{F_{N2}}{A_2}=\frac{300\times10^3\text{ N}}{240\text{ mm}\times370\text{ mm}}=-3.38\text{ MPa}$$

（3）强度校核

$$\sigma_{max}=|\sigma_2|=3.38\text{ MPa}<[\sigma]$$

该柱子满足强度条件。

三、拉（压）杆的变形

1. 胡克定律

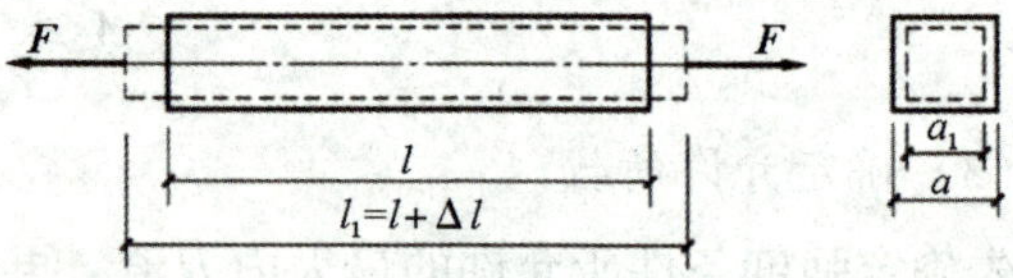

图 4-5　受压杆件变形

实验表明，当拉杆沿其轴向伸长时，其横向将缩短，如图 4-5 所示。

例如，长为 l 的等直杆，在轴向力作用下，伸长量 $\Delta l=l_1-l$，轴向正应变为

$$\varepsilon=\frac{\Delta l}{l}$$

实验结果表明，如果所施加的荷载使杆件的变形处于弹性范围内，应力不超过材料的某一极限值，杆的轴向变形 Δl 与杆所承受的轴向荷载 $\boldsymbol{F}$ 及杆的原长 l 成正比，而与其横截面积 A 成反比，其关系式为

$$\Delta l\propto=\frac{\boldsymbol{F}l}{A}$$

引入比例常数 E，则有

$$\Delta l=\frac{\boldsymbol{F}l}{EA}$$

由于 $\boldsymbol{F}=\boldsymbol{F}_{\mathrm{N}}$，故上式可改写为

$$\Delta l=\frac{\boldsymbol{F}_{\mathrm{N}}l}{EA}$$

这一关系式称为胡克定律，是由英国科学家胡克于 1678 年首次用实验方法论证了这种线性关系后提出的，Δl 的正负与轴力 $\boldsymbol{F}$ 一致。

比例常数 E 称为杆件材料的弹性模量，E 的数值与材料有关，是通过实验测定的，其量纲为 $\mathrm{ML^{-1}T^{-2}}$，其单位为 Pa。

EA 称为杆件的拉伸（压缩）刚度或抗拉刚度，对于长度相等且受力相同的杆件，其抗拉刚度越大，则杆件的变形越小，其值表征材料抵抗弹性变形的能力。

当拉（压）杆有两个以上的外力作用时，其轴力沿杆长变化，则杆件的总变形应分段计算各段的变形，各段变形的代数和为杆的总变形，则有

$$\Delta l=\sum_i\frac{F_{\mathrm{N}}l_i}{(EA)_i}\tag{4-6}$$

【例】图 4-6 所示为变截面混凝土柱子，$F=100$ kN，柱段①的横截面积 $A_1=240$ mm×240 mm，长度为 4 000 mm；柱段②的横截面积 $A_2=240$ mm×370 mm，长度为 4 000 mm，混凝土柱子的弹性模量 $E=200$ GPa，求柱子的总变形量。

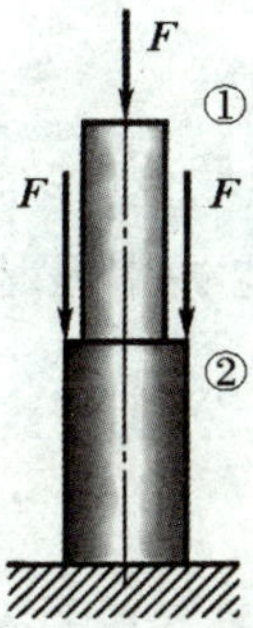

图 4-6　变截面混凝土柱子受力分析

【解】(1) 计算各段柱子横截面上的轴力

$$F_{N1}=-F=-100\ \text{kN}\ (\text{压});\ F_{N2}=-3F=-300\ \text{kN}\ (\text{压})$$

(2) 计算柱子的总变形

$$\Delta l=\sum_i \frac{F_N l_i}{(EA)_i}=\frac{F_{N1}l_1}{E_1A_1}=\frac{F_{N2}l_2}{E_2A_2}=\frac{1}{200\times10^3}\left(\frac{100\times10^3\times4\ 000}{240\times240}+\frac{300\times10^3\times4\ 000}{240\times370}\right)\ \text{mm}$$

$$=0.102\ \text{mm}$$

2. 泊松比

受压杆件的横向正应变为

$$\varepsilon'=-\frac{\Delta a}{a} \tag{4-7}$$

实验表明，应力不超过一定限度时，横向应变 ε' 与轴向应变 ε 之比的绝对值是一个常数，即

$$v=\left|\frac{\varepsilon'}{\varepsilon}\right| \tag{4-8}$$

其中，v 为泊松比，是由法国科学家泊松于 1829 年从理论上推演得出的结果。

任务二　材料拉伸时的力学性能

任务描述

在现代工程设计中，选择合适的材料对于确保结构的安全性、可靠性和经济性至关重要。无论是建造摩天大楼还是制造精密机械，工程师们都需要深入理解不同材料在受力情况下的行为特性。本任务将学习材料拉压时的力学性能。

任务分析

材料拉压时的力学性能不仅关系到产品的功能性，还直接关系到使用者的生命财产安全。通过本任务的学习，学生不仅能够掌握材料在拉压时的力学性能的基础理论知识，还能够在实践中灵活运用这些知识。

任务实施

工程中使用的材料种类很多，通常根据试件在拉断时塑性变形的大小而分为塑性材料和脆性材料两类。塑性材料拉断时具有较大的塑性变形，如低碳钢、合金钢、铜等；脆性材料拉断时塑性变形很小，如铸铁、混凝土、石料等。这两类材料的力学性能具有显著的差异。

低碳钢是典型的塑性材料，而铸铁是典型的脆性材料，因此它们的实验及其所反映出的力学性能在这两类材料中具有代表性。

一、低碳钢在拉伸时的力学性能

低碳钢在拉伸时的力学性能

为了便于比较不同材料的实验结果，必须将实验材料按照国家标准制成。

对圆形截面，中部工作段的直径为 d_0，工作段的长度为 l_0（称为标距），且 $l_0=10d_0$ 或 $l_0=5d_0$。对矩形截面，中部工作段的横截面积 A，且 $l_0=11.3\sqrt{A_0}$ 或 $l_0=5.65\sqrt{A_0}$，如图 4-7 所示。

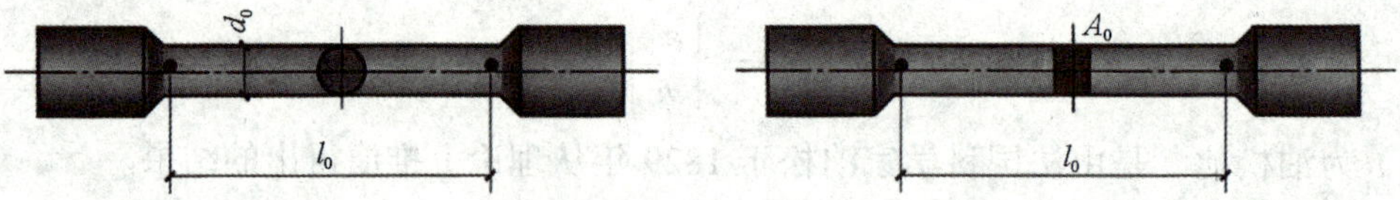

图 4-7　拉伸标准试样

1. 拉伸图与应力-应变图

将低碳钢的标准试件夹在万能试验机上，开动试验机后，试件受到由零开始缓慢增加的拉力 $\boldsymbol{F}$ 作用，同时试件逐渐伸长，直至拉断为止。以拉力 $\boldsymbol{F}$ 为纵坐标，以纵向伸长量 Δl 为横坐标，将 $\boldsymbol{F}$ 和 Δl 的关系按一定的比例绘制的曲线，称为拉伸图（或 F-Δl 图）。通常，万能试验机上都有自动绘图装置，试件拉伸过程中能自动绘出拉伸图。

为了消除试件尺寸的影响，反映材料本身的性质，将纵坐标除以试件横截面的原始面积 A，得到应力 σ，$\sigma=F_N/A$；将横坐标 Δl 除以原标距 l_0，得到线应变 ε，且 $\varepsilon=\Delta l/l$，这样绘制的曲线称为应力-应变图（σ-ε 图）。

2. 拉伸过程的四个阶段

结构抗力是结构或构件承受作用效应的能力，如构件的承载力、刚度、抗裂度等，用 R 表示。结构抗力是结构内部固有的，其大小主要取决于材料性能、构件几何参数及计算模式等。低碳钢是工程中使用最广泛的材料之一，同时低碳钢试件在拉伸实验中所表现出来的变形与抗力之间的关系比较典型。由应力-应变（σ-ε）图可知，低碳钢的实验过程可分为四个阶段，各阶段有其不同的力学性能指标，如图 4-8 所示。

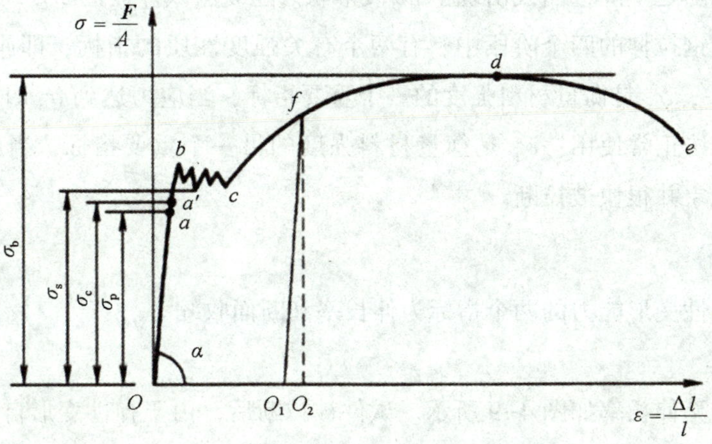

图 4-8　低碳钢拉伸的应力-应变图

（1）弹性阶段（Oa'段）

在弹性阶段内，初始 Oa 一段是直线，它表明应力与应变成正比，材料服从胡克定律。过 a 点后，应力-应变图开始微弯，表示应力与应变不再成正比。应力与应变成正比关系的最高点 a 所对应的应力值 σ_p，称为材料的比例极限。建筑中常用的低碳钢 Q235 比例极限约为 200 MPa。

（2）屈服阶段（bc 段）

当应力超过 b 点所对应的应力后，应变增加很快，应力仅在很小范围内波动，在应力-应变图上呈现出接近于水平的“锯齿”形。此阶段应力基本不变，应变显著增加，称为屈服阶段（也称流动阶段）。屈服阶段中的最低应力称为屈服强度，用 σ_s 表示。低碳钢 Q235 的屈服强度约为 240 MPa。

材料到达屈服阶段时，如果试件表面光滑，则在试件表面可以看到与试件轴线成一定角度的斜裂纹线，这种斜裂纹线称为滑移线。这是由于在面上存在最大切应力，造成材料内部晶粒之间相互滑移所致。

（3）强化阶段（cd 段）

经过屈服阶段后，材料重新获得抵抗变形的能力，体现在应力-应变图中曲线开始向上凸，它表明若要试件继续变形，必须增加应力，这一阶段称为强化阶段。曲线最高点 d 所对应的应力称为强度极限，以 σ_b 表示。低碳钢 Q235 的强度极限约为 400 MPa。

（4）局部变形阶段（de 段）

当应力到达强度极限之后，在试件薄弱处将发生急剧的局部收缩，出现颈缩现象。由于颈缩处横截面积迅速减小，试件继续变形所需的拉力 $\boldsymbol{F}$ 也相应减小，用原始横截面积 A 算出的应力值也随之下降，曲线出现了 de 段形状。至 e 点试件被拉断。

在上述低碳钢拉伸的四个阶段中，有两个有关强度性质的指标，即屈服极限 σ_s 和强度极限 σ_b。其中，σ_s 是衡量材料强度的一个重要指标，当应力达到 σ_s 时，杆件产生显著的塑性变形，无法正常使用；σ_b 是衡量材料强度的另一个重要指标，当应力达到 σ_b 时，杆件出现颈缩现象并很快被拉断。

3. 塑性指标

表示材料塑性变形能力的两个指标为伸长率和断面收缩率。

（1）伸长率

试件拉伸计算伸长率如图 4-9 所示。试件被拉断后，由于弹性变形自动消失，只保留了塑性变形，试件标距长度由原来的 l_0 变为 l_1，用百分比表示比值，即

$$\delta = \frac{l_1 - l_0}{l_0} \times 100\% \tag{4-9}$$

其中，δ 为伸长率。试件的塑性变形（l_1-l_0）越大，δ 也越大。因此，伸长率是衡量材料塑性的指标。

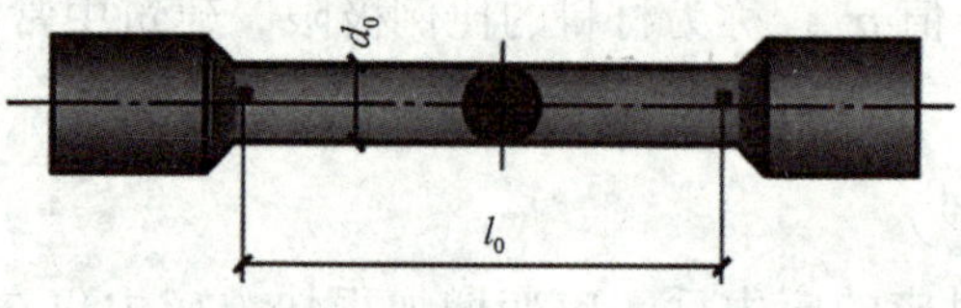

图 4-9　试件拉伸计算伸长率

在工程中，将伸长率 $\delta \geq 5\%$ 的材料称为塑性材料，如低碳钢 Q235 的伸长率 δ 为 20%～30%，是典型的塑性材料；将伸长率 $\delta<5\%$ 的材料称为脆性材料，如铸铁的伸长率 δ 为 0.5%～0.6%，是典型的脆性材料。

（2）断面收缩率

原始横截面积为 A_0 的试样，拉断后“颈缩”处的最小横截面积变为 A_1，用百分比表示比值，即

$$\Psi = \frac{A_0 - A_1}{A_0} \times 100\% \tag{4-10}$$

其中，Ψ 为断面收缩率。低碳钢 Q235 的断面收缩率 Ψ 为 60%。Ψ 也是衡量材料塑性的指标之一。

二、铸铁在拉伸时的力学性能

灰铸铁是典型的脆性材料，灰铸铁拉伸的应力–应变曲线如图 4–10 所示，它没有明显的直线部分。在拉应力较低时就被拉断，没有屈服和颈缩现象，拉断前应变很小，延伸率也很小。

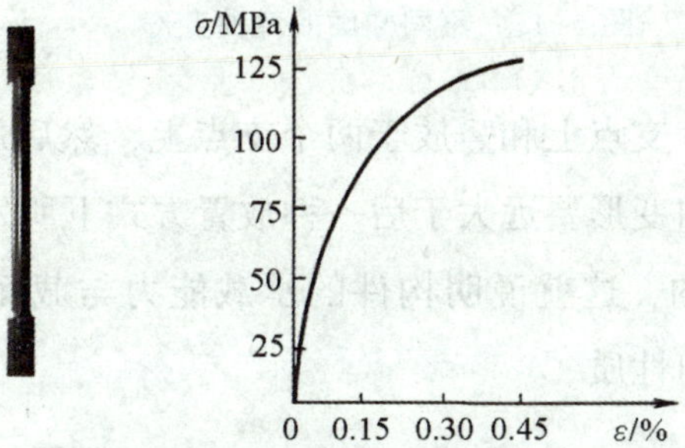

图 4–10　灰铸铁拉伸的应力–应变曲线

铸铁拉断时的应力为强度极限。因为没有屈服现象，强度极限是衡量其强度的唯一指标。由于铸铁等脆性材料的抗拉强度很低，因此不宜用于制作受拉构件。

任务三　平面图形的几何性质

任务描述

小李是一名桥梁设计师，需要选择最合适的梁截面形状来支撑桥面。那么，他将在矩形、圆形和“T”形截面中如何选择？每种截面形状对梁的强度与刚度会产生何种影响？本任务将学习平面图形的几何性质。

任务分析

通过科学合理地选择和应用截面形状，能够创造出既安全又高效的产品和建筑物。本任务将帮助读者掌握平面图形几何性质的基础理论知识。

任务实施

平面图形的几何性质是指根据截面尺寸经过一系列运算所得的几何数据，如面积。构件的承载能力与这些几何数据有着直接的关系，这从下面的例子中可以得知，如图 4-11 所示。

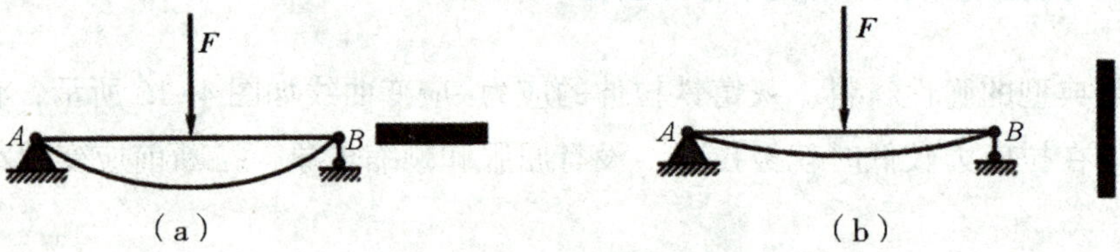

图 4-11　不同截面的弯曲变形

将一杆件分别平放于两个支点上和竖放于两个支点上，然后加上相同的力 $\boldsymbol{F}$，显然前一种放置方式下所发生的弯曲变形要远大于后一种放置方式下所发生的弯曲变形。这差异仅是截面放置方式不同造成的，这就说明构件的承载能力与截面几何数据有着直接的关系。下面介绍平面图形的几何性质。

一、截面形心和截面静矩

1. 截面形心和截面静矩概述

（1）截面形心

截面形心是指截面的几何中心。一般用字母 C 表示，其坐标分别记作 y_C、z_C。例如，圆形截面的形心位于圆心，矩形截面的形心位于两对角线的交点处。通常，截面图形的形心与匀质物体的重心是一致的。

（2）截面静矩

横截面积与它的形心到 y（z）轴的距离的乘积，称为该截面关于 y 轴（z 轴）的静矩，记作 S_y（S_z），如图 4-12 所示。

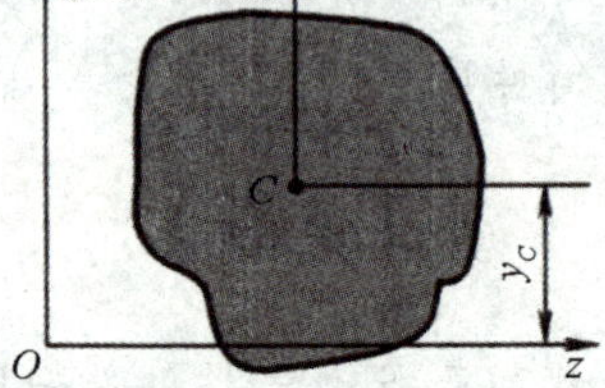

图 4-12　截面关于 y 轴（z 轴）的静矩

（3）截面静矩计算公式

对任意的截面图形，可将其分割计算，然后积分求和。图 4-13 所示为曲边截面图形，将其分割成 n 块（$n\to\infty$），取其中一微面积，记作 dA。dA 的形心到 y 轴的距离为 z，事实上因 dA 很微小，故可视为一点。

dA 与 z 的乘积称为该微面积对 y 轴的静矩，记作 dS_y，即 $\mathrm{d}S_y = z\mathrm{d}A$。

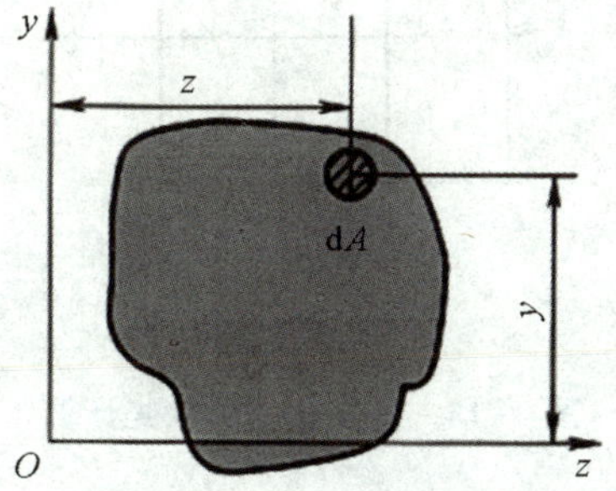

图 4-13　曲边截面图形静矩的计算

（4）截面形心计算公式

如图 4-14 所示，截面图形的形心坐标为 y_C、z_C，面积为 A。注意到工程中的构件，其截面图形往往由几个简单图形组成，截面形心则由面积的静矩定义及公式可得

$$z_C = \frac{\sum z_i \Delta A_i}{A},\ y_C = \frac{\sum y_i \Delta A_i}{A} \tag{4-11}$$

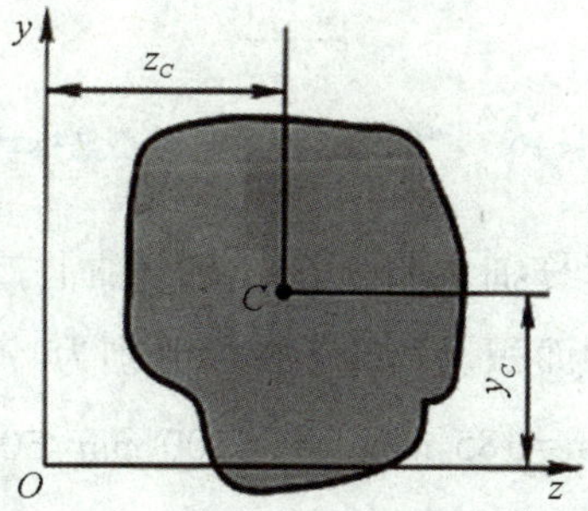

图 4-14　曲边截面图形形心的计算

2. 常用图形静矩与形心坐标的计算

【例 1】 如图 4-15 所示，矩形截面宽为 b，高为 h，试求该矩形截面阴影部分所围面积关于 z、y 轴的静矩。

【解】 由于阴影部分面积 A_0 和形心坐标 y_{C1}、z_{C1} 可以直接计算得

$$z_{C1} = 0,\ y_{C1} = \frac{3h}{8},\ A_0 = \frac{bh}{4}$$

$$S_y = A_0 z_{C1} = 0(z_{C1} = 0)$$

$$S_z = A_0 y_{C1} = \frac{bh}{4} \cdot \frac{3h}{8} = \frac{3}{32}bh^2$$

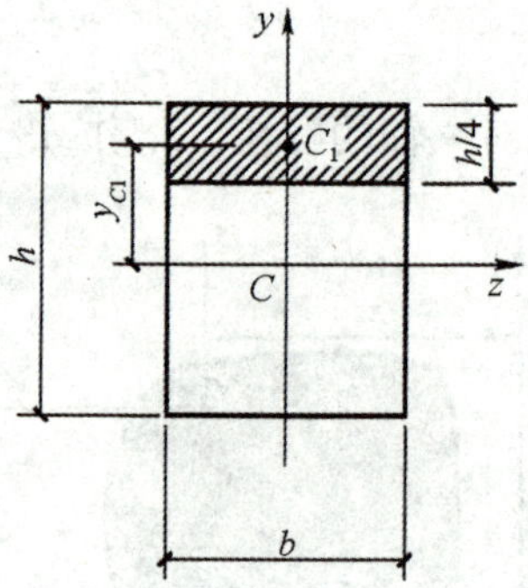

图 4-15　矩形截面的静矩计算

【例 2】试计算如图 4-16 所示的“T”形截面的形心坐标。

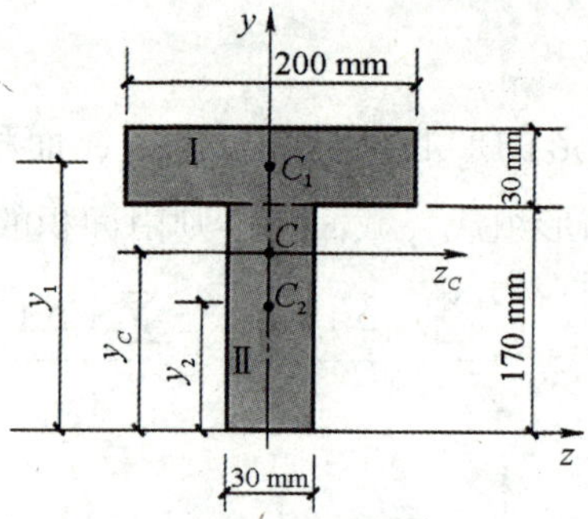

图 4-16　“T”形截面的形心坐标计算

【解】由于 y 轴是截面的对称轴，形心 C 必在 y 轴上，即 $z_C=0$。将“T”形截面分割为Ⅰ、Ⅱ两个矩形，每个矩形的面积及其形心坐标分别为

矩形Ⅰ：$y_1=170\ \text{mm}+15\ \text{mm}=185\ \text{mm}$；$A_1=200\ \text{mm}\times30\ \text{mm}=6\ 000\ \text{mm}^2$

矩形Ⅱ：$y_2=85\ \text{mm}$；$A_2=170\ \text{mm}\times30\ \text{mm}=5\ 100\ \text{mm}^2$

$$y_e = \frac{\sum A_i y_i}{A} = \frac{A_1 y_1 + A_2 y_2}{A_1 + A_2} = \frac{6\ 000\ \text{mm}^2 \times 185\ \text{mm} + 5\ 100\ \text{mm}^2 \times 85\ \text{mm}}{6\ 000\ \text{mm}^2 + 5\ 100\ \text{mm}^2} = 139\ \text{mm}$$

二、截面惯性矩

1. 截面惯性矩

将图 4-17 所示的曲边截面图形分割成 n 块（$n\to\infty$），取其中一微面积，记作 dA。事

实上因 dA 很微小，故可视为一点。dA 到 y 轴的距离为 z，则 dA 与到 y 轴的距离平方的乘积，称为该微面积关于 y 轴的惯性矩，记作 dI_y，即 $dI_y = z^2 dA$。

对上式两边关于整个图形积分，得到整个图形关于 y 轴的惯性矩，记作 I_y，即

$$I_y = \int_A dI_y = \int_A z^2 dA \tag{4-12}$$

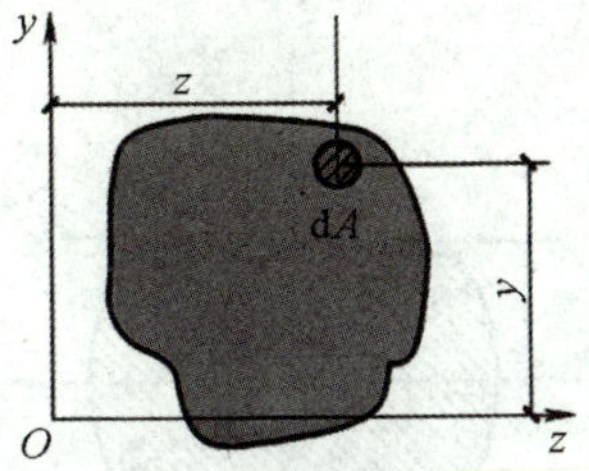

图 4-17　曲边截面图形惯性矩计算

整个图形关于 z 轴的惯性矩，记作 I_z，$I_z = I_z = \int_A dI_z = \int_A y^2 dA$ 。

截面惯性矩与坐标轴有关，对于不同的坐标轴其数值不同。截面惯性矩的量纲为长度的四次方（L^4），其值恒大于零。

2. 简单图形的截面惯性矩

（1）矩形截面（图 4-18）的惯性矩计算

$$dA = b\,dy$$

$$I_z = \int_A y^2 dA = \int_{-\frac{h}{2}}^{\frac{h}{2}} y^2 b\,dy = \frac{bh^3}{12}$$

$$I_y = \frac{b^3 h}{12}$$

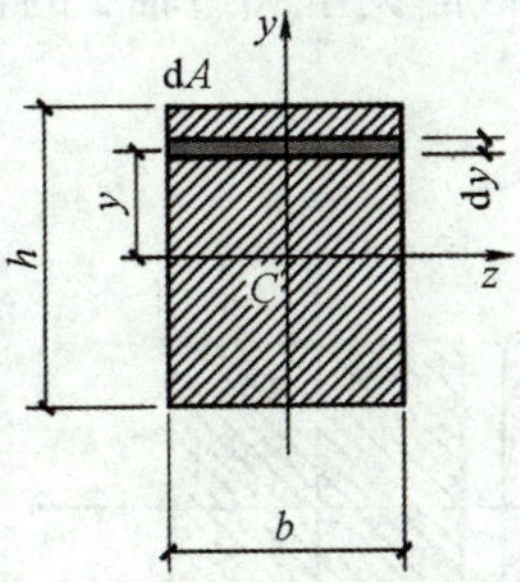

图 4-18　矩形截面的惯性矩计算

（2）圆形截面（图 4-19）的惯性矩计算

$$dA = 2\sqrt{R^2 - y^2}\,dy$$

$$I_z = \int_A y^2 dA = 2\int_{-R}^{R} y^2 \sqrt{R^2 - y^2}\,dy = \frac{\pi R^4}{4} = \frac{\pi d^4}{64}$$

$$I_y = \frac{\pi d^4}{64}$$

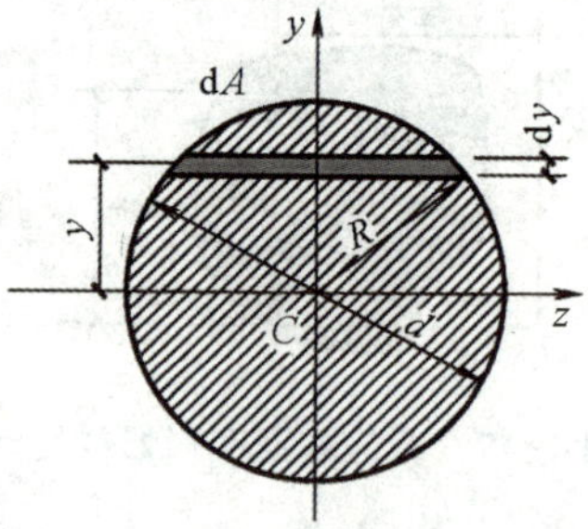

图 4-19　圆形截面的惯性矩计算

3. 截面惯性矩的平行移轴公式

在已知截面图形关于形心轴的惯性矩时，可以使用截面惯性矩的平行移轴公式来求截面图形关于平行于形心轴的任一轴的惯性矩，截面惯性矩的平行移轴公式为

$$I_z = I_{zC} + a^2 A \tag{4-13}$$

$$I_y = I_{yC} + b^2 A \tag{4-14}$$

式中，z_C 轴是形心轴；I_{zC} 是截面图形关于形心轴 z_C 的惯性矩；z 轴是 z_C 轴的平行轴；I_z 是截面图形关于 z 轴的惯性矩；a 是两平行轴 z_C、z 之间的距离；A 是横截面积。同理，I_{yC} 是截面图形关于形心轴 y_C 的惯性矩；y 是 y_C 轴的平行轴；I_y 是截面图形关于 y 轴的惯性矩；b 是两平行轴 y_C、y 之间的距离。

【例】试求图 4-20 所示的矩形截面关于底边轴 z 的惯性矩（截面惯性矩）I_z。图中单位为 mm。

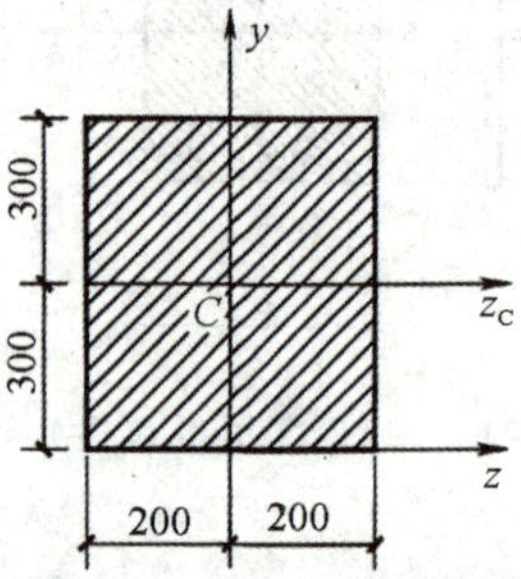

图 4-20　矩形截面关于底边轴 z 的惯性矩计算

【解】已知 $h=600$ mm，$b=400$ mm，两轴间距离 $a=h/2=300$ mm，横截面积 $A=bh$，截面关于形心轴 z_C 的惯性矩为

$$I_z = I_{zC} + a^2A = \frac{bh^3}{12} + \left(\frac{h}{2}\right)^2 bh = \frac{bh^3}{3}$$

$$= \frac{400\ \text{mm} \times (600\ \text{mm})^3}{3} = 288 \times 10^8\ \text{mm}^4$$

任务四 梁平面弯曲时的正应力与强度条件

任务描述

在工程设计中，梁是常见的承载构件之一。当梁受到横向荷载作用时，会产生弯曲变形，导致内部出现复杂的应力分布。理解梁在平面弯曲情况下的应力变化规律及其强度条件，对于确保结构的安全性和可靠性至关重要。本任务将学习梁平面弯曲时的正应力分析及强度校核方法。

任务分析

在工程结构中，梁是承载横向荷载的关键构件之一，广泛应用于建筑、桥梁、机械等领域。当梁受到横向荷载作用时，会产生弯曲变形，导致内部出现复杂的应力分布。本任务将帮助读者掌握梁平面弯曲时的正应力分布规律及强度条件的基础理论知识。

任务实施

一、梁平面弯曲时的正应力

只有弯矩而无剪力的平面弯曲变形称为纯弯曲变形，如图 4-21 所示。

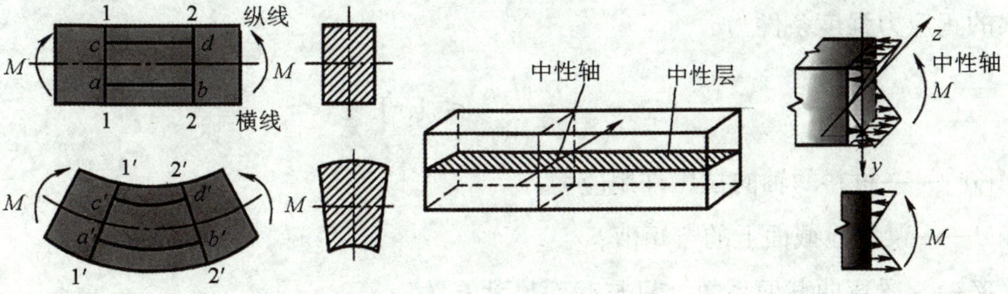

图 4-21 纯弯曲变形

横截面上各点的正应力 σ 大小是与该点到中性轴的距离 y 大小成正比的，即沿截面高度呈线性分布，中性层上各点的正应力为零，在距中性轴等距离的各点处正应力相同。对矩形截面来说，横截面上正应力的分布规律，如图 4-22 所示。

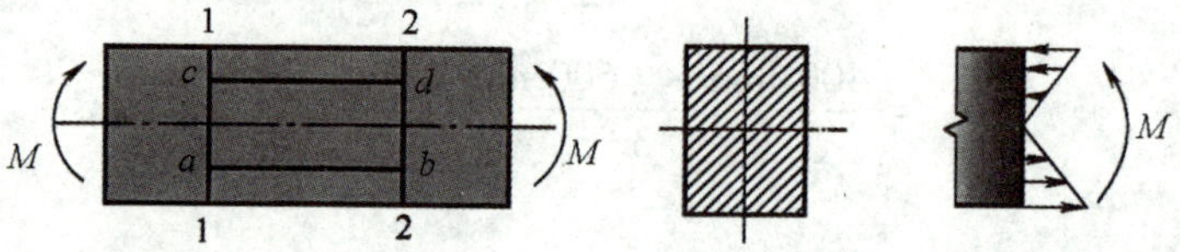

图 4-22　矩形截面中性轴通过截面形心的正应力分布

梁在纯弯曲变形时的正应力计算公式为

$$\sigma = \frac{My}{I_z} \tag{4-15}$$

式中　σ——横截面上某点的正应力；

M——横截面上的弯矩；

y——正应力作用点到中性轴的距离；

I_z——截面对中性轴的惯性矩。

截面弯矩 M 和截面惯性矩 I_z 对于截面任意一点而言都是不变的，因此截面任意一点的正应力与该点到中性轴的距离 y 存在线性关系，即正应力沿截面高度线性分布，上下边缘处数值最大，中性轴处正应力为零。

二、梁平面弯曲时的正应力强度条件

正应力的最大值发生在横截面距中性轴最远的截面边缘处，则有

$$\sigma_{\max} = \frac{My_{\max}}{I_z} \tag{4-16}$$

比值 $I_z/y_{\max}$ 是一个仅与截面几何量有关的量，称为弯曲截面系数，并用 W_z 表示为

$$W_z = \frac{I_z}{y_{\max}},\ \sigma_{\max} = \frac{M}{W_z} \tag{4-17}$$

梁的正应力强度条件为

$$\sigma_{\max} = \frac{M_{\max}}{W_z} \leqslant [\sigma] \tag{4-18}$$

式中　$[\sigma]$——材料的轴向拉压许用应力；

M——梁危险截面上的弯矩值；

W_z——梁弯曲截面系数，只与截面尺寸有关。

对于矩形截面（设截面高度为 h、宽度为 b），可得

$$W_z=\frac{I_z}{y_{\max}}=\frac{bh^3/12}{h/2}=\frac{bh^2}{6} \tag{4-19}$$

对于圆形截面（设截面直径为 d），可得

$$W_z=\frac{I_z}{y_{\max}}=\frac{\pi d^4/64}{d/2}=\frac{\pi d^3}{32} \tag{4-20}$$

【例】图 4-23 所示为简支梁受均布荷载 q 作用，梁的许用应力 $[\sigma]=7$ MPa，试求梁 D 截面沿高度 a、b、c 三点的正应力值，并校核梁的正应力强度。

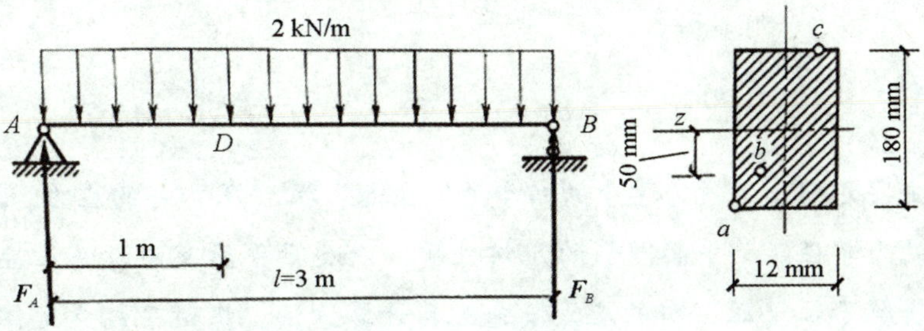

图 4-23 简支梁受均布荷载 q 作用

【解】（1）求支座反力

$$\boldsymbol{F}_A=\boldsymbol{F}_B=3\text{ kN}\ (\uparrow)$$

（2）求 D 截面弯矩

$$M_D=3\text{ kN}\times1\text{ m}-2\text{ kN/m}\times1\text{ m}\times0.5\text{ m}$$
$$=2\text{ kN}\cdot\text{m}$$

（3）求截面关于中性轴的惯性矩 I_z

$$I_z=\frac{bh^3}{12}=\frac{120\text{ mm}\times(180\text{ mm})^3}{12}=58.32\times10^6\text{ mm}^4$$

（4）求各点应力

由梁任意一点的正应力计算公式得

$$\sigma_a=\frac{M_Dy_a}{I_z}=\frac{2\times10^6\text{ N}\cdot\text{mm}\times90\text{ mm}}{58.32\times10^6\text{ mm}^4}=3.09\text{ MPa(拉)}$$

$$\sigma_b=\frac{M_Dy_b}{I_z}=\frac{2\times10^6\text{ N}\cdot\text{mm}\times50\text{ mm}}{58.32\times10^6\text{ mm}^4}=1.71\text{ MPa(拉)}$$

$$\sigma_c=\frac{M_Dy_c}{I_z}=\frac{2\times10^6\text{ N}\cdot\text{mm}\times90\text{ mm}}{58.32\times10^6\text{ mm}^4}=3.09\text{ MPa(压)}$$

（5）正应力强度计算

梁的危险截面在跨中，其危险弯矩为

$$M_{max} = \frac{ql^2}{8} = \frac{2\ \text{kN/m} \times (3\ \text{m})^2}{8} = 2.25\ \text{kN} \cdot \text{m}$$

$$\sigma_{max} = \frac{M_{max}}{W_z} = \frac{6 \times 2.25 \times 10^6\ \text{N} \cdot \text{mm}}{120\ \text{mm} \times (180\ \text{mm})^2} = 3.47\ \text{MPa}$$

$$\sigma_{max} = 3.47\ \text{MPa} \leqslant [\sigma] = 7\ \text{MPa}$$

梁满足正应力强度条件。

项目小结

本项目主要介绍了建筑力学中的四个关键主题：拉（压）杆的应力、强度与变形，材料拉压时的力学性能，平面图形的几何性质，以及梁平面弯曲时的正应力与强度条件。首先，讲解了拉（压）杆的应力概念及其计算方法，探讨了胡克定律和泊松比的应用，并分析了其强度条件。其次，详细解析了塑性材料（如低碳钢）和脆性材料（如铸铁）的区别，特别是低碳钢拉伸过程中的四个阶段及衡量材料塑性的两个重要指标——伸长率和断面收缩率。再次，重点讲解了截面形心、静矩和惯性矩的概念及其计算方法，特别是平行移轴公式的应用，帮助选择最合适的截面形状以优化结构设计。最后，阐述了梁在平面弯曲情况下横截面上各点正应力的分布规律，并学习了如何根据材料的许用应力进行强度校核，确保梁的安全性和可靠性。通过本项目的学习，读者不仅能够掌握这些基础理论知识，还能够在实践中灵活运用，为未来从事土木工程、机械设计等相关领域打下坚实的基础，同时培养了解决复杂工程问题的能力和批判性思维。

项 目 工 单

【实训名称】

拉（压）杆的应力计算与强度校核。

【实训目的】

（1）掌握计算拉（压）杆正应力的方法，并根据材料的许用应力进行强度校核。

（2）通过实际操作和数据分析，增强对理论知识的理解和应用能力。

【实训步骤】

1. 选择材料样本

（1）从提供的材料样品中选取一根圆截面直杆，使用游标卡尺精确测量其直径 d 并记录下来。

（2）记录材料的许用应力［σ］和弹性模量 E。

2. 安装与预调

（1）将选定的直杆安装在拉伸试验机上，确保两端牢固固定且轴线对齐。

（2）对试验机进行零点校准，确保初始状态无外力作用。

3. 施加拉力并记录数据

（1）逐步增加拉力 $\boldsymbol{F}$，每次增量保持一致（如每次增加 1 kN），同时记录相应的拉力值。

（2）在每个拉力增量后，使用卷尺测量杆件的伸长量 Δl，并记录数据。

（3）当达到预定的最大拉力时停止加载，避免过度变形或破坏试样。

4. 计算正应力

（1）根据公式 $\sigma=\dfrac{F_N}{A}$，其中 F_N 是轴力（即施加的拉力 F），A 是横截面积。

（2）列出表格，记录每个拉力增量对应的正应力值。

5. 绘制应力-应变图

（1）使用记录的数据，以拉力 $\boldsymbol{F}$ 为纵坐标，伸长量 Δl 为横坐标，绘制拉伸图。

（2）将应力 σ 除以横截面原始面积 A，将伸长量 Δl 除以原标距 l_0，得到线应变 ε，重新绘制应力-应变图。

6. 强度校核

（1）根据材料的许用应力［σ］，检查所测得的最大正应力是否超过该值。

（2）如果最大正应力不超过许用应力，则说明该材料在此条件下是安全的，否则需要考虑更换更坚固的材料或调整设计参数。

【实训评定】

请学生在实训过程中认真对待每一项任务，并根据评价表内容进行自评和互评，以便更好地了解自己在实训中的表现和进步空间。教师将根据实训表现给出最终评价。考核评价表如表 4-1 所示。

表 4-1 考核评价表

项目名称	评价内容	分值	评价分数		
			自评	互评	师评
职业素养考核项目（40%）	安全与规范意识	10 分			
	团队协作与沟通	10 分			
	职业态度与责任心	10 分			
	时间管理与效率	10 分			
专业能力考核项目（60%）	理论知识应用	10 分			
	实验技能掌握	15 分			
	数据分析与处理	15 分			
	解决问题的能力	10 分			
	撰写实验报告	10 分			
综合分数：________ [自评（20%）+互评（20%）+师评（60%）]		100 分			

课后练习

一、填空题

1. 把单位面积上内力的大小称为________，并以此作为衡量受力程度的尺度。

2. 工程中使用的材料种类很多，通常根据试件在拉断时塑性变形的大小分为________和________两类。

3. 表示材料塑性变形能力的两个指标：________和________。

4. 只有弯矩而无剪力的平面弯曲变形称为________。

5. 梁纯弯曲时的正应力计算公式为________。

二、简答题

1. 请问拉伸过程可分为哪几个阶段？

2. 请简述截面静矩的含义。

项目五

压杆稳定

项目导读

在建筑力学领域，压杆稳定问题犹如隐藏于结构深处的关键密码，对工程结构的安全性与可靠性起着决定性作用。当工程结构中的压杆承受轴向压力时，其表现出的力学特性绝非简单的强度考量所能囊括，尤其对于细长压杆，失稳现象成为潜在的致命威胁。本项目将引领读者深入探索压杆稳定这一核心主题，系统且全面地剖析其从基本概念、关键计算公式，到工程实际应用和稳定性增强策略等各层面的知识精髓。

学习目标

知识目标

1. 掌握压杆失稳现象的基本原理，包括稳定平衡、不稳定平衡和临界状态的概念。

2. 了解两端铰支细长压杆的临界力计算方法，并能使用欧拉公式进行简单计算。

3. 认识临界应力与柔度之间的关系，了解欧拉公式的适用范围及超出比例极限时压杆的临界应力计算方法。

4. 了解如何通过选择材料、优化截面形状、改善约束条件等方法来提升压杆的稳定性。

能力目标

1. 能够对实际工程中的压杆问题进行分析，判断其是否可能发生失稳现象。

2. 熟练运用欧拉公式及相关公式计算压杆的临界力和临界应力。

3. 基于理论知识，提出并评估改进压杆稳定性的设计方案。

4. 通过实验或模拟软件验证理论计算结果，积累实践经验。

素质目标

1. 培养严谨求实的科学态度，注重理论联系实际，提高解决复杂工程问题的能力。

2. 鼓励学生探索新的解决方案和技术，促进创新能力的发展。

3. 在团队项目中学会分工协作，共同完成任务，增强集体荣誉感。

4. 树立良好的职业道德观念，认识到工程师责任的重要性，确保公共安全。

思政目标

1. 从压杆稳定原理及工程应用演进中，深切感悟力学先驱的智慧光芒与创新精神，厚植科技报国情怀与使命担当，砥砺为国家工程科技事业勇攀高峰、拼搏奉献的壮志豪情。

2. 在处理压杆稳定问题、抉择优化策略时，始终坚守工程伦理准则，优先考量公共安全、资源效益与环境和谐，将人文关怀与社会责任深度融入工程实践血脉，全力塑造德才兼备的卓越工程师品格。

任务一　压杆稳定概述

任务描述

当你用双手轻轻按压一支细长铅笔的两端时，起初它会保持直线状态，但随着你施加的压力逐渐增大，铅笔会在某个临界点突然弯曲甚至折断。这个过程类似于工程结构中的压杆失稳现象。本任务将深入探讨压杆稳定的基本概念。

任务分析

压杆失稳不仅可能导致结构失效，还可能带来严重的安全隐患。因此，在设计和分析过程中，理解和确保压杆的稳定性至关重要。本任务将理解压杆失稳的基本概念，了解压杆失稳的原因。

任务实施

在工程中，把承受轴向压力的直杆称为压杆。前文在讨论压杆时，只是从强度角度出发，认为压杆横截面上的正应力只要不超过材料的容许应力，就能保证杆件不被破坏。这种观点对于短粗的杆件来说是正确的，但对于细长的杆件来说则不尽然。实践表明，在轴向压力作用下，杆内的应力还没有达到材料的容许应力时，就可能发生突然弯曲甚至导致损坏，这种现象称为失稳。因此，对于细长受压杆件，除考虑强度问题外，还必须考虑稳定性问题。

为了便于理解压杆稳定性的概念，我们以细长的受压杆来说明。

以图 5-1（a）所示的轴心受压直杆为例，通过调整压力 $\boldsymbol{F}$ 的大小，观察压杆直线形式的平衡状态是否稳定。为便于观察，对压杆施加不大的横向干扰力，将其推至微弯状态，如图 5-1（a）中的虚线状态。

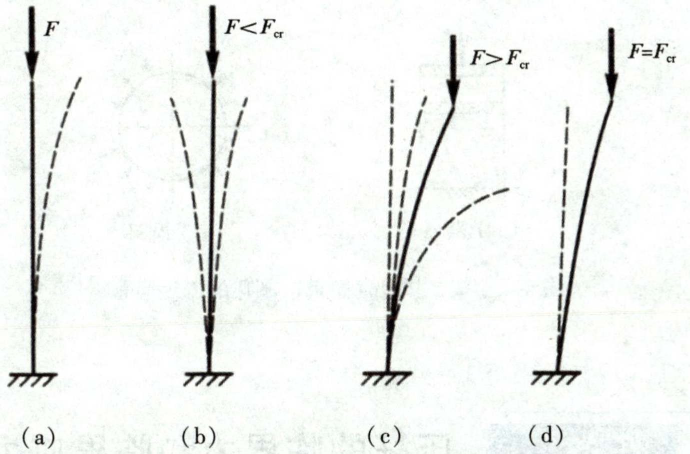

图 5-1 压杆直线形式的平衡状态

（1）当压力 F 值较小时（F 小于某一临界值 F_{cr}），将横向干扰力去掉后，压杆将在直线平衡位置左右摆动，最终仍恢复到原来的直线平衡状态，如图 5-1（b）所示。这表明，压杆原来的直线平衡状态是稳定的，即该压杆原有直线状态的平衡是稳定平衡状态。

（2）当压力 F 值超过某一临界值 F_{cr} 时，将横向干扰力去掉后，压杆不仅不能恢复到原来的直线平衡状态，还将在微弯的基础上继续弯曲，而失去承载能力，如图 5-1（c）所示。这表明，压杆原来的直线平衡状态是不稳定的，即该压杆原有直线状态的平衡是不稳定平衡状态。

（3）当压力 F 值恰好等于某一临界值 F_{cr} 时，将横向干扰力去掉后，压杆就在被干扰成的微弯状态下处于平衡状态，既不恢复原状，也不增加其弯曲的程度，如图 5-1（d）所示。这表明，压杆可以在偏离直线平衡位置的附近保持微弯状态的平衡，这种处于稳定平衡和不稳定平衡之间的平衡状态，称为临界平衡状态。临界平衡状态实质上是不稳定平衡状态，因为压杆受微小干扰后，不能再恢复到原有直线平衡状态。

当压杆直线平衡状态是不稳定的平衡状态时，称压杆失去稳定，简称失稳。当压杆处于稳定平衡状态和不稳定平衡状态之间的临界状态时，其轴向压力称为临界力，用 $\boldsymbol{F}_{cr}$ 表示。临界力 $\boldsymbol{F}_{cr}$ 是判别压杆是否会失稳的重要指标。

应该指出，不仅压杆会出现失稳现象，其他类型的构件，如图 5-2 所示的梁、拱、薄壁筒、圆环等也存在稳定问题。在荷载作用下，它们失稳的变形形式如图中虚线所示。这些构件的稳定问题都比较复杂。

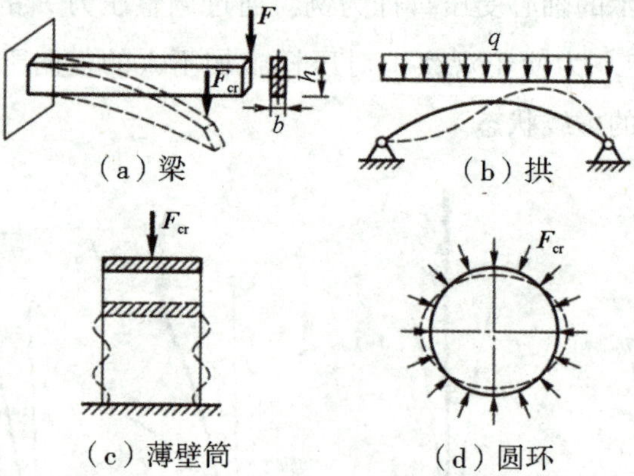

图 5-2　梁、拱、薄壁筒、圆环的稳定问题

任务二　压杆的临界力和临界应力

任务描述

某天某镇的大桥发生坍塌，这次事故的根本原因是一根桁架中的压杆失稳，导致整个桥梁结构的连锁反应式崩溃。这提醒工程师在设计任何结构时，必须精确计算压杆能够承受的最大荷载——临界力，并确保实际工作荷载远低于此值以留有足够的安全裕度。本任务主要介绍压杆的临界力和临界应力。

任务分析

在设计工程结构时，准确预测压杆的临界状态是确保其安全性和可靠性的关键步骤之一。通过本任务的学习，读者将掌握如何计算压杆的临界力和临界应力。

任务实施

一、压杆的临界力

由欧拉公式可得两端铰支细长压杆的临界力公式为

$$F_{cr}=\frac{\pi^2 EI}{l^2} \tag{5-1}$$

式（5-1）为两端铰支压杆的临界力公式。实际上压杆的临界力还与其杆端的约束情况有关，当杆端的约束情况改变时，边界条件发生改变，临界力就表现为不同的数值。可把各种约束情况下压杆临界力计算公式写为

$$F_{cr} = \frac{\pi^2 EI}{(\mu l)^2} \tag{5-2}$$

式中，μ 为长度系数；μl 为压杆的计算长度（或有效长度），表示将杆端约束条件不同的压杆长度折算成两端铰支压杆的长度。

现将几种不同杆端约束情况下的长度系数 μ 列于表 5-1 中，供计算时查阅。

表 5-1　几种不同杆端约束条件下等截面细长压杆的长度系数

杆端约束情况	两端铰支	一端固定一端铰支	两端固定	一端固定一端自由
μ 值	1.0	0.7	0.5	2
挠曲线形状	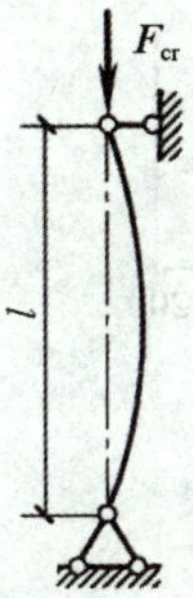	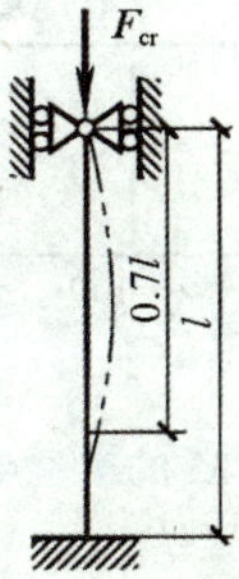	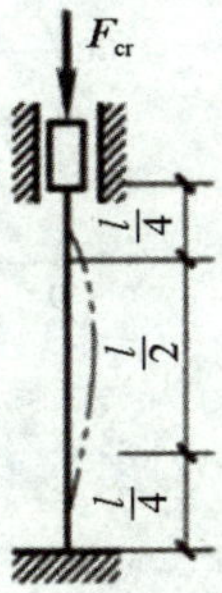	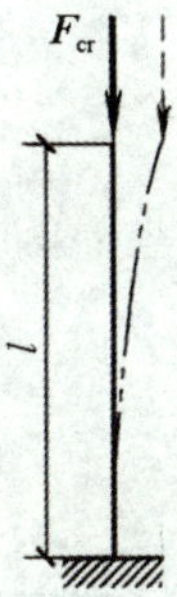

二、压杆的临界应力

1. 临界应力

将临界荷载 F_{cr} 除以压杆的横截面积 A，可求得压杆的临界应力，则有

$$\sigma_{cr} = \frac{F_{cr}}{A} = \frac{\pi^2 EI}{(\mu l)^2 A}$$

把截面的惯性半径 $i = \sqrt{I/A}$ 引入上式，得

$$\sigma_{cr} = \frac{\pi^2 E}{\left(\frac{\mu l}{i}\right)^2}$$

再令

$$\lambda = \frac{\mu l}{i} = \frac{\mu l}{\sqrt{I/A}} \tag{5-3}$$

则细长杆的临界应力可表达为

$$\sigma_{cr} = \frac{\pi^2 E}{\lambda^2} \tag{5-4}$$

式（5-4）称为欧拉临界应力公式，式中的 λ 称为长细比或柔度，λ 是一个量纲为 1 的量，它综合地反映了压杆的长度、截面的形状与尺寸，以及杆件的支承情况对临界应力的影响。式（5-4）表明，λ 值愈大，临界应力 σ_{cr} 愈小，压杆就愈容易失稳。

2. 欧拉公式的适用范围

式（5-4）表明，临界应力 σ_{cr} 是柔度 λ 的函数，其函数关系曲线为欧拉曲线（图 5-3）。

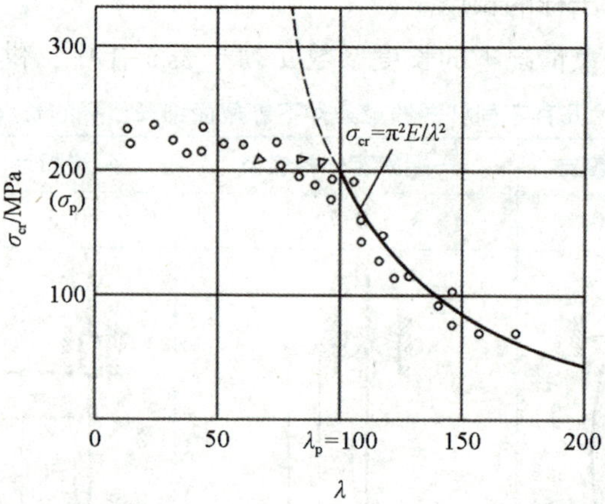

图 5-3　低碳钢 Q235 的实验点与欧拉曲线

为了考察欧拉公式是否符合实际情况，并研究非弹性稳定问题，可做如下稳定实验。

用低碳钢 Q235 制成不同柔度的压杆试件，在尽可能保持轴心受压的条件下进行受压实验，测得每个试件的临界应力（压溃应力），将实验结果在图 5-3 中标出。当 $\lambda>\lambda_p$ 时，实验值与欧拉曲线比较吻合；而当 $\lambda<\lambda_p$ 时，实验值与欧拉曲线完全不符合。这说明，欧拉公式并不是对任何柔度的压杆都适用。

进一步分析图 5-3 所示的实验点和欧拉曲线发现，对应柔度 λ_p 的临界应力 $\sigma_{cr}=200$ MPa，该值恰为低碳钢 Q235 的比例极限值（$\sigma_p=200$ MPa）。说明 $\sigma_{cr}\leqslant\sigma_p$ 时，欧拉公式是正确的；而在 $\sigma_{cr}>\sigma_p$ 时，欧拉公式不成立。这是由于欧拉公式是利用压杆的弹性曲线近似微分方程推导出来的，而该方程仅在材料服从胡克定律时才成立，故欧拉公式只在临界应力 σ_{cr} 不超过材料的比例极限 σ_p 时才能应用。欧拉公式的适用范围是

$$\sigma_{cr}=\frac{\pi^2E}{\lambda^2}\leqslant\sigma_p$$

或写为

$$\lambda\geqslant\pi\sqrt{\frac{E}{\sigma_p}}$$

若用 λ_p 表示对应 $\sigma_{cr}=\sigma_p$ 时的柔度值（图 5-3），则有

$$\lambda_p = \pi\sqrt{\frac{E}{\sigma_p}} \tag{5-5}$$

显然，λ_p 是判断欧拉公式能否应用的柔度，称为判别柔度。当 $\lambda \geqslant \lambda_p$ 时，才能满足 $\sigma_{cr} \leqslant \sigma_p$，欧拉公式才适用，这种压杆称为大柔度杆或细长杆。

对于用低碳钢 Q235 制成的压杆，$E=200$ GPa，$\sigma_p=200$ MPa，其判别柔度 λ_p 为

$$\lambda_p = \pi\sqrt{\frac{200\times100^3}{200}} \approx 100$$

若压杆的柔度 λ 小于 λ_p，称为中、小柔度杆或非细长杆。中、小柔度杆的临界应力大于材料的比例极限，这时的压杆将产生塑性变形，称为弹塑性稳定问题。

【例】图 5-4 所示的矩形截面压杆，其支承情况为：在 xz 平面内，两端固定；在 xy 平面内，下端固定，上端自由。已知 $l=3$ m，$b=0.1$ m，材料的弹性模量 $E=200$ GPa，比例极限 $\sigma_p=200$ MPa。试计算该压杆的临界力。

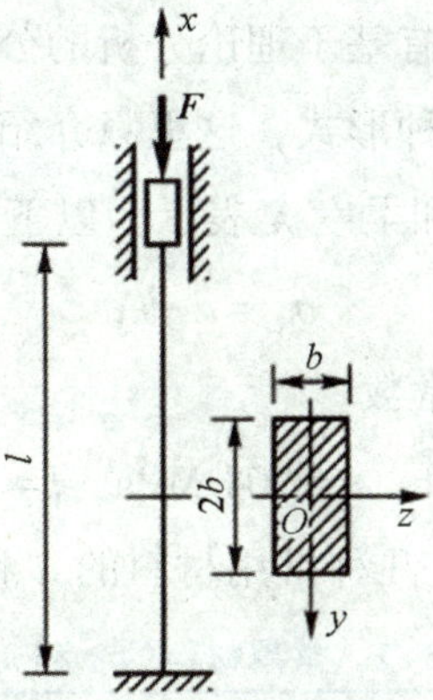

图 5-4　矩形截面压杆

【解】(1) 判断失稳方向

由于杆的上端在两个平面内的支承情况不同，所以压杆在两个平面内的长细比也不同，压杆将首先在 λ 值大的平面内失稳。两个平面内的 λ 值分别为：

在 xz 面，为

$$\lambda_y = \frac{\mu_1 l}{i_y} = \frac{\mu_1 l}{\sqrt{I_y/A}} = \frac{\mu_1 l}{b/\sqrt{12}} = \frac{0.5\times3}{0.1/\sqrt{12}} = 51.96$$

在 xy 面，为

$$\lambda_z = \frac{\mu_2 l}{i_z} = \frac{\mu_2 l}{\sqrt{I_z/A}} = \frac{\mu_2 l}{2b/\sqrt{12}} = \frac{2\times3}{2\times0.1/\sqrt{12}} = 103.92$$

因 $\lambda_z>\lambda_y$，所以压杆若失稳，将发生在 xy 面内。

（2）判定该压杆是否可用欧拉公式求临界力

$$\lambda_p = \pi\sqrt{\frac{E}{\sigma_p}} = \pi\sqrt{\frac{200\times10^3}{200}} = 99.35$$

因 $\lambda_z>\lambda_p$，故可用欧拉公式求临界力，其值为

$$F_{cr} = \frac{\pi^2 EI_z}{(\mu_2 l)^2} = \frac{\pi^2\times200\times10^9\times\frac{0.1\times0.2^3}{12}}{(2\times3)^2} = 3\,655.4\times10^3\text{ N} = 3\,655.4\text{ kN}$$

3. 超过比例极限时压杆的临界应力、临界应力总图

临界应力超过比例极限的压杆（$\lambda<\lambda_P$）可分为两类。

（1）短粗杆，或称小柔度杆。一般来说，短粗杆不会发生失稳，它的承压能力取决于材料的抗压强度，属于强度问题。

（2）中柔度杆。在实际工程中，这类压杆是最常见的。

关于这类压杆的临界力计算，有基于理论分析的公式，如切线模量公式；还有以实验为基础的经验公式。经验公式有多种形式，这里只介绍直线经验公式。

直线经验公式将临界应力 σ_{cr} 和柔度 λ 表示为以下的直线关系：

$$\sigma_{cr}=a-b\lambda \tag{5-6}$$

式中　a 与 b 是与材料性质有关的常数。

例如，低碳钢 Q235 制成的压杆，a=304 MPa，b=1.12 MPa；松木压杆判别柔度 λ_p=110，a=28.7 MPa，b=0.19 MPa。几种常用材料的 a 和 b 值，如表 5-2 所示。

表 5-2　常用材料的 a 和 b 值

材料	a/MPa	b/MPa	λ_p	λ_s
铬钼钢	980	5.29	55	0
低碳钢 Q235	304	1.12	100	62
35 钢	461	20 568	100	60
45、55 钢	578	3.744	100	60
铸铁	331.9	1.453	80	—
硬铝	372	2.14	50	—
松木	28.7	0.19	110	40

应指出，只有在临界应力小于屈服极限 σ_s 时，式（5-6）才适用。若以 λ_s 表示对应 $\sigma_{cr}=\sigma_s$ 时的柔度，则

$$\sigma_{cr}=\sigma_s=a-b\lambda$$

或

$$\lambda_s = \frac{a-\sigma_s}{b}$$

λ_s 是可用直线经验公式的最小柔度。对于低碳钢 Q235，$\sigma_s=235$ MPa，则

$$\lambda_s=\frac{a-\sigma_s}{b}=\frac{304-235}{1.12}\approx 60$$

若 $\lambda<\lambda_s$，压杆应按压缩强度计算，即

$$\sigma_{cr}=\frac{F}{A}\leqslant\sigma_s$$

由欧拉公式和直线公式表示 $\sigma_{cr}-\lambda$ 曲线，如图 5-5 所示。$\sigma_{cr}-\lambda$ 曲线称为临界应力总图，在工程中称它为柱子曲线。

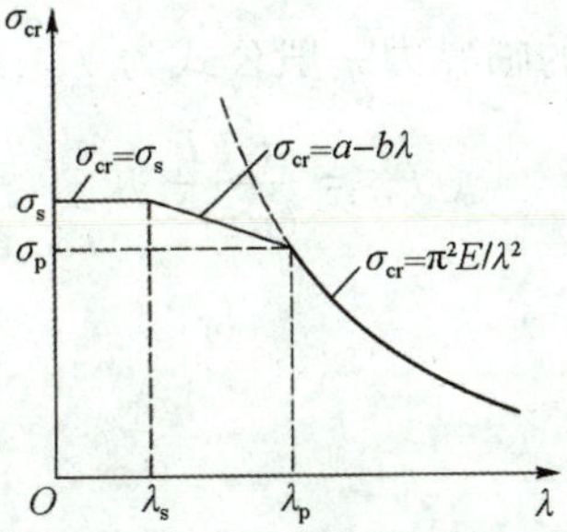

图 5-5　临界应力总图

在稳定计算中，无论是欧拉公式，还是直线公式，都是以压杆的整体变形为基础的，即压杆在临界力作用下可保持微弯状态的平衡，以此作为压杆失稳时的整体变形状态。局部削弱（如螺钉孔等）对压杆的整体变形影响很小，所以计算临界应力时，应采用未经削弱的横截面积 A（毛面积）和惯性矩 I。

任务三　欧拉公式

任务描述

当细长压杆承受轴向压力时，其稳定性不仅取决于材料强度，还受到几何形状、约束条件等因素的影响。那么怎么才能更精确地预测压杆的失稳行为呢，本任务主要介绍欧拉公式的相关知识。

任务分析

欧拉公式不仅在工程结构设计中扮演着重要角色，其原理也可以被广泛应用于日常生活中的各种场景。本任务旨在深入理解欧拉公式的原理及其在工程设计中的应用。

任务实施

瑞士数学家、自然科学家莱昂哈德·欧拉，在1744年提出了压杆承载力的计算公式——欧拉公式。

设两端铰支长度为 l 的细长压杆，在轴向压力 $\boldsymbol{F}$ 的作用下保持微弯平衡状态，当材料处于弹性阶段时，经理论推导，得到两端铰支临界力的欧拉公式为

$$F_{cr}=\frac{\pi^2 EI}{(l)^2} \tag{5-7}$$

处于弹性阶段时，细长压杆的临界力一般公式为

$$F_{cr}=\frac{\pi^2 EI}{(\mu l)^2} \tag{5-8}$$

式中 E——材料的弹性模量；

I——截面的最小惯性矩；

l——面的杆件的长度；

μ——长度因数，其值由杆件两端的支承情况而定，如表5-3所示。

表5-3 压杆长度因数

支承情况	一端固定、另一端自由	两端铰支	一端固定、另一端铰支	两端固定
简图				
临界力 F_{cr}	$\pi^2EI/(2l)^2$	π^2EI/l^2	$\pi^2EI/(0.7l)^2$	$\pi^2EI/(0.5l)^2$
计算长度	$2l$	l	$0.7l$	$0.5l$
长度因数 μ	2	1	0.7	0.5

【例】图5-6所示的细长压杆，其截面形状均为圆形，直径 $d=160$ mm，材料为低碳钢Q235，弹性模量 $E=200$ GPa，$I=\dfrac{\pi d^4}{64}$ 试用欧拉公式分别计算各杆的临界压力。

【解】图5-6（a）中的细长压杆的临界压力为

$$F_{cr}=\frac{\pi^2 EI}{(\mu l)^2}=\frac{\pi^2 E}{(\mu l)^2}\cdot\frac{\pi d^4}{64}$$

$$=\frac{\pi^3\times 200\times 10^9\times 0.16^4}{5^2\times 64}\text{ kN}$$

$$=2\ 536.2\ \text{kN}$$

图 5-6（b）中的细长压杆临界压力为

$$F_{cr}=\frac{\pi^2 EI}{(\mu l)^2}=\frac{\pi^2 E}{(\mu l)^2}\cdot\frac{\pi d^4}{64}$$
$$=\frac{\pi^3\times 200\times 10^9\times 0.16^4}{(0.7\times 7)^2\times 64}\ \text{kN}$$
$$=2\ 640.7\ \text{kN}$$

图 5-6（c）中的细长压杆临界压力为

$$F_{cr}=\frac{\pi^2 EI}{(\mu l)^2}=\frac{\pi^2 E}{(\mu l)^2}\cdot\frac{\pi d^4}{64}$$
$$=\frac{\pi^3\times 200\times 10^9\times 0.16^4}{(0.5\times 9)^2\times 64}\ \text{kN}$$
$$=2\ 536.2\ \text{kN}$$

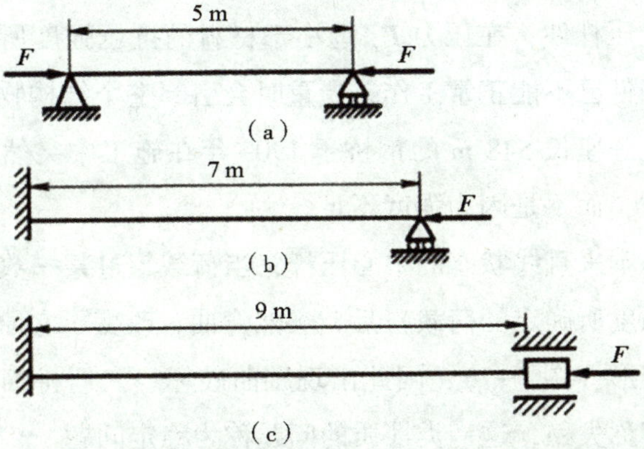

图 5-6 细长压杆的临界压力

任务四 工程中的稳定问题

任务描述

当你在户外使用一把折叠伞时，如果风力不大，伞能够正常工作；但当风力逐渐增强到一定程度（即达到某个临界值）时，伞面可能会突然翻转，导致伞无法正常使用甚至损坏。这个过程类似于工程结构中某些构件（如柱子或梁）在过载情况下发生的失稳现象。

任务分析

结构失稳不仅限于压杆，还涉及梁、拱、薄壁筒、圆环等多种类型的构件。这些构件在承受荷载时可能会发生整体或局部的失稳，从而影响整个结构的安全性和可靠性。因此，在工程设计中，全面考虑各种可能的失稳情况至关重要。本任务旨在了解不同类型构件的失稳现象与稳定问题的影响因素。

任务实施

本任务仅讨论中心受压杆件的稳定问题。工程上经常遇到的中心受压杆件（桁架中的压杆），除必须满足强度条件之外，主要需要考虑稳定问题，因为这类杆件往往会由于失稳而损坏。

中心受压拉杆，荷载逐渐增大，直到杆件被拉断，杆件的轴线始终保持原有的直线形状。而细长的中心受压杆件，在压力 $\boldsymbol{F}_{\mathrm{p}}$ 远小于材料的抗压强度所确定的荷载时，杆件就发生了弯曲，此时杆件已不能正常工作，严重时会引起整个结构物的倒塌。例如，位于北美洲的圣劳伦斯河上一座长 548 m 的钢桥于 1907 年在施工中突然倒塌，就是由于桁架中的一根压杆失稳所致，而不是因为强度不足。

所谓失稳也就是本来直线状态的中心压杆，当荷载超过某一数值（此时杆件承受的荷载是远小于按抗压强度所确定的荷载）后，突然弯曲，改变了它原来的变形性质，即由压缩变形转化为压弯变形（图 5-7），因此出现压曲破坏。人们将细长压杆所发生的这种情形称为丧失稳定，简称失稳，这一类性质的问题称为稳定问题。

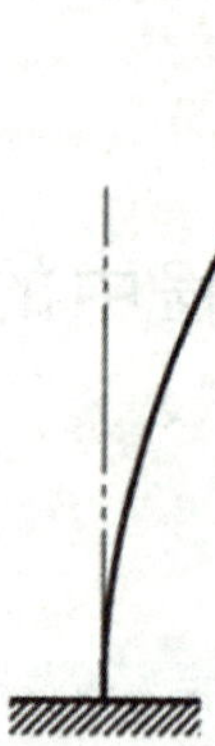

图 5-7 压缩变形转化为压弯变形

除中心压杆会出现稳定问题外，其他一些构件也会出现类似的稳定问题。例如，狭长矩形截面梁的侧向整体失稳、薄板的失稳、薄壁圆柱筒壳的失稳和拱的失稳问题，如图 5-8 所示。

本任务主要讨论细长中心受压杆件的稳定计算，这类稳定问题通常称为压杆稳定。

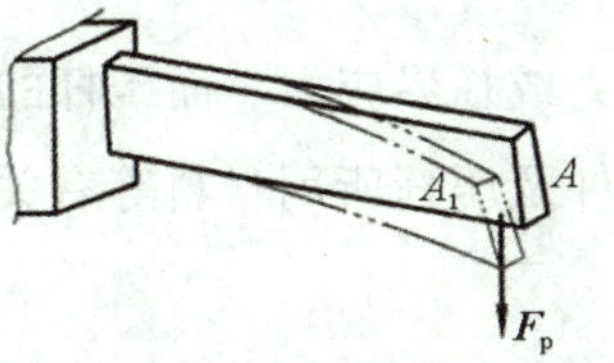

（a）狭长矩形截面梁的侧向整体失稳

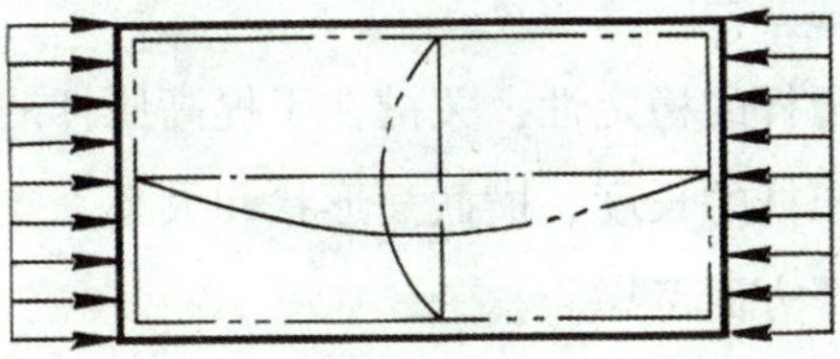

（b）薄板失稳

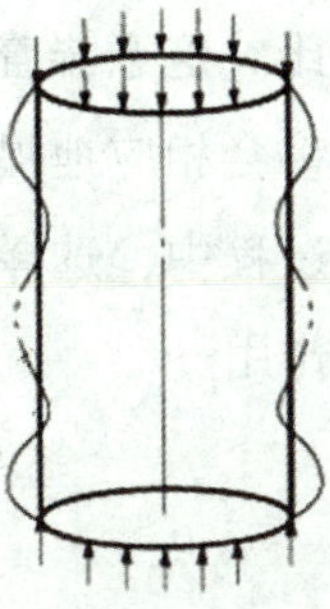

（c）薄壁圆柱筒壳失稳

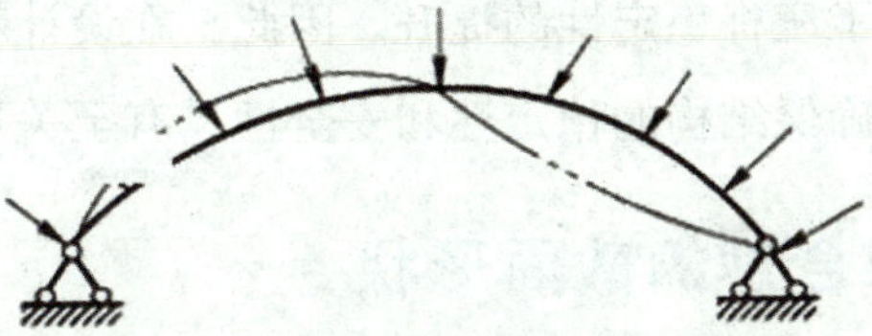

（d）拱失稳

图 5-8 其他构件的失稳问题

任务五 提高压杆稳定性的措施

任务描述

当自行车停放时，它依靠后轮一侧的小支架保持直立。如果这个支架设计得不够稳固，在承受一定重量或遇到轻微碰撞时可能会弯曲甚至折断。为了提高支架的稳定性，制造商通常会采用更粗壮的材料、增加额外的支持点（如横梁），或者调整支架的角度和长度。这些改进措施类似于工程中提高压杆稳定性的方法，通过优化设计参数，可以显著提升结构的安全性。本任务将探讨提高压杆稳定性的措施。

任务分析

工程师们需要掌握具体的措施和技术手段来提高压杆的稳定性，以确保结构的安全性和可靠性。本任务将深入研究如何通过优化设计参数、选择合适的材料、改善约束条件等方法来提升压杆的稳定性，从而预防失稳现象的发生。

任务实施

要提高压杆的稳定性，关键在于提高压杆的临界力或临界应力。而压杆的临界力或临界应力，与压杆的长度、横截面形状和大小、支承条件及压杆所用材料等有关。因此，可以从以下几个方面考虑。

一、合理选择材料

由欧拉公式可知，压杆临界应力与材料的弹性模量成正比。这意味着，如果我们选择使用弹性模量更高的材料来制造压杆，那么压杆的临界应力将会相应地提高。临界应力的增加，直接导致了压杆稳定性的提升。因此，在设计和制造过程中，选择具有较高弹性模量的材料，对于确保结构的稳定性和安全性具有至关重要的作用。

二、选择合理的截面形状

选择合理的截面形状

增大截面的惯性矩，可以增大截面的惯性半径，降低压杆的柔度，从而可以提高压杆的稳定性。在压杆横截面积相同的条件下，应尽可能使材料远离截面形心轴，以取得较大的惯性矩，从这个角度出发，空心截面要比实心截面更合理，如图 5-9 所示。在实际工程中，若压杆的截面是用两根槽钢组成的，则应采用如图 5-10 所示的布置方式，可以取得较大的惯性矩或惯性半径。

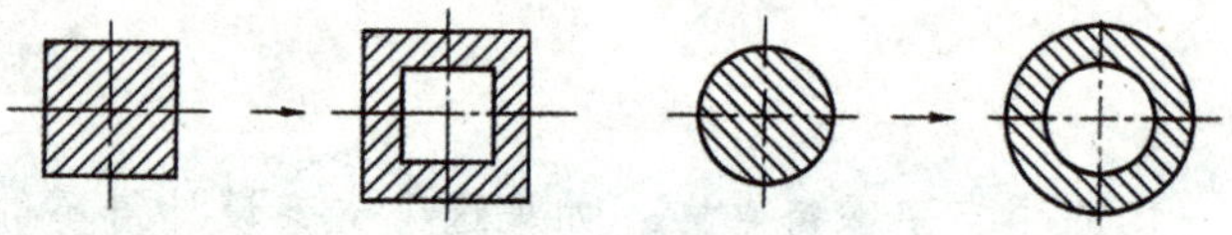
图 5-9　合理的截面形状

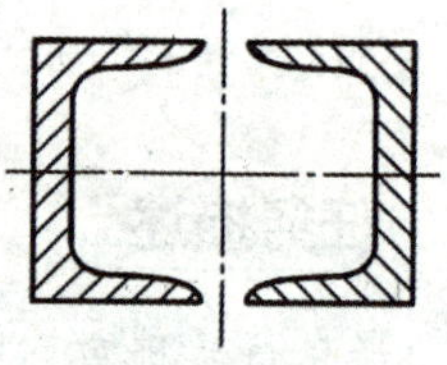
图 5-10　组合截面

另外，由于压杆总是在柔度较大（临界力较小）的纵向平面内首先失稳，所以应注意尽可能使压杆在各个纵向平面内的柔度都相同，以充分发挥压杆的稳定承载力。

三、改善约束条件、减小压杆长度

根据欧拉公式可知，压杆的临界力与其计算长度的平方成反比，而压杆的计算长度又与其约束条件有关。因此，改善约束条件，可以减小压杆的长度系数和计算长度，从而增大临界力。在相同条件下，从表 5-3 可知，自由支座最不利，铰支座次之，固定支座最有利。减小压杆长度的另一种方法是在压杆的中间增加支承，把一根变为两根甚至几根。

任务六 压杆的稳定平衡与不稳定平衡

任务描述

在建筑力学的奇妙世界里，压杆如同结构的骨骼，支撑起整个工程的稳固框架。读者已然了解压杆稳定与否对工程结构安危影响深远，就像骨骼需坚韧健康，压杆也有其稳定平衡与不稳定平衡的独特“性格”。本任务将了解压杆的稳定平衡与不稳定平衡。

任务分析

压杆的稳定平衡与不稳定平衡不仅是工程设计中的关键概念，也在我们日常生活中有着广泛的应用。本任务旨在全面引导读者从理论到实践，逐步深入理解压杆的稳定平衡与不稳定平衡现象。

任务实施

一、压杆的稳定平衡与不稳定平衡概述

图 5-11（a）所示为小球放在凹面的最低位置 A 处于平衡状态的情形。这时如果将小球轻轻推动一下，小球将由于本身重量的作用，在点 A 附近来回滚动，最后停留在原来位置 A，小球在位置 A 的平衡是稳定的，即称为稳定平衡。图 5-11（b）则表示将小球放在凸面上的 B 点，如果无干扰力，小球在最高点 B 也能平衡，但如果将小球轻微推动一下，小球将沿坡面滚下去，落到另一凹面底部位置 C，然后静止平衡，再也不能回到原来位置 B 上，这种小球在原来位置 B 的平衡是不稳定的，称为不稳定平衡。

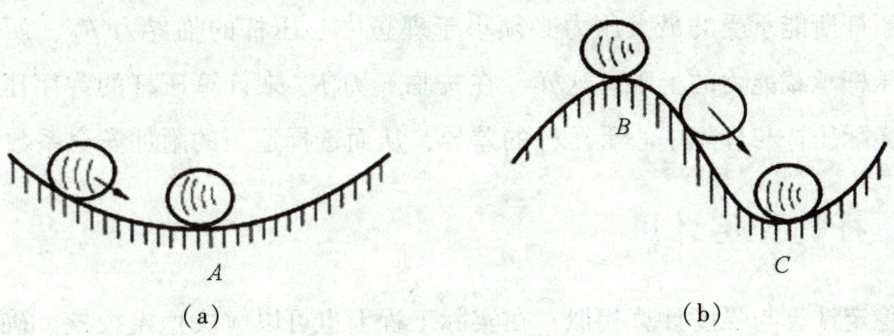

图 5-11 稳定平衡测试

同样，对弹性压杆也有稳定平衡与不稳定平衡的问题。例如，细长的理想中心受压杆件，两端铰支且作用压力 F_p，并使杆件在微小横向干扰力作用下弯曲。图 5-12（a）中，当 F_p 较小时，撤去横向干扰力以后，杆件便来回摆动最后恢复到原来的直线形状的平衡。所以，在较小的压力 F_p 作用时，杆件原有的直线形状的平衡是稳定的。如果增大 F_p 力，直到一定值 F_{1j} 时，压杆只要受到一些微小的横向干扰力，即使将干扰力立即去除，也不能恢复到原来的直线平衡状态，而变为曲线形状的平衡状态，如图 5-12（b）所示。如果再增大压力 F_p，则杆件继续弯曲以致最后折断，这时压杆原来的直线形状的平衡是不稳定的。从稳定平衡过渡到不稳定平衡的外力 F_{1j} 称为临界力。杆件上作用的外力超过临界力，杆件将发生失稳现象。工程上要求压杆在外力作用下始终保持其原有的直线形状的平衡，否则将会导致建筑物的倒塌。

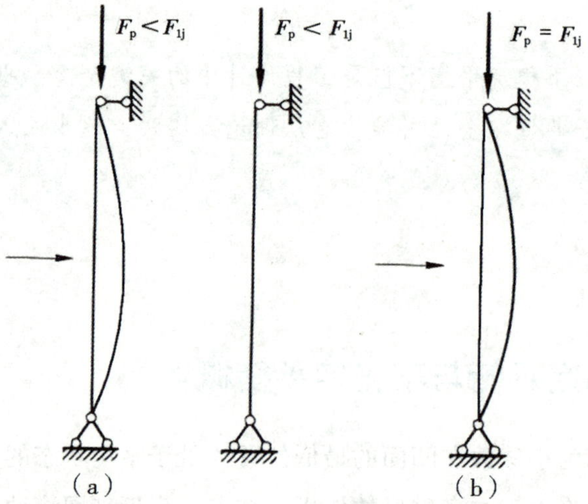

图 5-12　杆件的稳定平衡

以上所述是限于理想的中心压杆的情况，实际上，压杆上的荷载不可能绝对地作用在杆的轴线上，而有初始偏心存在，同时杆件的材料不可能绝对均匀，并且制造上的误差也会存在初曲率，所以实际构件往往发生压弯现象，而不存在单纯的中心压杆的稳定。也就是说，实际压杆所能承受的最大压力必须小于理想中心压杆的临界力 F_{1j}，所以临界力只能视作实际压杆承载能力的上限。这样，在按临界力 F_{1j} 来计算压杆的许用压应力时，必须具体分析实际压杆与理想中心受压杆的差异，从而选择适当的附加安全系数。

二、压杆的稳定计算

压杆的稳定计算与强度计算相似，在实际工程上也可以解决稳定校核、确定许可荷载和截面设计三个方面的问题。

压杆的稳定计算通常采用安全系数法和折减系数法。稳定校核、确定许可荷载用安全系数法比较方便，截面设计用折减系数法比较方便。

1. 安全系数法

在实际工程中，为保证受压杆件不丧失稳定，并具有必要的安全储备，压杆应满足的稳定条件为压杆横截面上的压力不能超过压杆临界压力的许用值，即

$$F \leqslant \frac{F_{cr}}{n_{st}} = [F_{st}]$$

整理得压杆的稳定条件为

$$n = \frac{F_{cr}}{F} \geqslant n_{st} \tag{5-9}$$

式中 F——压杆的实际工作荷载；

F_{cr}——压杆的临界荷载；

n_{st}——稳定安全系数，该值一般大于强度安全系数。

稳定安全系数除考虑一般的安全因素外，还需要考虑外载可能出现的偏心及制造误差等不利因素的影响。n_{st} 值一般大于强度安全系数，具体取值可从有关设计规范和手册中查到。几种常见压杆的稳定安全系数如表 5-4 所示。

表 5-4 几种常见压杆的稳定安全系数

实际压杆	金属结构中的压杆	矿山冶金设备中的压杆	机床丝杆	精密丝杆	水平长丝杆	磨床油缸活塞杆	低速发动机挺杆	高速发动机挺杆
n_{st}	1.8~3.0	4~8	2.5~4	>4	>4	2~5	4~6	2~5

2. 折减系数法

为计算简便，在工程中经常采用折减系数法进行稳定计算。

$$\sigma = \frac{F}{A} \leqslant [\sigma]_{st} \tag{5-10}$$

式中 F 为压杆的工作荷载；A 为横截面积；$[\sigma]_{st}$ 为稳定许用应力。$[\sigma]_{st} = \frac{\sigma_{cr}}{n_{st}}$，它总是小于强度许用应力 $[\sigma]$。于是，式（5-10）又可表达为

$$\sigma = \frac{F}{A} \leqslant \varphi[\sigma] \tag{5-11}$$

其中 φ 可由下式确定：

$$\varphi = \frac{[\sigma]_{st}}{[\sigma]} = \frac{\sigma_{cr}}{n_{st}} \cdot \frac{n}{\sigma_u} = \frac{\sigma_{cr}}{\sigma_u} \cdot \frac{n}{n_{st}} < 1$$

式中 σ_u——强度计算中的危险应力；

n——强度计算中的安全系数。

由临界应力总图（图 5-13）可以看出 $\sigma_{cr}<\sigma_u$，且 $n<n_{st}$，故 φ 是一个小于 1 的系数，称为折减系数，也称为稳定因数。利用公式（5-11）可以为压杆设计截面，这种方法称为折减系数法。

因为压杆的临界应力总是随柔度而改变，柔度越大，临界应力越低，所以，在压杆的稳定计算中，需要将材料的抗压许用应力乘以一个随柔度而变的稳定因数 $\varphi=\varphi(\lambda)$。

3. 设计中应用的柱子曲线

在钢压杆中，稳定因数被定义为临界应力与材料屈服极限的比值，即 $\varphi=\sigma_{cr}/\sigma_s$。显然，$\varphi-\lambda$ 曲线与曲线 $\sigma_{cr}-\lambda$ 的意义是相同的，均被称为柱子曲线。轴心受压直杆的柱子曲线如图 5-13 所示。

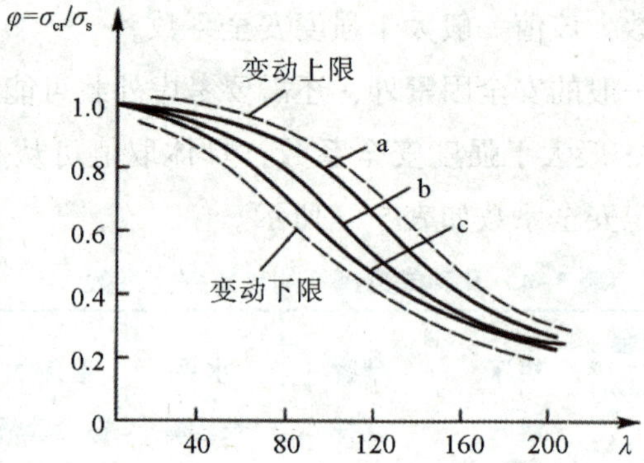

图 5-13　Q235 钢 a、Q235 钢 b、Q235 钢 c 三种截面分类

作为工程设计中应用的柱子曲线，理应是实际压杆的柱子曲线。为此，对实际压杆的 φ 与 λ 的关系做了大量的研究。在诸多影响压杆稳定的不利因素中，以杆件的初弯曲、压力偏心和残余应力尤为严重。但这三者同时对压杆构成最不利情况的概率很低，可只考虑初弯曲与残余应力两个不利因素，取存在残余应力的初弯曲压杆作为实际压杆的模型。

所谓残余应力，是指杆件由于轧制或焊接后的不均匀冷却，而在截面内产生的自相平衡（截面合内力为零）的一种应力。残余应力的大小和分布与截面形状尺寸、制造工艺和加工过程有关。压杆在增大压力的过程中，截面上最大残余应力区域将率先达到屈服极限，从而使截面出现塑性区，使压杆的临界应力降低。可见，残余应力对压杆的承载能力有不利影响。

我国的《钢结构设计标准》（GB 50017—2017）中的柱子曲线，采用的计算假定为：

（1）初弯曲为 $w_0=l/1\,000$。w_0 为压杆的最大初挠度；

（2）残余应力共选用了 13 种不同模式；

（3）材料为理想弹塑性体。

基于上述假定，按最大强度准则用计算机求出 96 条曲线，这些曲线分布在相当宽的范围内，再将这些曲线分为三组，每组用一条曲线作为代表曲线，即 a、b、c 三条柱子曲线供设计时应用（图 5-13），它们分别对应着 a、b、c 三种截面分类，其中 a 类的残余应力影响较小，稳定性较好；c 类的残余应力影响较大，其稳定性较差；多数情况可归为 b 类。表 5-5 为圆管和“工”字形截面的分类，其他截面分类见《钢结构设计标准》（GB 50017—2017）。对于不同材料，根据 φ 与 λ 的关系，分别给出 a、b、c 三类截面的稳定因数 φ 值。表 5-6、表 5-7 和表 5-8 分别为 Q235 钢 a、Q235 钢 b、Q235 钢 c 三类截面的 φ 值。

表 5-5　轴压杆件的截面分类

<table>
<tr><th rowspan="2">类别</th><th colspan="2">截面形状和对应轴</th></tr>
<tr><td>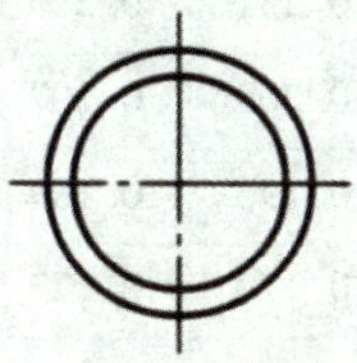</td><td>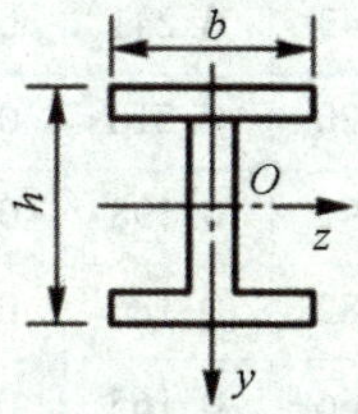
</td></tr>
<tr><td>a 类</td><td>轧制，对任意轴</td><td>轧制，$b/h\leq 0.8$，对 z 轴</td></tr>
<tr><td rowspan="2">b 类</td><td rowspan="2">焊接，对任意轴</td><td>轧制，$b/h\leq 0.8$，对 y 轴
$b/h>0.8$，对 y、z 轴</td></tr>
<tr><td>焊接，翼缘为轧制边，对 z 轴</td></tr>
<tr><td>c 类</td><td>—</td><td>焊接，翼缘为轧制边，对 y 轴</td></tr>
</table>

表 5-6　Q235 钢 a 类截面轴心受压构件的稳定因数 φ 值

λ	0	1.0	2.0	3.0	4.0	5.0	6.0	7.0	8.0	9.0
0	1.000	1.000	1.000	1.000	0.999	0.999	0.998	0.998	0.997	0.996
10	0.995	0.994	0.993	0.992	0.991	0.989	0.988	0.986	0.985	0.983
20	0.981	0.979	0.977	0.976	0.974	0.972	0.970	0.968	0.966	0.964
30	0.963	0.961	0.959	0.957	0.955	0.952	0.950	0.948	0.946	0.944
40	0.941	0.939	0.937	0.934	0.932	0.929	0.927	0.924	0.921	0.919
50	0.916	0.913	0.910	0.907	0.904	0.900	0.897	0.894	0.890	0.886
60	0.883	0.879	0.875	0.871	0.867	0.863	0.858	0.851	0.849	0.844

表5-6(续)

λ	0	1.0	2.0	3.0	4.0	5.0	6.0	7.0	8.0	9.0
70	0.839	0.834	0.829	0.824	0.818	0.813	0.807	0.801	0.795	0.789
80	0.783	0.776	0.770	0.763	0.757	0.750	0.743	0.736	0.728	0.721
90	0.714	0.706	0.699	0.691	0.684	0.676	0.668	0.661	0.653	0.645
100	0.638	0.630	0.622	0.615	0.607	0.600	0.592	0.585	0.577	0.570
110	0.563	0.555	0.548	0.541	0.534	0.527	0.520	0.514	0.507	0.500
120	0.494	0.488	0.481	0.475	0.469	0.463	0.457	0.451	0.445	0.440
130	0.434	0.429	0.423	0.418	0.412	0.407	0.402	0.397	0.392	0.387
140	0.383	0.378	0.373	0.369	0.364	0.360	0.356	0.351	0.347	0.343
150	0.339	0.335	0.331	0.327	0.323	0.320	0.316	0.312	0.309	0.305
160	0.302	0.298	0.295	0.292	0.289	0.285	0.282	0.279	0.276	0.273
170	0.270	0.267	0.264	0.262	0.259	0.256	0.253	0.251	0.248	0.246
180	0.243	0.241	0.238	0.236	0.233	0.231	0.229	0.226	0.224	0.222
190	0.220	0.218	0.215	0.213	0.211	0.209	0.207	0.205	0.203	0.201
200	0.199	0.198	0.196	0.194	0.192	0.190	0.189	0.187	0.185	0.183
210	0.182	0.180	0.179	0.177	0.175	0.174	0.172	0.171	0.169	0.168
220	0.166	0.165	0.164	0.162	0.161	0.159	0.158	0.157	0.155	0.154
230	0.153	0.152	0.150	0.149	0.148	0.147	0.146	0.144	0.143	0.142
240	0.141	0.140	0.139	0.138	0.136	0.135	0.134	0.133	0.132	0.131
250	0.130	—	—	—	—	—	—	—	—	—

表 5-7　Q235 钢 b 类截面轴心受压构件的稳定因数 φ 值

λ	0	1.0	2.0	3.0	4.0	5.0	6.0	7.0	8.0	9.0
0	1.000	1.000	1.000	0.999	0.999	0.998	0.997	0.996	0.995	0.994
10	0.992	0.991	0.989	0.987	0.985	0.983	0.981	0.978	0.976	0.973
20	0.970	0.967	0.963	0.960	0.957	0.953	0.950	0.946	0.943	0.939
30	0.936	0.932	0.929	0.925	0.922	0.918	0.914	0.910	0.906	0.903
40	0.899	0.895	0.891	0.887	0.882	0.878	0.874	0.870	0.865	0.861
50	0.856	0.852	0.847	0.842	0.838	0.833	0.828	0.823	0.818	0.813
60	0.807	0.802	0.797	0.791	0.786	0.780	0.774	0.769	0.763	0.757
70	0.751	0.745	0.739	0.732	0.726	0.720	0.714	0.707	0.701	0.694
80	0.688	0.681	0.675	0.668	0.661	0.655	0.648	0.641	0.635	0.628
90	0.621	0.614	0.608	0.601	0.594	0.588	0.581	0.575	0.568	0.561

表5-7(续)

λ	0	1.0	2.0	3.0	4.0	5.0	6.0	7.0	8.0	9.0
100	0.555	0.549	0.542	0.536	0.529	0.523	0.517	0.511	0.505	0.499
110	0.493	0.487	0.481	0.475	0.470	0.464	0.458	0.453	0.447	0.442
120	0.437	0.432	0.426	0.421	0.416	0.411	0.406	0.402	0.397	0.392
130	0.387	0.383	0.378	0.374	0.370	0.365	0.361	0.357	0.353	0.340
140	0.345	0.341	0.337	0.333	0.329	0.326	0.322	0.318	0.315	0.311
150	0.308	0.304	0.301	0.298	0.265	0.291	0.288	0.285	0.282	0.279
160	0.276	0.273	0.270	0.267	0.265	0.262	0.259	0.256	0.254	0.251
170	0.249	0.246	0.244	0.241	0.239	0.236	0.234	0.232	0.229	0.227
180	0.225	0.223	0.220	0.218	0.216	0.214	0.212	0.210	0.208	0.206
190	0.204	0.202	0.200	0.198	0.197	0.195	0.193	0.191	0.190	0.188
200	0.186	0.184	0.183	0.181	0.180	0.178	0.176	0.175	0.173	0.172
210	0.170	0.169	0.167	0.166	0.165	0.163	0.162	0.160	0.159	0.158
220	0.156	0.155	0.154	0.153	0.151	0.150	0.149	0.148	0.146	0.145
230	0.144	0.143	0.142	0.141	0.140	0.138	0.137	0.136	0.135	0.134
240	0.133	0.132	0.131	0.130	0.129	0.128	0.127	0.126	0.125	0.124
250	0.123	—	—	—	—	—	—	—	—	—

表 5-8　Q235 钢 c 类截面轴心受压构件的稳定因数 φ 值

λ	0	1.0	2.0	3.0	4.0	5.0	6.0	7.0	8.0	9.0
0	1.000	1.000	1.000	0.999	0.999	0.998	0.997	0.996	0.995	0.993
10	0.992	0.990	0.988	0.986	0.983	0.981	0.978	0.976	0.973	0.970
20	0.966	0.959	0.953	0.947	0.940	0.934	0.928	0.921	0.915	0.909
30	0.902	0.896	0.890	0.884	0.877	0.871	0.865	0.858	0.852	0.846
40	0.839	0.833	0.826	0.820	0.814	0.807	0.801	0.794	0.788	0.781
50	0.775	0.768	0.762	0.755	0.748	0.742	0.735	0.729	0.722	0.715
60	0.709	0.702	0.695	0.689	0.682	0.676	0.669	0.662	0.656	0.649
70	0.643	0.636	0.629	0.623	0.616	0.610	0.604	0.597	0.591	0.584
80	0.578	0.572	0.566	0.559	0.553	0.547	0.541	0.535	0.529	0.523
90	0.517	0.511	0.505	0.500	0.494	0.488	0.483	0.477	0.472	0.467
100	0.463	0.458	0.454	0.449	0.445	0.441	0.436	0.432	0.428	0.423
110	0.419	0.415	0.411	0.407	0.403	0.399	0.395	0.391	0.387	0.383

表5-8(续)

λ	0	1.0	2.0	3.0	4.0	5.0	6.0	7.0	8.0	9.0
120	0.379	0.375	0.371	0.367	0.364	0.360	0.356	0.353	0.349	0.346
130	0.342	0.339	0.335	0.332	0.328	0.325	0.322	0.319	0.315	0.312
140	0.309	0.306	0.303	0.300	0.297	0.294	0.291	0.288	0.285	0.282
150	0.280	0.277	0.274	0.271	0.269	0.266	0.264	0.261	0.258	0.256
160	0.254	0.251	0.249	0.246	0.244	0.242	0.239	0.237	0.235	0.233
170	0.230	0.228	0.226	0.224	0.222	0.220	0.218	0.216	0.214	0.212
180	0.210	0.208	0.206	0.205	0.203	0.201	0.199	0.197	0.196	0.194
190	0.192	0.190	0.189	0.187	0.186	0.184	0.182	0.181	0.179	0.178
200	0.176	0.175	0.173	0.172	0.170	0.169	0.168	0.166	0.165	0.163
210	0.162	0.161	0.159	0.158	0.157	0.156	0.154	0.153	0.152	0.151
220	0.150	0.148	0.147	0.146	0.145	0.144	0.143	0.142	0.140	0.139
230	0.138	0.137	0.136	0.135	0.134	0.133	0.132	0.131	0.130	0.129
240	0.128	0.127	0.126	0.125	0.124	0.124	0.123	0.122	0.121	0.120
250	0.119	—	—	—	—	—	—	—	—	—

【例 1】 图 5-14（a）所示为某机械设备液压连杆承受轴向压力作用，压力 $\boldsymbol{F}=150$ kN，杆为空心圆管，外径 $D=52$ mm，内径 $d=42$ mm，$l=980$ mm，材料为硅锰合金，$\sigma_p=1\,200$ MPa，$\sigma_b=1\,600$ MPa，$E=210$ GPa，规定的稳定安全系数 $n_{st}=2$，试校核液压杆的稳定性。

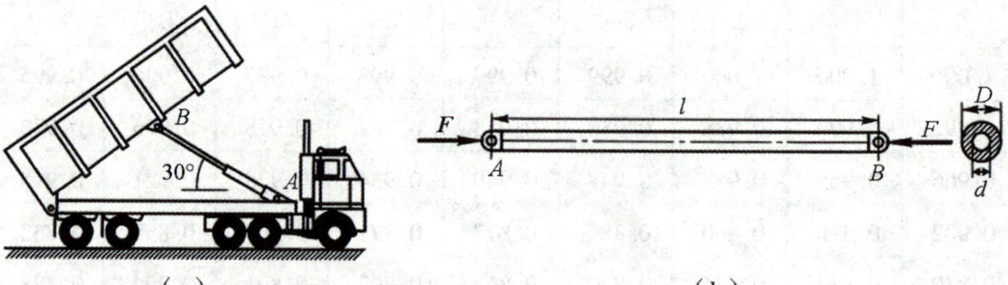

图 5-14 液压杆受力简图

【解】 液压杆受力简图如图 5-14 所示，其两端可视为铰支约束，$\mu=1$，惯性半径为

$$i=\frac{\sqrt{D^2+d^2}}{4}=\frac{\sqrt{52^2+42^2}}{4}\text{ mm}=16.7\text{ mm}$$

于是，压杆的柔度为

$$\lambda=\frac{\mu l}{i}=\frac{1\times980}{16.7}=58.68$$

而

$$\lambda_p=\sqrt{\frac{\pi^2 E}{\sigma_p}}=\sqrt{\frac{3.14^2\times 210\times 10^3}{1\ 200}}=41.5$$

由于 $\lambda>\lambda_p$，此杆为大柔度杆，可用欧拉公式求解，即

$$F_{cr}=\frac{\pi^2 EI}{(\mu l)^2}=\frac{3.14^2\times 210\times 10^3\times\frac{\pi}{64}(52^4-42^4)}{(1\times 980)^2}\text{ N}\approx 444\ 239.5\text{ N}\approx 444\text{ kN}$$

实际工作安全因数为

$$n=\frac{F_{cr}}{F}=\frac{444}{150}=2.96>2$$

所以液压杆的稳定性符合要求。

【例 2】图 5-15 所示为“工”字形截面型钢压杆，在压杆的中间沿截面的 z 轴方向有铰支座，即相当长度 $\mu l_z=6$ m，$\mu l_y=3$ m，$\boldsymbol{F}=1\ 500$ kN，材料为 Q235 钢，试选择型钢号。

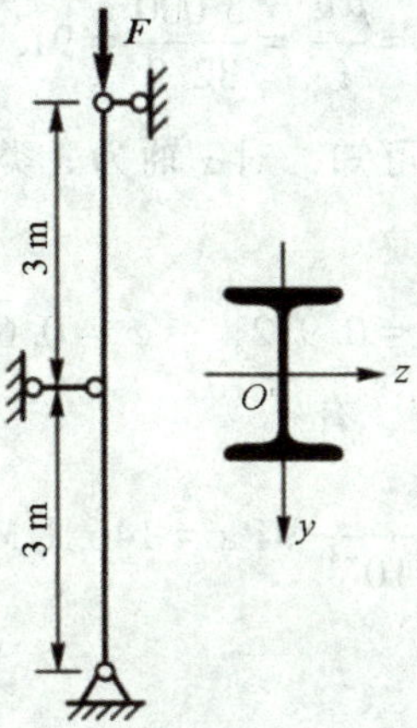

图 5-15　“工”字形截面型钢压杆受力

【解】压杆截面选择的步骤通常是，先假定柔度 λ 值（一般取 λ 值为 60~100），并查出稳定因数 φ 值，再按式（5-11）求出横截面积。若采用型钢截面，可直接从型钢表中选用合适的型号。若采用“工”字形组合截面时，应先从假定的 λ 值求得截面的惯性半径 i，再借助惯性半径与截面轮廓尺寸（h、b）的近似关系，确定截面高度 h 和宽度 b（关于“工”字形组合截面压杆的截面选择问题，本书不予介绍）。

经此选定截面后，即可计算出所选截面的有关几何量，并按式（5-11）验算出压杆的稳定性。

本题选择工字钢，设 $\lambda=100$，从表 5-5 可知，应分别按 a 类（对 z 轴）及 b 类（对 y 轴）截面，查出稳定因数 φ 值（表 5-6、表 5-7）。

$$\varphi_z = 0.638, \quad \varphi_y = 0.555$$

由式（5-11），得

$$A = \frac{\boldsymbol{F}}{\varphi[\sigma]} = \frac{1\,500}{0.555 \times 170 \times 10^3}\ \mathrm{m^2}$$

$$= 15.90 \times 10^{-3}\ \mathrm{m^2} = 15\,900\ \mathrm{mm^2}$$

$$i_z = \frac{\mu l_z}{\lambda} = \frac{6\,000}{100}\ \mathrm{mm} = 60\ \mathrm{mm}$$

$$i_y = \frac{\mu l_y}{\lambda} = \frac{3\,000}{100}\ \mathrm{mm} = 30\ \mathrm{mm}$$

由型钢表查取 63b，得 $A = 16\,750\ \mathrm{mm^2}$，$i_z = 242\ \mathrm{mm}$，$i_y = 32.9\ \mathrm{mm}$，$b/h = 178/630 = 0.28$，则有

$$i_z = \frac{\mu l_z}{i_z} = \frac{6\,000}{242} = 24.79$$

$$i_y = \frac{\mu l_y}{i_y} = \frac{3\,000}{32.9} = 91.19$$

因 $b/h = 0.28 < 0.8$，由表 5-5 可知，对 z 轴为 a 类截面，对 y 轴为 b 类截面。分别由表 5-6 和表 5-7 查得

$$\varphi_z = 0.972, \quad \varphi_y = 0.613$$

按式（5-11）验算压杆稳定性，有

$$\frac{\boldsymbol{F}}{\varphi A} = \frac{1\,500 \times 10^{-3}}{0.613 \times 167.5 \times 10^{-4}}\ \mathrm{MPa} = 146.1\ \mathrm{MPa} < [\sigma] = 170\ \mathrm{MPa}$$

项目小结

本项目主要介绍了压杆稳定性及其工程应用。首先，介绍了压杆稳定性的基本概念，解释了失稳现象及其对结构安全的影响。其次，介绍了压杆的临界力和临界应力，讲解了欧拉公式及不同支承条件下的临界力计算方法。再次，介绍了工程中常见的稳定问题，涵盖梁、拱等多种构件的失稳形式。从次，介绍了提高压杆稳定性的措施，如合理选择材料、优化截面形状和改善约束条件。然后，分析了压杆的稳定平衡与不稳定平衡，讨论了从稳定到失稳的关键转折点——临界状态。最后，介绍了压杆稳定计算的方法，包括安全系数法和折减系数法，并讲解了设计中使用的柱子曲线。通过本项目的学习，读者能够掌握压杆稳定性的理论知识，学会应用这些知识解决实际工程问题，确保结构的安全性和可靠性，同时培养解决复杂工程问题的能力。

项目工单

【实训名称】

压杆临界力的实验测定。

【实训目的】

（1）了解压杆在不同荷载条件下的稳定状态和失稳现象。

（2）学会使用欧拉公式计算两端铰支压杆的理论临界力。

（3）通过实验设备测定实际压杆的临界力，并与理论值进行对比分析。

【实训步骤】

1. 准备工作

（1）实验台架一套（带有可调节的压力加载装置）。

（2）不同长度和截面形状的细长压杆若干（如钢制圆柱形压杆）。

（3）测量工具（游标卡尺、直尺等），用于测量压杆尺寸。

（4）数据记录表一份，用于记录实验数据。

（5）使用游标卡尺测量压杆的直径或边长，直尺测量其长度。

（6）记录压杆材料的弹性模量 E（如 Q235 钢的 $E=200$ GPa）。

2. 理论计算

（1）选择一根压杆，假设为两端铰支条件。

（2）根据测得的尺寸参数，利用欧拉公式计算该压杆的理论临界力 F_{cr} 为

$$F_{cr}=\frac{\pi^2 EI}{(\mu l)^2}$$

（3）E 是材料的弹性模量，I 是截面的最小惯性矩，l 是压杆的长度，μ 是长度系数（对于两端铰支的情况，$\mu=1$）。

3. 实验测定

（1）安装压杆：将选定的压杆安装在实验台架上，确保其两端处于铰支状态。

（2）逐步加载：缓慢增加轴向压力，同时观察压杆的状态变化。注意保持加载速度均匀且缓慢，避免冲击。

（3）记录临界点：当压杆开始出现明显弯曲时，停止加载并记录此时的压力值作为实验测得的临界力 $\boldsymbol{F}_{cr}$、$\boldsymbol{e}_{xp}$。

（4）重复实验：更换不同长度或截面形状的压杆，重复上述步骤，获取多组实验

数据。

4. 数据分析与讨论

（1）比较理论值与实验值：将每次实验测得的临界力 $\boldsymbol{F}_{cr}$、$\boldsymbol{e}_{xp}$ 与理论计算得到的 $\boldsymbol{F}_{cr}$ 进行对比，分析差异原因。

（2）讨论影响因素：探讨可能影响实验结果的因素，如材料不均匀性、初弯曲、残余应力等。

（3）总结规律：归纳总结压杆临界力与长度、截面形状等因素之间的关系。

【实训评定】

请学生在实训过程中认真对待每一项任务，并根据评价表内容进行自评和互评，以便更好地了解自己在实训中的表现和进步空间。教师将根据实训表现给出最终评价。考核评价表如表 5-9 所示。

表 5-9　考核评价表

项目名称	评价内容	分值	评价分数		
			自评	互评	师评
职业素养考核项目（40%）	安全与规范意识	10 分			
	团队协作与沟通	10 分			
	职业态度与责任心	10 分			
	时间管理与效率	10 分			
专业能力考核项目（60%）	实验操作技能	15 分			
	数据处理与分析能力	15 分			
	理论知识应用能力	15 分			
	问题解决与创新能力	15 分			
综合分数：______［自评（20%）+互评（20%）+师评（60%）］		100 分			

课后练习

一、填空题

1. 工程中把承受轴向压力的直杆称为________。
2. 临界应力超过比例极限的压杆可分为两类：________和________。
3. 要提高压杆的稳定性，关键在于提高压杆的________或________。

4. 压杆的稳定计算通常采用________和________。

5. 残余应力的大小和分布与________、________和________有关。

二、简答题

1. 请问提高压杆稳定的措施有哪些?

2. 简述压杆失稳现象及其对结构安全的影响。

项目六

梁的弯曲应力和强度问题

项目导读

在建筑力学领域，梁的弯曲应力与强度问题至关重要。本项目将深入探讨梁在承受外部载荷时的弯曲应力特性，特别是弯曲正应力和剪应力的分布、计算及对梁整体强度的影响。通过理论学习与实例分析相结合的方式，使学生能够掌握梁的强度校核方法，并了解如何采取有效措施来提高梁的承载能力和材料利用率。此外，还将涉及不同截面形状（如矩形、“T”形等）梁的设计考量，以及脆性材料（如铸铁）制成的梁在拉伸和压缩条件下的特殊强度要求。

学习目标

知识目标

1. 掌握梁在承受外部载荷时的弯曲正应力和剪应力的概念、分布规律及其计算方法。

2. 了解不同材料（如塑性材料与脆性材料）制成的梁在拉伸和压缩条件下的强度特性。

3. 理解不同截面形状（如矩形、“T”形等）对梁承载能力和材料利用率的影响。

4. 掌握通过合理选择截面形式、采用变截面梁及改善梁受力状况来增强梁强度的方法。

能力目标

1. 能够应用弯曲正应力和剪应力公式进行梁的强度校核，计算最大正应力和剪应力。

2. 具备设计合理截面形状的能力，能针对具体工程案例提出优化梁结构强度的设计方案。

3. 面对实际工程中的梁强度问题，能够识别关键因素并采取有效措施解决问题。

4. 能够综合考虑材料属性、截面形式和受力状态等因素，评估不同设计方案的优劣。

素质目标

1. 养成认真细致的工作作风，确保计算结果准确无误，设计安全可靠。
2. 鼓励学生参与小组讨论和项目合作，共同探讨最佳解决方案。
3. 激发学生的创造性思维，勇于尝试新的设计理念和技术手段。
4. 认识到工程师的社会责任，确保设计符合安全标准，保障公共安全。

思政目标

1. 从梁结构力学的精妙原理中领悟科学智慧的魅力，激发探索科技的热忱，厚植科技报国情怀，树立科技强国志愿，如航天飞行器梁结构设计创新驱动国家航天发展，催生投身科研使命担当。

2. 梁设计施工严守规范标准、确保质量安全，深植工程职业道德观，引导职业道德自律，如桥梁工程百年大计，以工匠精神筑品质工程典范，弘扬职业操守。

任务一 梁的弯曲正应力

任务描述

在建筑工程中，梁作为建筑结构的重要组成部分，承载着来自上方楼层或屋顶的重量及各种外部荷载。当梁受到这些外力作用时，它会发生变形，产生内部应力。理解这些内部应力如何分布、计算及其对梁强度的影响是确保建筑物安全性和耐用性的关键。本任务将探讨梁的弯曲正应力。

任务分析

为了确保梁的安全性和经济性，必须准确计算这些应力，特别是弯曲正应力，因为它们对梁的整体强度有着决定性的影响。本任务将深入探讨梁在纯弯曲状态下的弯曲正应力特性，以及如何通过理论分析来理解和计算这些应力。

任务实施

梁的截面上一般同时存在剪力和弯矩，因此，在梁的横截面上将同时存在剪应力和正应力，剪应力合成剪力，正应力构成弯矩。本任务考察对称弯曲时梁的弯曲正应力在截面上的分布规律。

一、基本假设

在一根矩形截面梁的侧面画上纵线和横线，如图 6-1（a）所示，然后在梁的两端纵向对称面施加一对方向相反、力偶矩相等的外力偶 M，使梁处于纯弯曲状态。观察梁的变形，有以下现象，如图 6-1（b）所示：纵线弯曲为弧线，而且靠近梁顶面的纵线缩短，靠近底面的纵线伸长；横线仍为直线，并在相对转动了一个角度后仍与弯曲后的纵线正交。

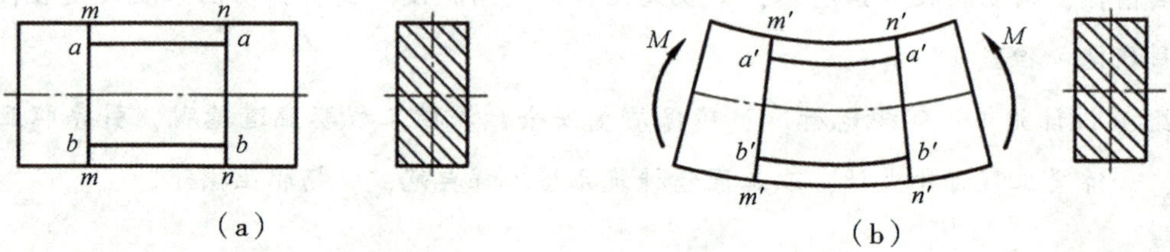

图 6-1　矩形截面梁的变形

根据上述现象，对梁的变形做如下假设。

（1）纯受弯构件变形后，横截面仍保持平面，并绕垂直于纵对称面的某一轴转动，且仍与纵线正交。该假设称为弯曲平截面假设。对于纯弯曲梁，弹性理论可以证明其正确性。

（2）梁内各纵向纤维仅承受轴向拉应力或压应力。该假设称为单向受力假设。

根据平截面假设，横截面上各点处均无剪应变，因此梁纯弯曲时横截面上没有剪应力。梁弯曲时，如图 6-1（b）所示，上部纤维缩短，下部纤维伸长，由于变形的连续性，中间必有一层纤维长度不变，称为中性层，如图 6-2 所示。中性层和横截面的交线，称为中性轴。梁对称弯曲时，其变形对于纵向对称面对称，因此中性轴必垂直于横截面的纵向对称轴，而梁的横截面就是绕中性轴做相对转动的。

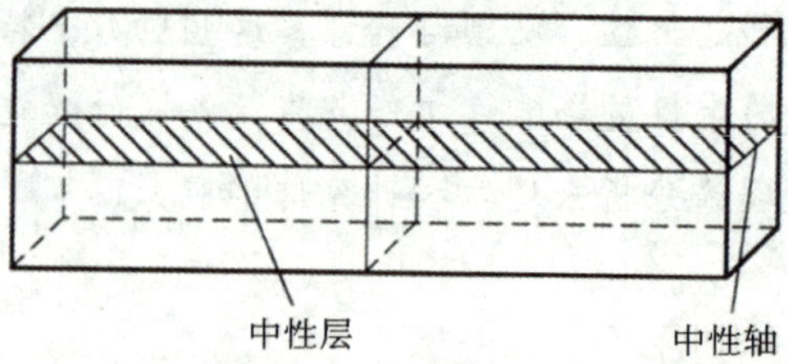

图 6-2　中性层

二、弯曲正应力计算

从几何关系、物理关系和静力平衡条件三个方面来建立弯曲正应力公式。

1. 几何关系

从梁中截出长为 dx 的一个微段，如图 6-3（a）所示，沿截面纵向对称轴与中性轴分别设立坐标轴 y 和 z，如图 6-3（b）所示。梁弯曲后，纵坐标为 y 的纵线 ab 变为弧线 $a'b'$。设微段的两个截面在弯曲变形后的相对转角为 dθ，中性层 O_1O_2 的曲率半径为 ρ，如图 6-3（c）所示，则纵线 ab 的正应变为

$$\varepsilon(y)=\frac{a'b'-\mathrm{d}x}{\mathrm{d}x}=\frac{(\rho+y)\mathrm{d}\theta-\rho\mathrm{d}\theta}{\rho\mathrm{d}\theta}=\frac{y}{\rho} \tag{6-1}$$

式（6-1）说明了应变沿梁高度的分布规律。应变 ε 与中性层曲率半径 ρ 成反比，与该纤维到中性层的距离 y 成正比，与 z 方向的位置无关。纯弯曲时 ρ 是常数。

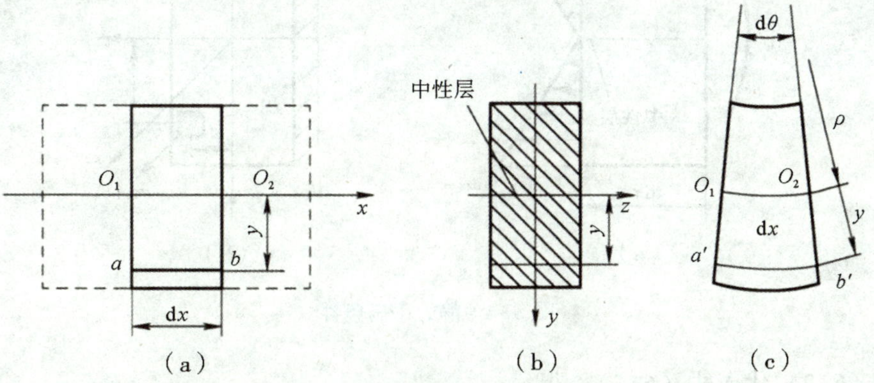

图 6-3 弯曲正应力

2. 物理关系

各纵向纤维都是单向受力，当正应力处于材料的比例极限以内时，满足胡克定律，得到横截面上坐标为 y 处的正应力为

$$\sigma=\frac{Ey}{\rho} \tag{6-2}$$

式（6-2）中，因为 E 和 ρ 为常数，所以梁横截面上的正应力 σ 与 y 成正比；又因为应变 ε 与 z 方向无关，所以横截面同一高度上各点的应力相同，即正应力沿梁的高度呈线形分布，而中性轴上各点（$y=0$）的正应力均为零，且外边缘上最大。

3. 静力平衡条件

如图 6-4（a）所示，在横截面的各点处的法向微内力 σdA 组成一空间平行力系，其

在 xy 平面内的合成结果与弯矩 M 满足静力平衡条件。

由 $\sum \boldsymbol{F}_x = 0$，得

$$\int_A \sigma \mathrm{d}A = 0 \tag{6-3}$$

由 $\sum M_y = 0$，得

$$\int_A z\sigma \mathrm{d}A = 0 \tag{6-4}$$

由 $\sum M_z = 0$，得

$$\int_A y\sigma \mathrm{d}A = M \tag{6-5}$$

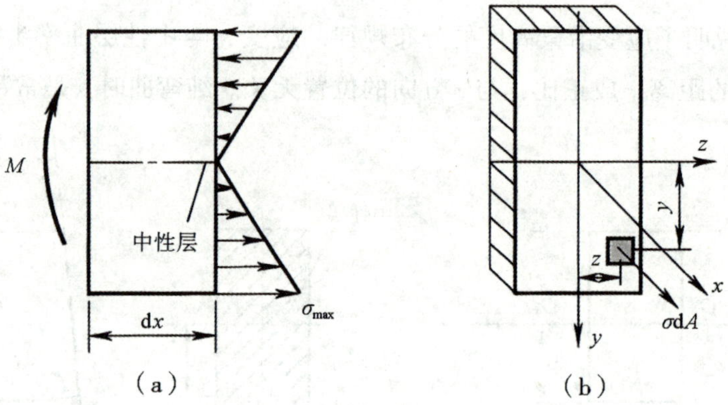

图 6-4　静力平衡条件

将式（6-2）代入式（6-3），得

$$\int_A E\frac{y}{\rho}\mathrm{d}A = \frac{E}{\rho}\int_A y\mathrm{d}A = 0 \tag{6-6}$$

式（6-6）中，由于 $\frac{E}{\rho} \neq 0$，要满足平衡条件，必须有

$$\int_A y\mathrm{d}A = 0$$

按照静力学知识，考虑上式的结果，截面形心 C 的坐标为

$$y_C = \frac{\int_A y\mathrm{d}A}{A} = 0$$

由此可见，中性轴通过形心，z 轴为形心轴。

将式（6-2）代入式（6-4），得

$$\frac{E}{\rho}\int_A zy\mathrm{d}A = 0 \tag{6-7}$$

要满足式（6-7），必须有 $\int_A zy\mathrm{d}A = 0$，即惯性积 $I_{yz}=0$，因为 y 轴是对称轴，故自动满足。

将式（6-2）代入式（6-5），得

$$\frac{E}{\rho}\int_A y^2\mathrm{d}A = M \tag{6-8}$$

令

$$I_z = \int_A y^2\mathrm{d}A \tag{6-9}$$

式中 I_z——截面对 z 轴的惯性矩，仅与截面几何形状和尺寸有关。

式（6-8）可改写为

$$\frac{1}{\rho} = \frac{M}{EI_z} \tag{6-10}$$

式（6-10）为曲率表示的弯曲变形公式，式中的 EI_z 称为抗弯刚度。

将式（6-10）代入式（6-2），得

$$\sigma = \frac{My}{I_z} \tag{6-11}$$

这就是弯曲正应力的一般公式。

当 $y=y_{\max}$，即距离中性轴最远处的正应力为

$$\sigma_{\max} = \frac{My_{\max}}{I_z} = \frac{M}{I_z/y_{\max}}$$

令

$$W_z = \frac{I_z}{y_{\max}} \tag{6-12}$$

则

$$\sigma_{\max} = \frac{M}{W_z} \tag{6-13}$$

式（6-13）中，W_z 称为抗弯截面系数，它反映了在一定弯矩作用下，截面的形状和尺寸对于弯曲正应力的综合影响。

【例】图6-5（a）所示为简支梁，由120a 热轧工字钢制成，跨度 $l=2$ m，承受集度 $q=30$ kN/m 的均布荷载作用，试确定梁内的最大弯曲正应力。

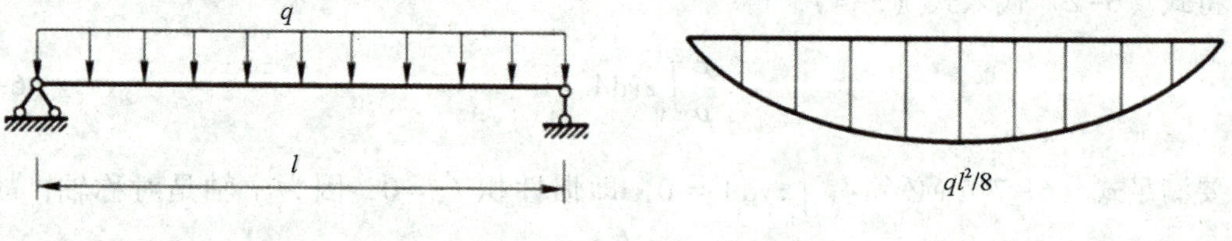

图 6-5　简支梁的最大弯曲正应力

【解】（1）内力分析

梁的弯矩图如图 6-5（b）所示，最大弯矩发生在跨度中点，为

$$M_{max}=ql^2/8=30\ \text{kN/m}\times(2\ \text{m})^2/8=15\ \text{kN}\cdot\text{m}$$

（2）应力分析

查表得，120a 热轧工字钢的抗弯截面系数为

$$W_z=237\ \text{cm}^3=2.37\times10^{-4}\ \text{m}^3$$

梁内的最大弯曲正应力明显为梁跨度中点截面上的最大应力，为

$$\sigma_{max}=\frac{M_{max}}{W_z}=\frac{15\times10^3\ \text{N}\cdot\text{m}}{2.37\times10^{-4}\ \text{m}^3}=63.3\times10^6\ \text{Pa}=63.3\ \text{MPa}$$

任务二　梁的弯曲剪应力

任务描述

在建筑结构中，梁不仅要承受弯矩引起的拉伸和压缩应力（正应力），还需要应对由剪力产生的内部剪切应力。这些剪切应力对于梁的整体强度和稳定性同样重要，尤其是在某些特殊情况下，如薄壁截面梁或高深梁，它们甚至可能成为决定性的因素。本任务将深入探讨梁的弯曲剪应力。

任务分析

在任何一点处，两个相互垂直平面上的剪应力总是相等的，这为工程师分析复杂结构中的剪应力提供了理论依据。本任务将学习梁在一般弯曲状态下剪应力的分布规律及其计算方法，理解其对梁整体强度的影响。

任务实施

在一般弯曲状态下，梁截面的内力除了弯矩以外，还有剪力。如图 6-6（a）所示，梁的矩形截面的宽度与高度分别为 b 与 h，截面的剪力为 $\boldsymbol{F}_Q$，显然剪应力的合力就是剪力 $\boldsymbol{F}_Q$。由剪应力互等定理可知，如果梁的侧表面是自由表面，即侧表面无轴向剪应力作用，则截面边缘无垂直于截面周边的剪应力分量，换言之，截面边缘处的剪应力一定平行于截面周边。对于矩形截面，可假设截面各点的剪应力与剪力方向相同，且沿截面宽度均匀分布。

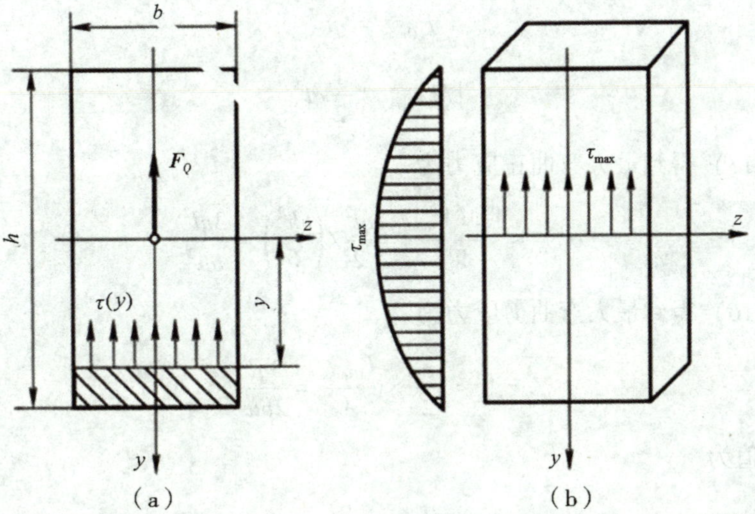

图 6-6　梁的矩形截面剪应力

根据以上假设，可以得到距中性轴为 y 远处的剪应力为（公式推导略）

$$\tau(y)=\frac{F_Q S_z^*}{I_z b} \tag{6-14}$$

式中　F_Q——截面上的剪力；

I_z——截面的惯性矩；

b——截面的宽度；

S_z^*——距中性轴为 y 的横线以外部分，如图 6-6（a）所示阴影部分的面积对中性轴的静矩，即

$$S_z^*=\int_y^{\frac{h}{2}} y_1 b\mathrm{d}y_1=\frac{b}{2}\left(\frac{h^2}{4}-y^2\right)$$

把上式代入式（6-14），得

$$\tau(y)=\frac{F_Q}{2I_z}\left(\frac{h^2}{4}-y^2\right) \tag{6-15}$$

可见，剪应力沿截面高度是按二次抛物线规律变化的，如图 6-6（b）所示。当 $y=\pm h/2$ 时，即横截面上距中性轴最远处剪应力 $\tau=0$；当 $y=0$ 时，中性轴上各点剪应力达到最大值，为

$$\tau_{\max}=\frac{3F_Q}{2A} \tag{6-16}$$

式中 A——横截面积，且 $A=bh$。

梁弯曲时横截面同时存在正应力和剪应力，但对于非薄壁截面的梁，影响强度的主要是弯曲正应力。对于图 6-6（b）所示的矩形截面悬臂梁，最大剪力和最大弯矩分别为

$$F_{Q\max}=ql$$

$$|M|_{\max}=\frac{1}{2}ql^2$$

由式（6-13）得到最大弯曲正应力为

$$\sigma_{\max}=\frac{|M|_{\max}}{W_z}=\frac{ql^2}{2}\Big/\left(\frac{bh^2}{6}\right)=\frac{3ql^2}{bh^2}$$

由式（6-16）得到最大弯曲剪应力为

$$\tau_{\max}=\frac{3}{2}\times\frac{F_{Q\max}}{A}=\frac{3ql}{2bh}$$

二者的比值为

$$\frac{\sigma_{\max}}{\tau_{\max}}=\frac{2l}{h}$$

当梁的跨度 l 远大于其截面高度 h 时，即 $l/h\geqslant 10$（一般非高深梁），最大弯曲正应力远大于最大弯曲剪应力，因此在强度问题中，主要考虑弯曲正应力。

任务三 梁的强度条件

任务描述

工业厂房内使用的大型吊车梁，它需要承载重型机械和货物的重量。为了保证长期使用过程中不会发生断裂或变形，工程师们必须严格控制梁的设计，使其满足强度条件。这不仅关系到设备的安全运行，也直接涉及工人的生命安全。本任务将学习梁的强度条件。

任务分析

在建筑工程中，确保梁的安全性和可靠性是至关重要的。这就要求我们必须精确计算梁在各种荷载作用下的应力状态，并确保这些应力不超过材料所能承受的最大值。这就是所谓的强度条件。本任务旨在了解如何根据弯曲正应力和剪应力来校核梁的强度，确保其在各种荷载作用下安全可靠。

任务实施

等直梁的任一截面上的最大正应力发生在离中性轴最远的各点处，而这些点处的剪应力一般为零，因而最大正应力作用点处于单向应力状态。在梁的弯矩最大的截面（危险截面）上的最大正应力，是梁的所有截面上正应力中最大的，所以弯曲正应力强度条件是

$$\sigma_{max} = \frac{M_{max}}{W_z} \leqslant [\sigma] \tag{6-17}$$

对于用铸铁等脆性材料制成的梁，由于许用压应力明显高于许用拉应力，则需要分别按拉伸和压缩进行强度计算。

等直梁的最大剪应力一般是在最大剪力所在横截面的中性轴的各点处，这些点处的正应力为零，最大剪应力所在点处于纯剪应力状态，因此梁的剪应力强度条件为

$$\tau_{max} = \frac{F_{Qmax} S_{zmax}^*}{I_z b} \leqslant [\tau] \tag{6-18}$$

在选择梁的截面时，需要同时满足正应力和剪应力强度条件。通常是先按正应力强度条件选出截面，再按剪应力强度条件进行校核。对于绝大多数工程中的梁，强度主要由正应力控制，只要满足正应力强度条件，一般剪应力强度条件也会满足。但对于薄壁截面梁、高深梁和剪切强度较低的材料（如木材）制成的梁，除了考虑正应力强度条件外，也要考虑剪应力强度条件。

【例】"T"形截面铸铁梁，如图 6-7（a）所示，铸铁的许用拉应力 $[\sigma_1]=35$ MPa，许用压应力 $[\sigma_e]=140$ MPa。已知 $F_p=3$ kN，$q=15$ kN/m，截面的惯性矩 $I_z=8.84\times10^{-6}$ m^4，截面形心距顶边和底边的距离分别为 $y_1=45$ mm、$y_2=95$ mm，试校核梁的强度。

【解】（1）确定危险截面和危险点

梁的弯矩如图 6-7（b）所示，在截面 D 和 B 上，分别作用最大正弯矩和最大负弯矩，因此这两个截面均为危险截面。截面 D 和 B 上的应力分布，如图 6-7（c）、图 6-7（d）所示，因为 $|M_D|>|M_B|$ 且 $y_2>y_1$，截面 D 上的最大压应力大于截面 B 上的最大压应力，所以，截面 D 的顶边和底边上的各点、截面 B 的顶边上的各点都是危险点。

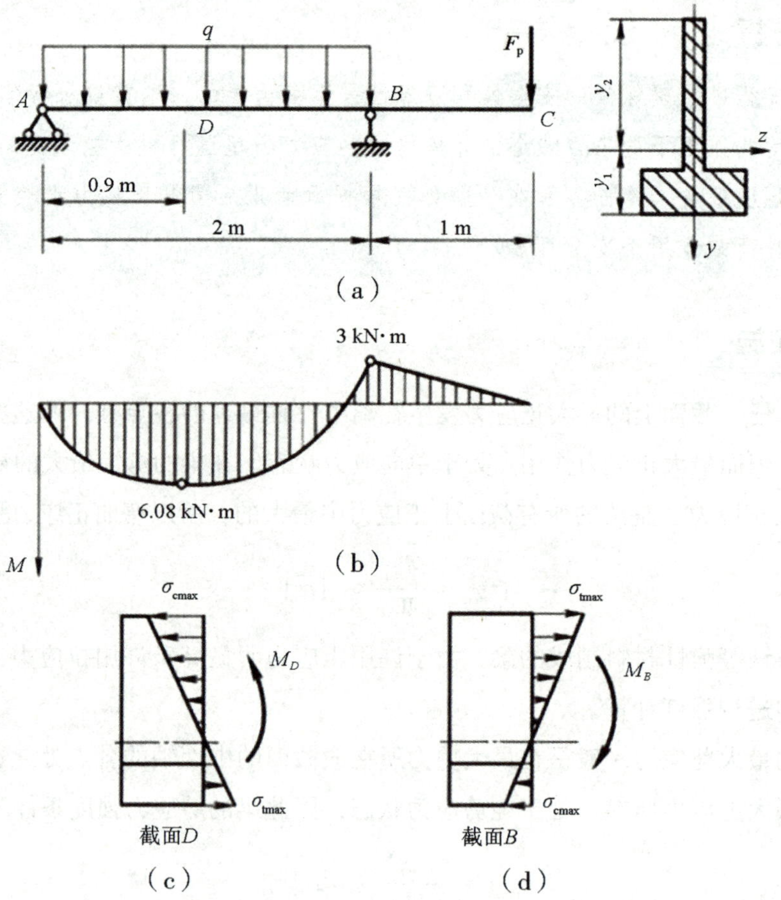

图 6-7　梁的弯矩图

（2）强度校核

截面 D 上：

$$\sigma_{cmax} = \frac{M_D y_2}{I_z} = \frac{6.08\times10^3\ \text{N}\cdot\text{m}\times95\times10^{-3}\ \text{m}}{8.84\times10^{-6}\ \text{m}^4} = 6.53\times10^7\ \text{Pa} = 65.3\ \text{MPa} < [\sigma_c]$$

$$\sigma_{tmax} = \frac{M_D y_1}{I_z} = \frac{6.08\times10^3\ \text{N}\cdot\text{m}\times45\times10^{-3}\ \text{m}}{8.84\times10^{-6}\ \text{m}^4} = 3.10\times10^7\ \text{Pa} = 31.0\ \text{MPa} < [\sigma_t]$$

截面 B 上：

$$\sigma_{tmax} = \frac{M_B y_2}{I_z} = \frac{3\times10^3\times95\ \text{N}\cdot\text{m}\times10^{-3}\ \text{m}}{8.84\times10^{-6}\ \text{m}^4} = 3.22\times10^7\ \text{Pa} = 32.2\ \text{MPa} < [\sigma_t]$$

梁满足弯曲强度条件。

任务四 提高梁强度的措施

任务描述

在建筑和结构工程中，梁作为关键承重构件，其强度和承载能力直接关系到整个建筑物的安全性和可靠性。那么，如何提升梁的强度呢？本任务将学习提高梁强度的措施。

任务分析

为了满足日益增长的设计需求并优化资源利用，工程师们不断探索创新的方法来增强梁的强度，同时尽量减少材料用量和降低建造成本。本任务将探讨几种有效提高梁强度的措施，包括合理的截面形式、采用变截面梁和改善梁的受力状况。

任务实施

杆件除了必须满足强度和刚度要求外，还需要考虑如何充分利用材料，使设计更为合理，即在一定的外力作用下，怎样能使杆件的用料最少（几何尺寸最小），或者说，在一定的用料情况下，如何提高杆件的承载能力。

例如，当圆杆扭转时，在不改变材料用量的情况下，用空心圆截面比实心圆截面能承受更大的扭矩；当传动轴的各段扭矩不同时，采用各段直径不同的阶梯形圆轴更为合理；当考虑受压杆件自重时，也是采用阶梯形杆较为合理。

梁弯曲时，可以采用多种措施提高其承载能力。

一、合理的截面形式

由式（6-17），得

$$M_{max} \leqslant W_z [\sigma] \tag{6-19}$$

可见，梁所能承受的最大弯矩与抗弯截面系数 W_z 成正比。所以在横截面积相同的情况下，W_z 越大的截面形式越是合理。例如，矩形截面，$W_z=\dfrac{1}{6}bh^2$，在面积相同的条件下，增加高度可以增加 W_z 的数值。但梁的高宽比也不能太大，否则梁受力后会发生侧向失稳。

对各种不同形状的截面，可用 W_z/A 的值来比较它们的合理性。现比较圆形、矩形和“工”字形三种截面。为了便于比较，设三种截面的高度均为 h。对于圆形截面，$\frac{W_z}{A}=\frac{\pi h^3}{32}/\frac{\pi h^2}{4}=0.125h$；对于矩形截面，$\frac{W_z}{A}=\frac{bh^2}{6}/6h=0.167h$；对于“工”字形截面，$W_z/A=(0.27\sim0.34)/h$。由此可见，矩形截面比圆形截面合理，“工”字形截面比矩形截面合理。

从梁的横截面上正应力沿梁高的分布看，离中性轴越远的点处正应力越大，在中性轴附近的点处正应力很小。为了充分利用材料，应尽可能将材料移到离中性轴较远的地方。上述三种截面中，“工”字形截面最好，圆形截面最差，道理就在于此。

在选择截面形式时，还要考虑材料的性能。例如，由塑性材料制成的梁，因拉伸和压缩的许用应力相同，宜采用中性轴为对称轴的截面；由脆性材料制成的梁，因许用拉应力远小于许用压应力，宜采用“T”形或“门”形等中性轴为非对称轴的截面，并使最大拉应力发生在离中性轴较近的边缘上。

二、采用变截面梁

梁的截面尺寸一般是按最大弯矩设计并做成等截面。但是，等截面梁并不经济，因为在其他弯矩较小处，不需要这样大的截面。为了节约材料和减轻重量，常常采用变截面梁。

最合理的变截面梁是等强度梁。所谓等强度梁，就是每个截面上的最大正应力都达到材料的许用压力的梁。如图 6-8（a）所示的简支梁，其高度 h 为常数，利用强度条件可以求得梁宽度 b（x）的表达式为

$$b(x)=\frac{3F_P}{h^2[\sigma]}x \tag{6-20}$$

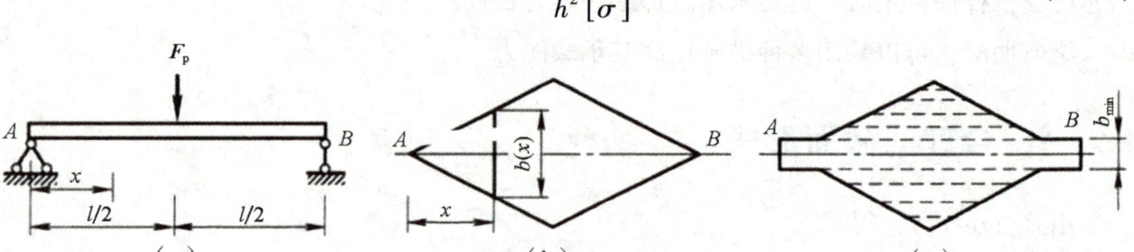

图 6-8　简支梁

截面宽度沿梁长变化的形状，如图 6-8（b）所示，b 的最小值由剪切强度条件确定，如图 6-8（c）所示。

如设图 6-8（a）所示的简支梁的宽度 b 为常数，用同样的方法可以求得梁高 h（x）的表达式为

$$h(x)=\sqrt{\frac{3F_{p}x}{b[\sigma]}} \tag{6-21}$$

有些吊车梁常采用图 6-9 所示的鱼腹梁，它也是根据等强度梁的概念设计的。

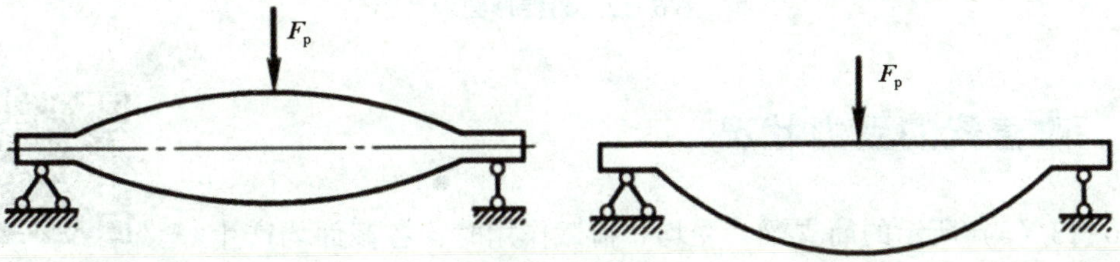

图 6-9　鱼腹梁

但是，等强度梁不便于施工，所以工程上多使用逐段变化的变截面梁，如在汽车底座下放置的叠板弹簧梁（图 6-10）。在汽车底盘下放置这种梁，还可以减轻汽车的振动。

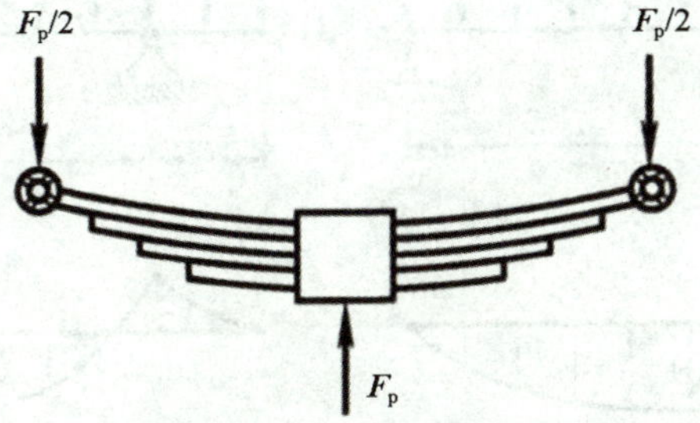

图 6-10　叠板弹簧梁

例如，图 6-11（a）中的简支梁，由工字钢制成。在梁的中间部分，弯矩较大，可以在工字钢上加 1~2 块盖板，各段截面如图 6-11（b）所示。机器中的传动轴，往往采用图 6-12 所示的阶梯形圆轴。

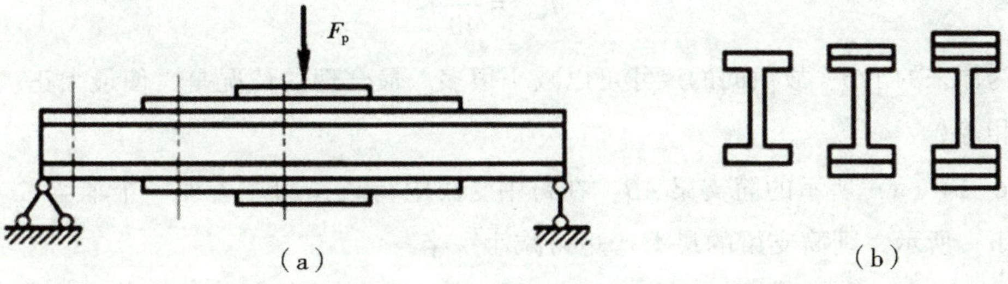

图 6-11　工字钢制成的简支梁

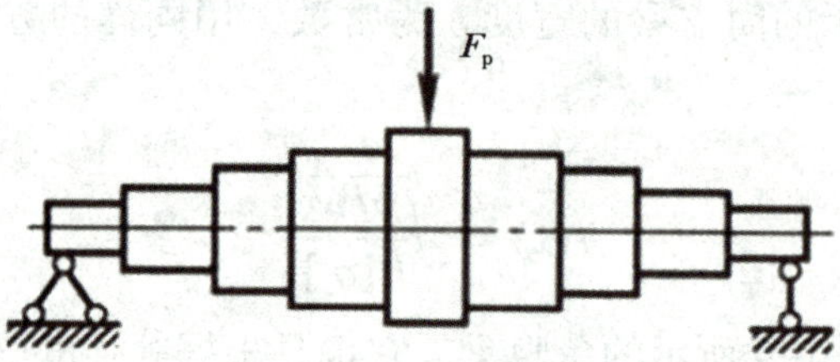

图 6-12　阶梯形圆轴

三、改善梁的受力状况

改善梁的受力状况

图 6-13（a）所示的简支梁，受均布荷载作用时，各截面均产生正弯矩，最大弯矩为

$$M_{max}=\frac{ql^2}{8} \tag{6-22}$$

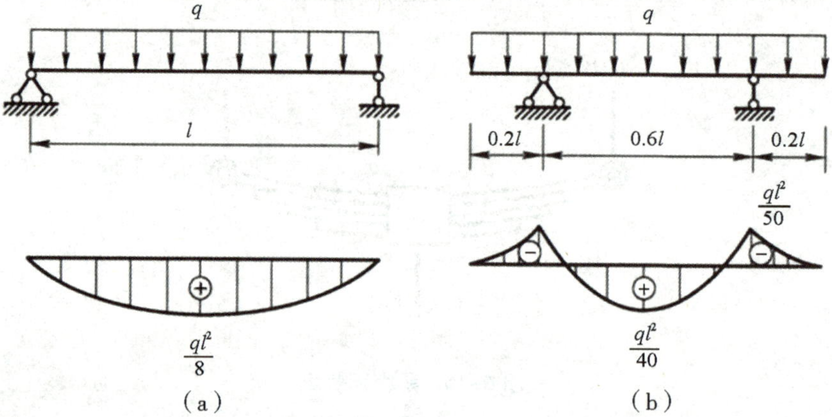

图 6-13　简支梁截面产生正弯矩

如将两端支座分别向内移动 0.2l，如图 6-13（b）所示，则最大弯矩为

$$M_{max}=\frac{ql^2}{40} \tag{6-23}$$

仅为原来的 1/5，故截面的尺寸可以减小很多。最合理的情况是，使最大正、负弯矩的数值相等。

图 6-14（a）所示的简支梁 AB，在跨中受集中荷载作用。若加一个辅梁 CD，如图 6-14（b）所示，则简支梁的最大弯矩可减小一半。

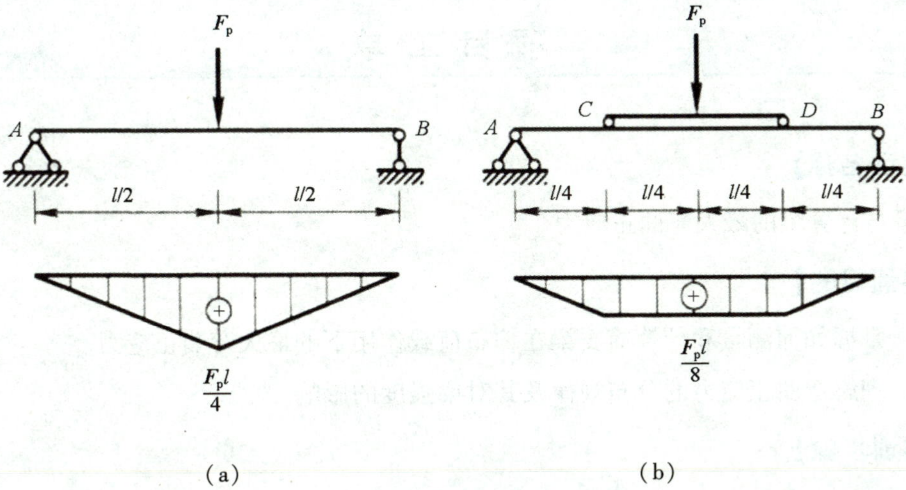

图 6-14　简支梁 AB 受集中荷载作用

项目小结

本项目主要介绍了梁的弯曲应力和强度问题，帮助读者理解梁在外部载荷下的力学行为及其对结构安全性和经济性的影响。首先，介绍了纯弯曲状态下的弯曲正应力特性，包括其分布规律、计算方法及对梁强度的影响，并通过实例分析使学生掌握了相关公式及其应用。其次，探讨了一般弯曲状态下的剪应力特性，讲解了矩形截面剪应力的分布与计算，强调了剪应力互等定理的重要性，指出对于非薄壁截面梁，弯曲正应力是影响强度的主要因素。再次，讲解了梁的强度条件，说明如何根据弯曲正应力和剪应力校核梁的强度，特别关注了脆性材料（如铸铁）的特殊强度要求，提供了具体的校核步骤和案例分析。最后，介绍了提高梁强度的有效措施，如采用合理的截面形式、采用变截面梁及改善梁的受力状况，以增强承载能力和优化材料利用。此外，讨论了不同截面形状的设计考量及优化梁性能的方法。通过本项目的学习，读者不仅能掌握梁的弯曲应力和强度理论，还能学会将其应用于实际工程问题，培养了解决复杂结构力学问题的能力，为未来的工程实践打下了坚实基础。同时，鼓励创新设计方案，提升工程实践和创新能力。

项 目 工 单

【实训名称】

测量与计算梁的最大弯曲正应力。

【实训目的】

（1）掌握如何测量和计算简支梁在均布荷载作用下的最大弯曲正应力。

（2）理解弯曲正应力的分布规律及其对梁强度的影响。

【实训步骤】

1. 测量梁尺寸

使用游标卡尺精确测量简支梁的截面尺寸，记录下宽度 b、高度 h，以及形心位置到顶边和底边的距离 y_1、y_2。

2. 安装应变片

（1）在梁的上下表面选择合适的位置粘贴应变片，确保它们位于最可能产生最大正应力的地方（离中性轴最远处）。

（2）连接应变片至应变仪，校准仪器以确保读数准确。

3. 施加载荷并记录数据

（1）将简支梁固定在加载装置上，保证两端支撑点处于同一水平线上。

（2）按照设计要求逐步增加均布荷载 q，同时利用测力传感器监控实际施加的荷载大小。

（3）记录不同荷载条件下应变仪显示的应变值，并注意观察梁的变形情况。

4. 数据处理与分析

（1）根据所测得的应变值，结合材料的弹性模量 E，使用胡克定律计算对应的正应力 $\sigma=E\cdot\varepsilon$。

（2）利用已知的截面尺寸和荷载信息，根据弯曲正应力公式 $\sigma_{\max}=\dfrac{M_{\max}\cdot y_{\max}}{I_z}$ 进行理论计算，其中最大弯矩 $M_{\max}=\dfrac{ql^2}{8}$、惯性矩 I_z 可根据截面形状查找资料获得。

（3）对比实验测量得到的最大正应力与理论计算结果，分析误差的来源及原因。

5. 结果讨论

（1）总结实训过程中遇到的问题及解决方案。

（2）探讨如何改进实验方法以减少误差，提高测量精度。

（3）分享各组之间的数据差异，讨论可能的影响因素。

【实训评定】

请学生在实训过程中认真对待每一项任务，并根据评价表内容进行自评和互评，以便更好地了解自己在实训中的表现和进步空间。教师将根据实训表现给出最终评价。考核评价表如表 6-1 所示。

表 6-1　考核评价表

项目名称	评价内容	分值	评价分数		
			自评	互评	师评
职业素养考核项目（40%）	安全与规范意识	10 分			
	团队协作与沟通	10 分			
	职业态度与责任心	10 分			
	时间管理与效率	10 分			
专业能力考核项目（60%）	测量梁尺寸的准确性	10 分			
	应变片安装与仪器校准的正确性	15 分			
	施加载荷的规范性及数据记录的完整性	15 分			
	数据处理与分析的正确性及误差分析的深度	10 分			
	结果讨论的深度及改进措施的合理性	10 分			
综合分数：________［自评（20%）+互评（20%）+师评（60%）］		100 分			

课后练习

一、填空题

1. 中性层和横截面的交线，称为________。

2. 梁弯曲时横截面同时存在正应力和剪应力，但对于非薄壁截面的梁，影响强度的主要是________。

3. 对于用铸铁等脆性材料制成的梁，由于许用压应力明显高于许用拉应力，则需要分别按________和________进行强度计算。

4. 在选择梁的截面时，需要同时满足________和________强度条件。

5. 所谓等强度梁，就是每个截面上的________都达到材料的许用压力的梁。

二、简答题

1. 选择梁的截面时需要考虑哪些条件？

2. 提高梁强度的措施有哪些？

项目七

建筑结构及其设计基本原则

项目导读

建筑作为人类文明的重要载体，其结构体系宛如人体的骨骼，支撑起空间、承载着功能、抵御着岁月侵蚀与外力冲击，是建筑实现安全性、适用性与耐久性的核心依托。本项目旨在使学生全面了解建筑结构的基本概念、分类及其设计基本原则，掌握不同类型建筑结构的特点与应用场景，并能够评估和选择适合特定工程需求的结构类型。

学习目标

知识目标

1. 掌握建筑结构作为承重骨架的作用，了解其由基础、梁、板、柱、墙、屋架等组成的体系。

2. 熟悉水平构件、竖向构件和基础在建筑中的功能及相互关系。

3. 根据材料和受力形式，理解不同类型的建筑结构及其特点和应用场景。

4. 了解按照用途、体型和高度对建筑结构进行分类的方法。

5. 学习容许应力法、破坏阶段设计法、多系数极限状态设计法和概率极限状态设计法等不同的设计理论及其应用背景和发展历程。

6. 明确设计使用年限与设计基准期的概念及其重要性。

7. 理解承载能力和正常使用两种极限状态的区别及其对结构设计的影响。

能力目标

1. 基于工程项目的具体需求和技术条件，能够合理选择最适宜的建筑结构类型，并说明选择理由。

2. 具备评估建筑结构的安全性、适用性和耐久性的能力，能识别潜在的风险点并提出改进措施。

素质目标

1. 强调工程质量和安全的重要性，确保所有工作环节均符合相关标准和规范。

2. 促进跨学科交流与协作，共同解决复杂问题，提高集体工作效率和个人专业素养。

3. 推动绿色建筑理念的应用，考虑建筑材料的选择对环境的影响，提倡可持续发展的建设方式。

4. 鼓励探索新型建筑材料和技术，提升工程技术水平，为建筑业注入新的活力和发展动力。

思政目标

1. 深度涵育工匠精神品质，于建筑结构设计建造的繁复工序与严苛标准中，磨砺专注执着、精益求精的职业操守，雕琢每处细节、钻研每项技术、攻克每道难题，以匠心雕琢品质，用时光沉淀经典，弘扬新时代工匠精神，塑造建筑行业卓越品质典范。

2. 牢固树立可持续发展理念，聚焦建筑结构材料革新、体系优化及能源效率提升，将绿色低碳、环保节能理念贯穿设计始终，积极践行资源节约、环境友好策略，推动建筑与生态和谐共生，助力建筑行业可持续转型，强化社会责任担当、守护地球美好家园。

任务一 建筑结构概述

任务描述

在日常生活中，我们无时无刻不在与各种建筑物打交道，从居住的房屋到工作的写字楼，从购物的商场到休闲娱乐的场所，这些不同类型的建筑物不仅为我们的生活提供了便利，也构成了城市和乡村独特的风景线。然而，你是否曾思考过这些宏伟建筑背后的支撑力量是什么？它们是如何屹立不倒的？本任务将探讨建筑结构的基本知识。

任务分析

在建筑工程中，由基础、梁、板、柱、墙、屋架等构架组成的承重骨架体系被称为建筑结构。它就像人体的骨骼一样，承担着整个建筑物的重量及外界施加的各种荷载（如风力、地震力等），并保证建筑物具有足够的刚度以维持其形态稳定。本任务旨在探索建筑结构这一神秘而重要的领域，了解那些隐藏在建筑外观之下的“骨骼”。

任务实施

一、建筑结构

结构是能承受和传递作用并具有适当刚度的由各连接部件组合而成的整体，俗称承重骨架（体系）。所谓建筑结构，就是建筑工程中由基础、梁、板、柱、墙、屋架等构架所组成的起骨架作用的、能承受直接和间接荷载的空间受力体系。而建筑结构在物理上可以区分出的部分称为建筑结构构件（简称为构件），如柱、梁、板、基桩等，当其含义不致混淆时，工程上也可将某些特殊构件和部件（如屋架、网架、楼盖等）称为结构。

建筑结构由水平构件、竖向构件和基础组成。水平构件与竖向构件组成建筑主体结构。基础是将建筑结构通过竖向构件传来的内力传给地基。

二、建筑结构的分类及其应用

由于各种建筑在使用功能、建筑形状、建筑用途等方面各不相同，建筑结构有多种类型，分类方法也有多种。按照用途可分为工业建筑结构和民用建筑结构；按照体型和高度可分为单层建筑结构、多层建筑结构（2~9 层）、高层建筑结构和大跨度结构。常用的分类方法是按照结构所用的材料和结构受力形式进行划分的。

1. 按照结构所用的材料分类

（1）混凝土结构

混凝土结构（图 7-1）是以混凝土为主制成的结构，包括素混凝土结构、钢筋混凝土结构和预应力混凝土结构等。混凝土结构按照施工方法可以分为现浇混凝土结构、装配式混凝土结构和装配整体式混凝土结构三种。现浇混凝土结构目前应用比较广泛，但装配整体式混凝土结构是建筑产业化的发展方向。

图 7-1　施工中的钢筋混凝土房屋

素混凝土结构主要用于承受压力的结构，如重力式挡土墙、支墩、混凝土基础等。

钢筋混凝土结构是指配置受力普通钢筋的混凝土结构。在混凝土的适当部位配置了受力钢筋，通过两种材料的共同工作，明显提高结构或构件的承载力和变形性能。钢筋混凝土结构作为混凝土结构中最常用的结构形式之一被广泛应用于大量工业与民用建筑中。现浇钢筋混凝土结构具有下列优点。

① 可以就地取材。钢筋混凝土的主要材料是黄砂、石子，水泥和钢筋所占的比例较小。砂、石属于地方性材料，可以就地取材。

② 承载力大。钢筋混凝土结构或构件与砌体结构和素混凝土结构相比有较大承载力。

③ 整体性与抗震性能好。现浇钢筋混凝土结构有较好的整体性，有利于通过变形消耗地震能量，在地震作用和偶然荷载（如车辆撞击、煤气爆炸）下能保持整体稳定性，不易产生整体垮塌。

④ 耐久性与耐火性好。由于钢筋有足够的混凝土保护层，混凝土为不良传热体，火灾时钢筋不致很快达到软化温度而丧失强度，导致结构被破坏。同时混凝土保护层可以防止大气的侵蚀造成钢筋生锈变质，提高了耐久性。

⑤ 刚度大。钢筋混凝土构件具有较大的截面尺寸，使其具有较大的截面刚度，受力后变形较小，受压构件也不易产生失稳现象。

⑥ 可模性好。预拌混凝土是可塑的，可以根据工程需要制成各种形状的构件，便于建造出合理的结构形式和构件断面。

同时，钢筋混凝土结构也存在材料自重大、抗裂性差、现浇施工时消耗人工多和劳动强度大等缺点。但随着新技术、新工艺的产生，如采用轻骨料混凝土、预应力混凝土、预制装配等技术手段，可以克服上述这些缺点。

（2）钢结构

钢结构（图 7-2）是以钢筋为主要材料制成的结构，即采用钢板、钢管、圆钢、热轧型钢或冷加工成型的型钢通过焊接、铆接或螺栓连接而成。钢结构是继钢筋混凝土结构之后具有广阔发展前景的结构类型，大量应用于工业建筑、高层建筑和大跨度结构（如网架、悬索等结构）中。

图 7-2　施工中的高层钢结构

与其他结构相比，钢结构具有下列优点。

① 材料强度高、自重轻。钢筋的抗拉和抗压强度都很高，受力时其承载力很大，截面尺寸很小，减轻了构件的自重，适用于大跨度重荷载的结构。

② 塑性、韧性好，材质均匀，抗震性能好。韧性好有利于抵抗动力荷载，塑性好可以避免脆性破坏，钢筋内部组织比较均匀，接近各向同性使结构计算精度高、可靠性强，前述的这些性能使钢结构具有良好的抗震性能。

③ 连接方便、密闭性好、便于工厂化生产和机械化施工，便于拆卸，施工工期短。

④ 无污染、可再生、节能，符合绿色施工要求。

但钢结构易腐蚀，需要经常用油漆维护，维护成本高。钢结构耐火性能差，当温度达到250 ℃时，材质就会发生较大变化；当温度达到430~540 ℃时，强度急剧下降；当温度达到600 ℃时，几乎丧失承载力。

（3）砌体结构

砌体结构（图7-3）是由块体和砂浆砌筑而成的墙、柱作为建筑物主要受力构件的结构，是砖砌体、砌块砌体、石砌体和配筋砌体结构的统称。砌体结构在我国古代城墙、拱桥、古塔中应用较多，目前城镇和农村的大量多层建筑的墙、柱多采用砌体，配筋砌块砌体剪力墙结构也在高层建筑中得到应用。

图7-3　石砌体拱桥

砌体结构具有下列优点。

① 就地取材、成本低廉。砌体所用材料，如页岩、粉煤灰、砂、石材属于地方性材料。

② 耐火性和耐久性好。一般砌体耐高温，耐腐蚀性能良好，能够满足设计使用年限要求。

③ 保温、隔热、隔声性能良好。

④ 施工工艺简单易学，无特殊设备要求。

但是砌体结构也存在自重大、强度低、整体性和抗震性能差、砌筑劳动强度大等缺点。

（4）木结构

木结构（图 7-4）是以木材为主要材料制成的结构。这种结构易于就地取材、加工简便、自重较轻、便于运输、装拆，但易燃、易腐朽、易受白蚁等虫害、变形大。木结构使用受到木材资源的限制，因此已很少使用。

图 7-4　木结构别墅

（5）混合结构

混合结构是由不同材料的构件或部件混合组成的结构。比较常用的是以砌体作为竖向承重构件（如墙、柱），而水平承重构件（如梁、板等）常用钢筋混凝土构件，有时也可以采用钢、木结构构件。其中，砖混结构被广泛用于多层民用建筑中。在高层建筑尤其是超高层建筑常采用钢、钢筋混凝土、钢与混凝土组合构件三类构件中的任意两种或两种以上构件组成的混合结构。钢与混凝土组合构件是由型钢、钢管或钢板与混凝土或钢筋混凝土组合成为整体共同工作的结构构件，如压型钢板和混凝土组合板、型钢和混凝土组合梁（简称钢骨混凝土梁）、型钢（或钢管）和混凝土组合柱（简称钢骨混凝土柱）等，也可将型钢（或钢管）、钢板看作劲性钢筋，或是广义的劲性钢筋混凝土结构构件。这类混合结构兼有钢结构和钢筋混凝土结构的一些特性，可发挥不同材料结构构件的性能优势和利用率，已经被广泛应用于高层特别是超高层建筑中。

2. 按照结构受力形式分类

（1）砖混结构

砖混结构按照材料分类属于混合结构。由于砖砌体墙柱强度低，容易开裂，结构整体性和抗震性能较差，一般用于多层住宅楼房建筑中。由于其造价低廉、施工方便，因此砖混结构是城镇和乡村多层民用建筑的主要结构形式。

（2）框架结构

框架结构（图 7-5）是由梁和柱以刚接或铰接相连接构成承重体系的房屋建筑结构。框架结构可以采用钢筋混凝土框架、钢框架、钢和钢筋混凝土混合框架结构，但多高层建筑中主要采用钢筋混凝土框架结构。框架结构平面布置灵活，可以有较大的空间，适用不同用途的建筑。与砖混结构相比，框架结构有较高的承载力，较好的延性、整体性和抗震性能。但框架属于柔性结构，侧移刚度较小，用于高层建筑时水平位移较大。

图 7-5　施工中的钢筋混凝土框架结构房屋

（3）框架-剪力墙结构。

框架-剪力墙结构（图7-6）是由框架和剪力墙共同承受竖向和水平作用的结构。为了提高框架结构的侧移刚度，适应高层建筑的变形控制需求，在框架结构的纵横两个方向适当的位置设置厚度不小于160 mm的钢筋混凝土墙体而形成的结构体系。这种体系结合了框架布置灵活和剪力墙侧移刚度大的优点，属于中等刚性结构，因此被广泛应用于高层建筑中。

图7-6　施工中的钢筋混凝土剪力墙结构商务楼

（4）剪力墙结构

剪力墙结构是由剪力墙组成的承受竖向和水平作用的结构。其建筑的内、外承重墙均为实体的钢筋混凝土墙，剪力墙的侧移刚度很大，在水平作用下结构的水平位移较小，可建造比较高的建筑。但平面布置不灵活，适宜小空间的建筑（如住宅、酒店等）。

（5）筒体结构

图7-7　上海市中心的大厦（核心筒结构）

筒体结构（图7-7）是以竖向筒体为主组成的承受竖向和水平作用的高层建筑结构。筒体结构的筒体分为剪力墙围成的薄壁筒和密柱框架或壁式框架围成的框筒等。筒体结构的侧移刚度和承载力在所有结构体系中是最大的，根据建筑高度不同可采用不同的筒体的组合方式，如框架-筒体、筒中筒和多个筒体组成的成束筒等。

（6）排架结构

排架结构（图 7-8）是由梁或桁架和柱铰接而成的单层框架。它由屋架（或屋面梁）、柱和基础组成，柱与屋架铰接，与基础为刚接。排架结构一般可以是钢筋混凝土结构，也可以采用钢结构（如重型厂房）。结构跨度一般为 12~36 m，可以是单跨或多跨。常用于高大空旷的单层建筑物，如工业厂房、飞机库和影剧院观众厅等。

（7）大跨度结构

大跨度结构是用于大跨度（跨度大于 60 m）屋盖的网架结构、网壳结构、悬索结构、膜结构等的总称。

① 网架结构（图 7-9）。它是由多根杆件按一定网格形成通过节点连接而成的大跨度覆盖的空间结构。它主要承受整体弯曲内力，具有空间受力性能，为高次超静定的空间铰接杆系结构。网架结构用钢量低、刚度大、抗震性能好、施工安装方便、产品可标准化生产。

图 7-8　排架结构

图 7-9　网架结构

② 网壳结构（图 7-10）。它是按一定规律布置的杆件通过节点连接而形成的曲面状空间杆系或梁系结构，主要承受整体薄膜内力。网壳结构分为单层网壳和双层网壳两类。它能提供优美的造型，满足建筑设计和使用功能的要求。

图 7-10　网壳结构

③ 悬索结构。它是以一定曲面形式，由拉索及其边缘构件所组成的结构体系。它由按一定规律组成不同形式的钢索系统、屋面系统、边缘系统和支承系统组成。其特点是钢索只承受拉力，充分利用了钢筋的优点，减轻了自重。

④ 膜结构（图 7-11）。它是由膜材及其支承构件组成的建筑物或构筑物，以性能优良的织物为膜材，或是向膜内充气，由空气压力支撑膜面，或是利用柔性钢索和刚性骨架将膜面绷紧，从而形成具有一定刚度并能覆盖跨度不超过 300 m 的结构。

图 7-11　大连充气膜展览馆

任务二　建筑结构的发展

任务描述

从古老的石砌体祭坛到现代的摩天大楼，建筑结构经历了漫长而辉煌的发展历程。每一次材料和技术的进步都推动着建筑结构向更高的层次迈进。本任务将探讨建筑结构的发展历程。

任务分析

装配式建筑、绿色建材及智能化设计等新技术不断涌现，预示着未来建筑结构将在可持续性和人性化方面取得更大突破。本任务旨在回顾这段历史，探索建筑结构是如何在时间长河中演变的。

任务实施

建筑结构中砌体结构、木结构和钢结构的应用历史悠久。我国是世界上最早应用这些结构的国家之一。

砌体结构包括石砌体、砖砌体和砌块砌体结构，它是最古老的结构形式。早在5 000年前，我国就开始建造石砌体祭坛和围墙。我国河北省赵县的安济桥（又称赵州桥），建于隋朝，由著名匠师李春设计建造，该桥是一座空腹式的圆弧形石砌体拱桥，桥长为50.82 m，跨径为37.02 m，券高为7.23 m，两端宽为9.6 m。我国早在商朝就开始使用日光晒干的黏土砖坯；在战国时期已开始生产和使用烧结砖；在秦汉时期，砖砌体已广泛应用于房屋结构。砌块中以混凝土砌块的应用较早，混凝土小型砌块于1882年起源于美国，后来传入我国，砌块的生产和应用已有百余年历史。20世纪60年代以来，我国小型砌块应用有了较大的发展，随着我国城市禁止黏土砖的使用，各种砌块砌体得到广泛应用。近20年来，配筋砌块砌体结构开始在高层建筑中应用，目前在上海等地相继建成了18层以上的配筋混凝土砌块砌体剪力墙结构高层住宅。

木结构是我国古代的主流建筑结构，无论是宫殿、庙宇，还是祭祀殿堂、祠堂、低层住宅等均采用木结构，后来还用来建造多层或高层的崇楼巨阁。我国是最早应用木结构的国家，木结构建筑历史辉煌且悠久，是中华文明的重要组成部分。考古发现，早在旧石器时代晚期，已经有古人类“掘土为穴”（穴居）和“构木为巢”（巢居）的原始营造遗迹。浙江余姚河姆渡发现的干阑木构建筑遗址，其木构件遗物有柱、梁、枋、板等，许多构件上都带有榫卯，距今已有六七千年，是我国已知的最早采用榫卯技术构筑木结构房屋的实例，说明我国古代木结构建造技术已达到了相当高的水平。受木材资源的限制，目前城市中应用木结构的建筑较少。

我国也是最早用铁建造承重结构的国家。在秦始皇时代就已经用铁建造桥墩了。位于云南省永平县澜沧江上的霁虹桥（图7-12），是我国最早的铁索桥之一，于明成化年间（1465—1487年）将原来的竹索吊桥进行改建，用锻铁为环，相扣成链形成铁索吊桥。以后建造的铁链桥不下数十座，其中以四川泸定桥的跨度为最大。该桥建于1705年（清康熙四十四年），桥长为103 m，宽为3 m，由9根桥面铁链和4根桥栏铁链构成。铁链由生铁铸成，每根铁链重达1.5 t。我国还建造了不少铁塔，如湖北荆州玉泉寺铁塔，共13层，高为17.9 m，始建于东汉末年。到19世纪初，开始使用熟铁建筑房屋。19世纪中叶，钢结构得到了蓬勃的发展。钢结构应用于高层建筑，始于美国芝加

图7-12　霁虹桥

哥家庭保险公司大厦，建于1883—1885年，共10层（1990年加至12层），高为42 m，是世界上第一幢按现代钢框架结构原理建造的高层建筑。目前，我国的国家体育场（鸟巢）是世界上最大的钢结构建筑。

19世纪下半叶，资本主义国家的水泥工业和冶金工业已相当发达，这为钢筋混凝土的产生、发展创造了有利条件。1824年，英国泥瓦工约瑟夫·阿斯普丁发明了波兰特水泥并获得专利。1867年，法国花匠莫尼埃发明了在混凝土中预埋铁丝网以加强混凝土并获得专利，还在当年的巴黎世博会上展出了用钢筋混凝土制作的小船和花盆。20世纪30年代，法国土木工程师弗雷西内发明了预应力混凝土，使混凝土结构的受力性能得以改善，应用范围大大扩展。目前，世界上最高的混凝土结构建筑仍然是位于迪拜的哈利法塔，总高度为828 m，其中混凝土结构部分高度达601 m。

建筑结构历史悠久，随着科技水平的不断提高，建筑技术的不断进步，建筑结构从设计理论、材料、结构等各个方面都得到了迅猛的发展。

一、设计理论方面

结构设计理论的发展对建筑结构的发展具有重要意义。19世纪末到20世纪初的容许应力法，是最早的混凝土结构构件计算理论。20世纪40年代提出的破坏阶段设计法，仅限于构件的承载力计算。20世纪50年代以后又提出了多系数极限状态设计法。目前广泛使用概率极限状态设计法。

二、材料方面

1. 混凝土结构材料

混凝土结构材料将向轻质、高强、耐久、新型环保方向发展。进入21世纪后，现代的混凝土不再是水泥、水和骨料的简单混合物。根据美国材料与试验协会和美国认证协会给出的定义，现代混凝土由骨料、水泥、水、外加剂及掺合料5种组分组成，这里的外加剂是指化学外加剂，掺合料包括各种矿物成分细掺料及各种纤维等材料。轻骨料混凝土、加气混凝土、纤维混凝土、聚合物混凝土、侧限（约束）混凝土和预应力混凝土等高性能混凝土的开发和应用，将继续受到人们的重视。C60及以上的高强混凝土已经广泛应用，如广州已使用C90混凝土并成功泵送到400多米的高度。我国已制成C100高性能混凝土，具有免振、超大流动、自密实、低收缩、低徐变、高弹性模量等优异性能，并成功于2003年4月在沈阳远吉大厦工程钢管混凝土叠合柱内芯浇筑。目前，美国已经制成C200的混凝土。在不久的将来，混凝土强度将普遍达到 100 MPa。

高强度、高性能的钢筋迅速发展。目前，我国 HRB 系列 400 MPa、500 MPa 级普通热轧带肋钢筋作为纵向受力的主导钢筋，在工程上得到广泛使用，尤其是 HRB 系列 400 MPa 盘螺小直径钢筋在楼板和混凝土墙体中得到大量应用。

2. 砌体结构材料

砌体结构材料也在向轻质、高强的方向发展。与国外相比，我国多孔砖的强度较低，通常在 10~30 MPa，填充墙用空心砖产量过低，砂浆的强度尤其是黏结强度明显偏低。国外承重空心砖（我国称为多孔砖）的强度已达到 60 MPa，填充墙用空心砖甚至达到 200 MPa。继续进行高强度尤其是高黏结强度的砂浆的研发，提高多孔砖的强度，开发大孔洞、大尺寸带水平孔的填充墙用空心砖并增加其产量，对我国砌体结构材料的发展具有重要意义。

3. 结构用钢筋

随着冶金工业生产技术的发展，建筑钢筋将向高强度、耐腐蚀、耐疲劳、易焊接、高韧性或耐磨等新型、高性能方向发展。

要求建筑用钢具有高屈服强度，以减轻自重并满足特殊、复杂结构的受力要求，未来将采用微合金化和热机械轧制技术生产出具有高强度、良好延性与韧性，以及加工性能的结构钢筋，如屈服强度大于 460 MPa 甚至超过 690 MPa 的高强度钢筋。

三、结构方面

随着土地资源的日益缺乏，高层建筑成为一个发展方向，新的结构体系得到了广泛应用。目前，世界第一高楼是 2010 年建成的迪拜哈利法塔（原名迪拜塔），高度为 828 m，楼层总数为 162 层。世界第二高楼是 2024 年竣工的位于马来西亚的默迪卡 118 大楼，高度为 678.9 m，地上 118 层，地下 5 层。世界第三高楼是 2016 年完工的上海中心大厦，高度为 632 m，主楼地上 127 层，地下 5 层。在高层建筑尤其是超高层建筑设计中，除了地震之外，风荷载及其侧向变形、基底倾覆力矩等是结构设计中的重点和难点。框架、剪力墙和框架-剪力墙结构三大常规体系难以满足超高层建筑的需要，也难以提供自由灵活使用的大空间，满足不了建筑功能的要求。到 20 世纪 80 年代，筒体结构（如框架、核心筒、筒中筒等）迅速登上了舞台。目前，更为新颖的悬挑结构、巨型框架结构，以及为满足高层建筑竖向多功能需要而设置的刚性层、转换层，都已经在工程中得到了应用。

随着建筑产业化的推进，运用现代化管理模式，通过标准化的建筑设计，以及模数化、工厂化的部品生产，实现建筑构配件的通用化和现场施工的装配化、机械化。发展建筑产业化是建筑生产方式从粗放型生产向集约型生产的根本转变，是产业现代化的必然途径和发展方向，也会给建筑结构尤其是装配式结构的发展带来一场深刻的变革。

任务三 建筑结构的设计基本原则

任务描述

当我们站在一座高楼大厦前时，是否曾想过它的设计师是如何确保这栋建筑既能安全稳固又能满足人们的使用需求呢？建筑设计不仅仅是美学上的追求，更重要的是要遵循一系列科学合理的设计原则，以保证建筑物的安全性、适用性和耐久性。本任务将探讨建筑结构的设计基本原则。

任务分析

在现代建筑工程中，确保建筑物的安全性、适用性和耐久性是至关重要的。为了实现这些目标，必须遵循一系列科学合理的设计原则。本任务将深入探讨建筑结构设计的基本原则，帮助读者掌握关键概念和技术方法。

任务实施

一、结构的功能要求和极限状态

1. 结构的功能要求

（1）设计使用年限与设计基准期

① 设计使用年限。设计使用年限是指设计规定的结构或结构构件不需进行大修即可按其预定目的使用的年限，即结构在正常设计、正常施工、正常使用和正常维护下所应达到的持久使用年限。我国《工程结构可靠性设计统一标准》（GB 50153—2008）（以下简称《统一标准》）规定了各种房屋建筑结构的设计使用年限（表 7-1）。结构设计的目的就是要科学合理地解决建筑结构的可靠性与经济性的矛盾，力求用最经济的方式，使所建造的结构以合理的可靠性在设计使用年限内满足各项预定功能的要求。

表 7-1　设计使用年限

类别	设计使用年限/年	示例
1	5	临时性建筑结构
2	25	易于替换的结构构件
3	50	普通房屋和构筑物
4	100	纪念性建筑和特别重要的建筑结构

② 设计基准期。建筑结构上的作用特别是可变作用（如风荷载、雪荷载、楼面活荷载等）的量值是随着时间而变化的。为确定可变作用等取值而选用的时间参数称为设计基准期。《统一标准》规定设计基准期为 50 年，即房屋建筑结构的可变作用代表值取值是按 50 年确定的。当设计使用年限与设计基准期不同时，可变作用应考虑对设计年限进行相应调整。

（2）结构的具体功能要求

结构的设计、施工、使用和维护应使结构在规定的设计年限内以适当的可靠性且经济的方式满足规定的各项功能要求。具体可以归纳为安全性、适用性和耐久性三个方面。

安全性是指结构在正常施工和正常使用条件下，承受可能出现的各种作用的能力，以及在偶然事件发生时和发生后，仍保持必要的整体稳定性的能力。

适用性是指结构在正常使用条件下，保持良好的使用性能的能力。例如，变形、裂缝宽度不超过容许的限值，正常使用时不发生过大的振动等，否则将影响建筑物的正常使用和造成使用者心理上的不安全感。

耐久性是指结构在正常维护条件下，随时间变化而仍能满足预定功能要求的能力。例如，结构材料的风化、腐蚀和老化不超过一定限度等，在正常维护下能完好使用到规定的设计使用年限。

安全性、适用性和耐久性是结构可靠的标志，统称为结构的可靠性。结构可靠性的定义为结构在规定的时间内，在规定的条件下，完成预定功能的能力。这里“规定的时间”是指设计使用年限；“规定的条件”是指正常设计、正常施工、正常使用和正常维护；“预定功能”是指关于安全性、适用性和耐久性功能。

2. 结构的极限状态

结构能够满足预定功能要求，称为结构“可靠”或“有效”，反之称为“不可靠”或“失效”。在“可靠”与“不可靠”之间的状态是一种界限状态或特定状态，超过该特定状态原来能满足的某一预定功能就不再满足。因此，整个结构或结构的一部分超过某一特定状态就不能满足设计规定的某一功能要求，此特定状态称为该功能的极限状态。而这里所指的“某一功能要求”可以是安全性、适用性或者耐久性三个功能之一。

《统一标准》将极限状态分为两类：承载能力极限状态和正常使用极限状态。

（1）承载能力极限状态

承载能力极限状态定义为对应于结构或结构构件达到最大承载能力或不适于继续承载的变形的状态。超过这一状态，结构便不能满足安全性功能要求。当结构或结构构件出现下列状态之一时，就认为超过了承载能力极限状态。

① 整个结构或结构的一部分作为刚体失去平衡，如雨篷的整体倾覆等。

② 结构构件或连接因超过材料强度而被破坏，或因过度变形而不适于继续承载，如混凝土梁正截面受弯破坏、钢结构连接焊缝断裂或构件由于塑性变形使其几何形状发生显著变化而无法继续承载等。

③ 结构转变为机动体系，如连续梁等超静定结构，在出现塑性铰后转变为机动体系而破坏等。

承载能力极限状态直接关系到结构的安全性功能，关系到生命与财产的安危，出现的概率应该很低。因此，对于任何结构或构件都必须进行承载能力极限状态的计算，并保证具有较高的结构可靠度。

（2）正常使用极限状态

正常使用极限状态定义为对应于结构或结构构件达到正常使用或耐久性能的某项规定限值的状态。超过这一状态，结构的适用性或耐久性功能就不能被满足。当结构或构件出现下列状态之一时，即认为超过了正常使用极限状态。

① 影响正常使用或外观变形，如吊车梁变形过大使起重机运行不平稳，梁挠度过大影响外观并产生用户心理上的不安全感。

② 影响正常使用或耐久性能的局部损坏，如不允许开裂的钢筋混凝土水池出现裂缝而渗水，以及钢筋混凝土梁裂缝宽度超过规定的限值导致钢筋锈蚀。

③ 影响正常使用的振动，如使用荷载下楼盖出现过大的振幅，产生影响正常使用的颤动。

④ 影响正常使用的其他特定状态，如产生地基不均匀沉降，影响使用功能。

正常使用极限状态主要考虑关于结构适用性和耐久性的功能，与承载能力极限状态相比，超过正常使用极限状态，一般不会危及生命，经济损失也较小，超过该极限状态的概率可以稍高一些，但仍应予以足够的重视。由于过大的变形和过宽的裂缝不仅影响结构的适用性和耐久性功能，还会造成人们心理上的不安全感，甚至造成结构或构件无法使用。

结构设计时，通常先按承载能力极限状态设计结构构件，再按正常使用极限状态进行验算校核。

二、结构的安全等级和作用效应

1. 结构的安全等级

房屋建筑结构设计时，应根据结构破坏可能产生后果（危及人的生命、造成经济损失、产生社会或环境影响等）的严重性，采用不同的安全等级。《统一标准》规定建筑结构的安全等级划分应符合表 7-2 的要求。

表 7-2 建筑结构的安全等级

安全等级	破坏后果	示例
一级	很严重：对人的生命、经济、社会或环境影响很大	大型的公共建筑等
二级	严重：对人的生命、经济、社会或环境影响较大	普通的住宅和办公楼等
三级	不严重：对人的生命、经济、社会或环境影响较小	小型的或临时性的贮存建筑等

注：房屋建筑结构抗震设计中的甲类建筑和乙类建筑，其安全等级宜规定为一级；丙类建筑，其安全等级宜规定为二级；丁类建筑宜规定为三级。

同一建筑结构内的各类结构构件的安全等级宜与整个结构的安全等级相同，但允许对部分结构构件根据其重要性程度和综合经济效果进行适当调整，但不得低于三级。

2. 作用效应与结构抗力

（1）作用效应

施加于房屋建筑结构上的集中力、分布力、温度、沉降、地震等各种作用时，均会产生结构或构件的内力、变形、振动等各种反应。这种反应一旦超过结构或构件的抵抗能力，结构或构件就会失效。

施加在结构上的集中力或分布力和引起结构外加变形或约束变形的原因称为作用。其中，集中力或分布力称为直接作用或荷载。引起结构外加变形或约束变形的原因（如地震、地基沉降、温度、收缩等）称为间接作用。作用还可以按照其随时间的变化分为永久作用、可变作用和偶然作用。

由作用引起的结构或构件的反应称为作用效应，如内力、变形、裂缝等。其中，由荷载（直接作用）引起的结构或构件的反应称为荷载效应，作用效应或荷载效应采用符号 S 表示。

（2）结构抗力

结构抗力是结构或构件承受作用效应的能力，如构件的承载力、刚度、抗裂度等，用 R 表示。结构抗力是结构内部固有的，其大小主要取决于材料性能、构件几何参数及计算模式等。

3. 结构的功能函数和结构可靠度

（1）结构的功能函数与极限状态方程

一般情况下，结构可靠性取决于作用效应 S 和结构抗力 R 两方面因素。结构设计必须满足预定功能要求，即结构构件的作用效应 S 不超过结构抗力 R，即

$$S \leqslant R \tag{7-1}$$

将上式改写为

$$Z=g(R,\ S)=R-S \tag{7-2}$$

Z 为基本变量 R、S 的函数，该函数的取值反映了结构的功能状态，可以用来判别结构所处的工作状态，如图 7-13 所示。

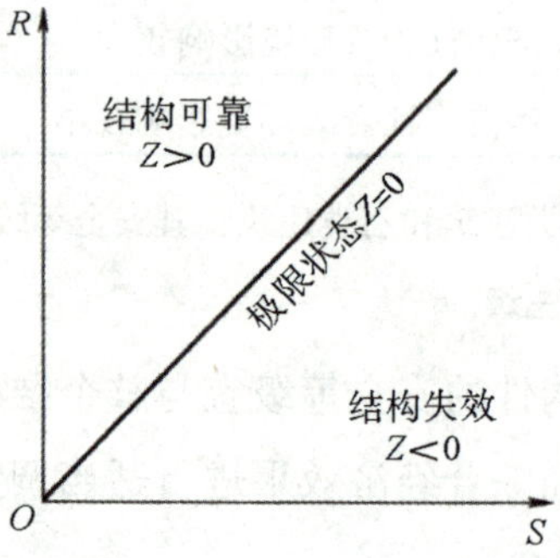

图 7-13　结构所处状态示意图

$Z>0$（$R>S$），结构处于可靠状态。

$Z<0$（$R<S$），结构处于失效状态。

$Z=0$（$R=S$），结构处于极限状态。

因此，将函数 Z 称为结构的功能函数。

$$Z=g(R,\ S)=R-S=0 \tag{7-3}$$

式（7-3）称为极限状态方程。

（2）结构可靠度

由于作用的变异性、计算简图与结构实际受力的差异性，作用效应 S 具有不确定性。同样，由于材料性能、结构构件几何参数变异性和结构构件抗力计算模式的误差，结构抗力 R 也具有不确定性，即 S 与 R 均是随机变量，所以结构的功能函数 $Z=R-S$ 也是随机变量，结构可靠性只能用概率来度量。结构可靠性的概率度量称为结构可靠度，其具体定义为：结构在规定的时间内，在规定的条件下，完成预定功能的概率。

三、荷载分类及荷载的代表值

荷载分类

如前所述，建筑结构上的作用分为直接作用和间接作用，其中直接作用就是习惯上所说的荷载，即施加于结构上的集中力或分布力。

1. 荷载分类

结构上的荷载按其随时间的变异性和出现的可能性可以分为以下三类。

（1）永久荷载

永久荷载也称为恒荷载，简称恒载，它是指在设计所考虑的时期内始终存在且其量值变化与平均值相比可以忽略不计的荷载，或其变化是单调的并趋于某个限值的荷载，如结构自重、土压力、预加应力等。

（2）可变荷载

可变荷载也称活荷载，简称活载，它是指在设计使用年限内其量值随时间变化，且其变化与平均值相比不可忽略不计的荷载，如楼面活荷载、屋面活荷载和积灰荷载、起重机荷载、风荷载、雪荷载等。

（3）偶然荷载

偶然荷载是指在设计使用年限内不一定出现，而一旦出现其量值很大，且持续时间很短的荷载，如爆炸力、撞击力等。

2. 荷载代表值的计算

结构上的荷载按照其分布形式又可以分为体荷载、面荷载、线荷载、集中荷载四类。

（1）体荷载的计算

如物体或材料的重力密度计算，就是一个体荷载的计算问题。

当已知物体或材料的总重力及其体积，求重力密度时，重力密度等于物体或材料的总重力除以其体积。

【例 1】 某工地实测普通页岩多孔砖，尺寸为 240 mm×115 mm×90 mm，403 块砖的总重力为 13. 15 kN，求该页岩多孔砖的重力密度是多少？

【解】 页岩砖的重力密度为

$$13.15\div(0.24\times0.115\times0.09\times403)\approx13.14\ \mathrm{kN/m^3}$$

经计算可知，该页岩砖的重力密度为 13. 14 kN/m^3。

【例 2】 已知某加气混凝土砌块，尺寸为 600 mm×300 mm×200 mm，干燥状态下单块重力为 0. 18 kN，求该材料的重力密度是多少？

【解】加气混凝土砌块的重力密度为

$$0.18\div(0.6\times0.3\times0.2)=5\ \mathrm{kN/m^3}$$

经计算，该加气混凝土干燥时重力密度为 5 $\mathrm{kN/m^3}$。

（2）面荷载计算

如板、构件粉刷、材料自重、水重等的重力密度计算，即为面荷载计算问题。

已知材料的重力密度和与分布面垂直方向的厚度，面荷载等于材料的重力密度乘以与分布面垂直方向的材料厚度。

【例 1】厚度为 120 mm 的钢筋混凝土板，板面为 30 mm 厚细石混凝土面层，上铺实木地板，板底为腻子分层抹平后的弹性涂料面层。已知重力密度标准值：钢筋混凝土材料为 25 $\mathrm{kN/m^3}$、细石混凝土为 24 $\mathrm{kN/m^3}$。求：板自重标准值是多少？板面细石混凝土自重标准值是多少？如木地板自重标准值为 0.4 $\mathrm{kN/m^2}$，板底粉刷自重标准值为 0.15 $\mathrm{kN/m^2}$，该楼板承受永久荷载标准值是多少？

【解】板自重标准值为

$$25\times0.12=3\ \mathrm{kN/m^2}$$

板面细石混凝土自重标准值为

$$24\times0.03=0.72\ \mathrm{kN/m^2}$$

楼板承受永久荷载标准值为

$$(0.4+0.72+3+0.15)\ \mathrm{kN/m^2}=4.27\ \mathrm{kN/m^2}$$

经计算，该钢筋混凝土板自重标准值为 3 $\mathrm{kN/m^2}$，板面细石混凝土自重标准值为 0.72 $\mathrm{kN/m^2}$，楼板承受的永久荷载标准值为 4.27 $\mathrm{kN/m^2}$。

【例 2】某钢筋混凝土雨篷板，四周翻边最低高度为高于板面（粉刷完成面）150 mm，当暴雨造成落水孔堵塞后雨水外溢，此时板面承受积水荷载标准值是多少？

【解】积水荷载标准值=水的重力密度标准值×积水深度

积水荷载标准值为

$$10\times0.15=1.5\ \mathrm{kN/m^2}$$

经计算，该雨篷板板面承受积水荷载标准值为 1.5 $\mathrm{kN/m^2}$。

（3）线荷载计算

线荷载计算分为以下两类。

第一类：已知面荷载和负荷宽度/高度求线荷载。例如，已知板受到的面荷载，计算板传给梁的线荷载；已知墙体的面荷载，计算墙下支承梁受到的墙体线荷载等。线荷载等于面荷载乘以负荷宽度/高度。此时，线荷载分布方向和负荷宽度方向垂直。

第二类：已知体荷载和横截面积求线荷载。例如，已知材料的重力密度和横截面积，计算梁的自重引起的线荷载等。线荷载等于材料重力密度乘以横截面积。此时，截面与线荷载分布方向垂直。

（4）集中荷载计算

集中荷载（包括合力、总荷载等）计算时有以下三种情况。

① 已知体荷载和体积，求集中荷载（包括合力、总荷载等）。按体荷载与体积的乘积计算。例如，计算某预制大梁的总重，总重等于材料的重力密度乘以体积。又如，主梁的梁肋自重等于材料的重力密度乘以对应的梁肋部分体积。

② 已知面荷载和负荷面积，求集中荷载（包括合力、总荷载等）。按面荷载与面积的乘积计算。例如，柱受到楼板传来的集中荷载等于板的面荷载乘以柱的负荷面积。

③ 已知线荷载和负荷长度/宽度，求集中荷载（包括合力、总荷载等）。按线荷载与负荷长度/宽度的乘积计算。例如，次梁传给主梁的集中荷载等于次梁的线荷载乘以负荷长度（主梁间距）。

项目小结

本项目主要介绍了建筑结构及其设计的基本原则。首先，介绍了建筑结构的概念、组成要素及分类方法，重点讲解了按材料（如混凝土、钢、砌体、木等）和受力形式（如框架、剪力墙、筒体等）进行分类的方式。其次，探讨了建筑结构的发展历程和技术进步，回顾了从古代到现代的重要里程碑，强调了新材料如高强度混凝土和高性能钢筋的应用对高层和大跨度建筑的影响，并展望了未来装配式建筑和绿色建材的发展方向。最后，详细介绍了建筑结构的设计基本原则，包括结构的功能要求（安全性、适用性和耐久性）、极限状态理论（承载能力和正常使用极限状态）、安全等级划分，以及荷载分类与计算方法，通过案例分析帮助理解如何评估作用效应 S 和结构抗力 R。通过本项目的学习，读者掌握了建筑结构的基础知识和技术细节，培养了分析实际工程问题的能力，理解了科学合理的设计原则对于保障建筑物质量和人民生命财产安全的重要性。

项目工单

【实训名称】

砌体结构的认知与实践。

【实训目的】

（1）理解砌体结构的概念及其在建筑中的应用。

（2）掌握砌体结构的特点和优势，如成本低廉、耐火性好和耐久性好等。

（3）学习砌体结构的基本施工方法和技术要点。

（4）通过动手实践增强对砌体结构的理解，提高实际操作能力。

【实训步骤】

1. 设计与规划

（1）教师提供一个简单的墙体设计方案，包括墙体长度、高度、厚度等参数。

（2）各小组根据提供的方案讨论并确定具体的砌筑计划，如如何排砖、砂浆配比等。

（3）准备所需的材料和工具，为下一步的实际砌筑做准备。

2. 现场砌筑

（1）在教师指导下，各小组开始砌筑墙体。注意以下几点：

① 使用瓦刀将砂浆均匀涂抹于砖块底部及两侧边缘；

② 放置砖块时要轻轻敲打使其稳固，并用橡皮锤调整位置以保证水平；

③ 每砌完一层后检查墙体垂直度和平整度，及时纠正偏差；

④ 注意保持适当的砂浆饱满度，避免出现空洞现象。

（2）砌筑过程中记录下使用的砖数、砂浆用量等相关数据，用于后续分析。

3. 质量检查

（1）墙体砌筑完成后，教师带领学生一起对墙体的质量进行检查，主要包括以下几个方面：

① 墙体的整体外观是否整齐美观，有无明显歪斜或裂缝；

② 砂浆填充是否饱满，砖缝宽度是否均匀一致；

③ 墙体的垂直度和平整度是否符合要求。

（2）对不符合标准的地方提出改进意见，并指导学生进行修正。

4. 总结报告（约 60 分钟）

（1）每个小组撰写实训总结报告，包含砌筑过程中的体会、遇到的问题及解决方案等内容。

（2）组织全班同学交流分享，邀请其他同学提问和评价，促进知识共享和技术交流。

（3）教师点评各个小组的表现，给出改进建议，并强调实训过程中学到的关键知识点。

【实训评定】

请学生在实训过程中认真对待每一项任务，并根据评价表内容进行自评和互评，以便更好地了解自己在实训中的表现和进步空间。教师将根据实训表现给出最终评价。考核评价表如表 7-3 所示。

表 7-3　考核评价表

项目名称	评价内容	分值	评价分数		
			自评	互评	师评
职业素养考核项目（40%）	安全与规范意识	10 分			
	团队协作与沟通	10 分			
	职业态度与责任心	10 分			
	时间管理与效率	10 分			
专业能力考核项目（60%）	砌筑计划的设计	10 分			
	砌筑技术与方法应用	15 分			
	材料与工具准备	15 分			
	砌筑质量控制	10 分			
	问题解决与创新能力	10 分			
综合分数：______［自评（20%）+互评（20%）+师评（60%）］		100 分			

课后练习

一、填空题

1. 结构是能承受和传递作用并具有适当刚度的由各连接部件组合而成的整体，俗称______。

2. 建筑结构由______、______和______组成。

3. 混凝土结构按照施工方法可以分为______、______和______三种。

4. 《统一标准》将极限状态分为两类：________和________。

5. 结构上的荷载按照其分布形式又可以分为________、________、________和________。

二、简答题

1. 简述结构抗力的含义。

2. 请问砌体结构有哪些优点？

项目八

常用结构材料

项目导读

钢筋混凝土作为现代建筑工程中最常用的结构材料之一，在桥梁、高楼大厦、隧道等各种类型的建筑物中扮演着不可或缺的角色。其优异的力学性能、良好的耐久性和相对较低的成本使得它成为许多工程项目首选的建筑材料。本项目聚焦于混凝土结构材料，其作为建筑工程的核心要素，对建筑安全、性能与寿命意义深远。深入探究钢筋与混凝土特性及协同工作机制，是掌握混凝土结构设计与施工的关键所在。

学习目标

知识目标

1. 掌握钢筋的分类及其应用。
2. 理解钢筋的主要力学性能指标。
3. 熟悉混凝土的基本成分及其对性能的影响。
4. 了解混凝土的强度等级划分标准。
5. 认识到混凝土变形特性（徐变和收缩）及其耐久性问题。

能力目标

1. 能够根据具体的工程需求选择最合适的钢筋种类，并评估其适用性。
2. 具备分析钢筋在受力情况下行为的专业技能，特别是区分有无明显屈服点的钢筋。
3. 可以依据设计要求进行简单的混凝土配比计算，并预测其工作性能。
4. 学会识别混凝土结构可能遇到的问题（如裂缝、腐蚀），并提出有效的预防措施或解决方案。

素质目标

1. 强调细节的重要性，确保每个步骤都严格遵循规范，以保证工程质量。

2. 鼓励学员与其他专业人员协作交流，共同解决问题，提高项目的整体效率。

3. 面对复杂多变的现场状况时，能够灵活运用所学知识找到合理的解决方案。

4. 始终将建筑结构的安全可靠放在首位，确保所有操作都符合安全标准。

思政目标

1. 秉持绿色环保与可持续理念，在材料选择、施工工艺设计中优先考虑节能环保、资源循环利用等因素，延长建筑生命周期，推动建筑行业绿色转型。

2. 弘扬精益求精的工匠精神，在混凝土结构材料的研究、应用中追求极致品质，以匠心雕琢精品工程，传承与弘扬建筑文化与技艺。

任务一 钢 筋

任务描述

钢筋就像是大桥的“筋骨”，赋予了整个结构足够的强度和韧性。然而，不同类型的钢筋有着不同的特性和适用范围，如何根据具体的工程需求挑选最合适的钢筋，成了工程师们必须面对的问题。本任务将探讨钢筋的基本知识。

任务分析

在现代建筑工程中，钢筋混凝土结构因其优异的力学性能、良好的耐久性和相对较低的成本而被广泛使用。钢筋作为这种结构中的主要受力元素之一，其种类繁多、性能各异，正确选择和应用合适的钢筋对于确保建筑物的安全性和耐久性至关重要。本任务旨在深入探讨钢筋的不同类型及其特性，并了解它们在实际工程中的应用场景。

任务实施

一、钢筋混凝土结构用钢

钢筋混凝土结构用钢主要有热轧钢筋、冷加工钢筋、预应力混凝土热处理钢筋、预应力混凝土用钢丝和钢绞线。

1. 热轧钢筋

热轧钢筋是建筑工程中用量最大的钢筋之一，主要用于钢筋混凝土结构和预应力混凝土结构。热轧钢筋是由低碳钢、普通低合金钢在高温状况下轧制而成的。根据力学指标的高低，分为 300 MPa、400 MPa、500 MPa 三个等级。300 MPa 级的牌号为 HPB300，400 MPa 级的牌号分为 HRB400、HRBF400 和 RRB400 三种，500 MPa 级的牌号分为 HRB500、HRBF500 两种。热轧钢筋包括热轧光圆钢筋（HPB 系列钢筋）、普通热轧钢筋（HRB 系列钢筋）、细晶粒热轧钢筋（HRBF 系列钢筋）、余热处理钢筋（RRB 系列钢筋）四个系列。热轧钢筋的公称直径，如表 8-1 所示。

表 8-1 热轧钢筋的公称直径

表面形状	牌号	公称直径 d/mm
光圆	HPB300	6~25
带肋	HRB400 HRBF400 RRB400	6~50
	HRB500 HRBF500	6~50

热轧光圆钢筋由碳素结构钢或低合金结构钢经热轧而成，强度较低但具有塑性好、延伸率高、便于弯折成型、容易焊接等特点，可用于中小型混凝土结构的受力钢筋或箍筋，以及作为冷加工（冷拉、冷拔、冷轧）的原料。热轧带肋钢筋采用低合金钢热轧而成，具有较高的强度，塑性和焊接性较好。钢筋表面有纵肋和横肋，从而加强了钢筋与混凝土之间的握裹力，可用于混凝土结构受力筋及预应力钢筋，如图 8-1 所示。

图 8-1 热轧带肋钢筋

2. 冷加工钢筋

冷加工钢筋是在常温下对热轧钢筋进行机械加工（冷拉、冷拔、冷轧、冷扭、冲压等）而成的。常见的品种有冷拉热轧钢筋、冷轧带肋钢筋和冷拔低碳钢丝。

（1）冷拉热轧钢筋

在常温下将热轧钢筋拉伸至超过屈服点小于抗拉强度的某一应力，然后卸荷，即制成了冷拉热轧钢筋。如卸荷后立即重新拉伸，卸荷点成为新的屈服点，因此冷拉可使屈服点提高，材料变脆，屈服阶段缩短，塑性、韧性降低，结构安全性也将降低。若卸荷后不立即重新拉伸，而是保持一定时间后重新拉伸，钢筋的屈服强度、抗拉强度进一步提高，而塑性、韧性继续降低，这种现象称为冷拉时效。实践中，可将冷拉、除锈、调直、切断合并为一道工序，这样可简化流程，提高效率。

（2）冷轧带肋钢筋

用低碳钢热轧圆盘条直接冷轧或经冷拔后再冷轧，形成三面或两面横肋的钢筋。根据现行国家标准《冷轧带肋钢筋》（GB 13788—2024）的规定，冷轧带肋钢筋分为CRB550、CRB650、CRB800、CRB600H、CRB800H五个牌号。CRB550、CRB600H为普通钢筋混凝土用钢筋，CRB650、CRB800、CRB800H为预应力混凝土用钢筋。冷轧带肋钢筋克服了冷拉、冷拔钢筋握裹力低的缺点，具有强度高、握裹力强、节约钢筋、质量稳定等优点，但塑性降低，强屈比变小。

（3）冷拔低碳钢丝

低碳钢热轧圆盘条或热轧光圆钢筋经一次或多次冷拔制成的光圆钢丝，在使用中应符合现行行业标准《冷拔低碳钢丝应用技术规程》（JGJ 19—2010）的规定。冷拔低碳钢丝宜作为构造钢筋使用，作为结构构件中纵向受力钢筋使用时应采用钢丝焊接网。冷拔低碳钢丝不得作为预应力筋使用。作为箍筋使用时，冷拔低碳钢丝的直径不宜小于5 mm，间距不应大于200 mm，构造应符合现行相关国家标准的有关规定，冷拔低碳钢丝只有CDW550一个牌号。CDW550冷拔低碳钢丝的直径可为3 mm、4 mm、5 mm、6 mm、7 mm和8 mm。直径小于5 mm的钢丝焊接网不应作为混凝土结构中的受力钢筋使用；除钢筋混凝土排水管、环形混凝土电杆外，不应使用直径3 mm的冷拔低碳钢丝；除大直径的预应力混凝土桩外，不宜使用直径8 mm的冷拔低碳钢丝。

3. 预应力混凝土热处理钢筋

热处理是指将钢筋按一定规则加热、保温和冷却，以改变其组织，从而获得所需要性能的一种工艺措施。热处理的方法有退火、正火、淬火和回火。建筑钢筋一般只在钢厂完成热处理工艺。热处理钢筋是钢厂将热轧的带肋钢筋（中碳低合金钢）经淬火和高温回火

（调质处理）而成的，即以热处理状态交货。热处理钢筋强度高、用材少、锚固性好、预应力稳定，主要用作预应力钢筋混凝土轨枕，也可以用于预应力混凝土板、吊车梁等构件，如图 8-2 所示。

4. 预应力混凝土用钢丝和钢绞线

预应力混凝土用钢丝是用优质碳素结构钢经冷加工及时效处理或热处理等工艺过程制得，具有高强度、安全可靠、便于施工等优点。根据现行国家标准《预应力混凝土用钢丝》（GB/T 5223—2014）的规定，预应力混凝土用钢丝按照加工状态分为冷拉钢丝和消除应力钢丝两类；按外形分为光圆钢丝（P）、螺旋肋钢丝（H）和刻痕钢丝（I）三种。预应力混凝土用钢绞线的分类与应用应执行现行国家标准《预应力混凝土用钢绞线》（GB/T 5224—2023）的有关规定。预应力钢丝与钢绞线均属于冷加工强化及热处理钢筋，拉伸实验时无屈服点，但抗拉强度远远超过热轧钢筋和冷轧钢筋，并具有很好的柔韧性，应力松弛率低，适用于大荷载、大跨度及需要曲线配筋的预应力混凝土结构，如大跨度屋架、薄腹梁、吊车梁等大型构件的预应力结构，如图 8-3 所示。

图 8-2　预应力螺纹钢筋

图 8-3　钢绞线

二、钢筋的强度与性能

1. 钢筋的强度

钢筋的应力-应变曲线，有的有明显流幅，如热轧低碳钢和普通的热轧合金钢制成的钢筋；有的则没有明显流幅，如消除应力钢丝等。按照此种不同，钢筋分为有明显屈服点钢筋和无明显屈服点钢筋。

（1）有明显屈服点钢筋

低碳钢和低合金钢一次拉伸时的应力-应变曲线，如图 8-4 所示。

从图 8-4 的应力-应变曲线来看，在 a 点以前，应力和应变按线性比例关系增长，a 点对应的应力称为比例极限。过了 a 点后，应变比应力增长得快，到达 b 后，钢筋开始出现塑流，b 点称为屈服上限，由于加载速度及试件状况等实验条件的不同，屈服开始时总是形成曲线的上下波动，波动最高点 b 称为上屈服点，最低点 c 称为下屈服点（用 f_y 表示），这时应力水平基本保持不变但应变急剧增加，图线基本水平，直到 f 点。b 点到 f 点的水平部分称为屈服台阶，其大小称为流幅。f 点后，应力继续增加，随着曲线上升直到 d 点，对应的应力称为极限强度（用 f_u 表示），fd 阶段称为强化阶段。到达极限强度后试件薄弱处的截面突然显著减小，出现局部横向收缩变形，即颈缩现象，变形迅速增加到 e 点，试件断裂。

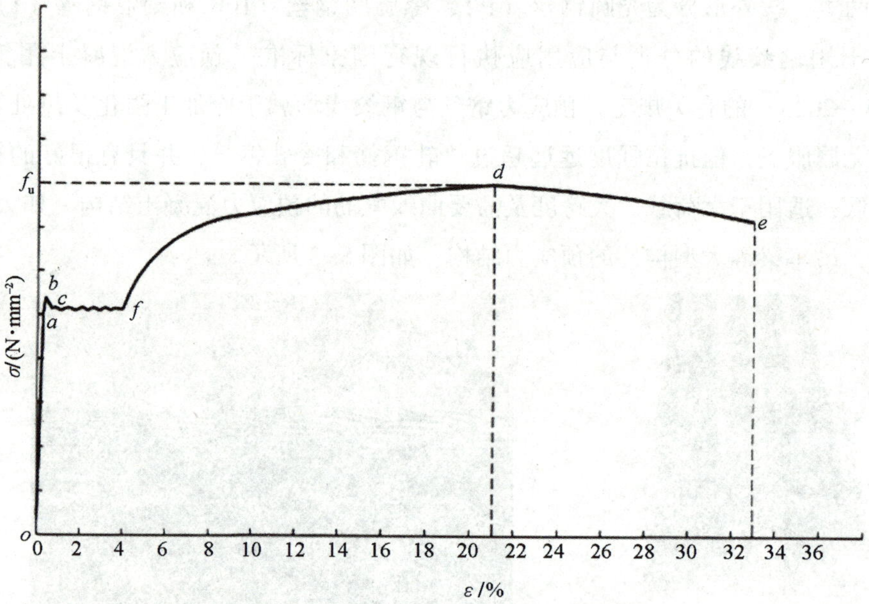

图 8-4　有明显屈服点钢筋的应力-应变曲线

由于到达下屈服点后构件会产生较大的塑性变形，故以 f_y 作为计算构件的强度标准，f_y 是建筑钢筋的一个重要力学特性；到达 f_u 时构件开始断裂破坏，以 f_u 作为材料的强度储备。

低碳钢应力-应变曲线分为四个阶段：弹性阶段（$o \to a$）、弹塑性阶段（$a \to b$）、塑性阶段（$b \to f$）、应变强化阶段（$f \to d$），超过 d 点后试件产生颈缩和断裂。

（2）无明显屈服点钢筋

图 8-5 所示为无明显屈服点钢筋的应力-应变曲线，图中没有明显的屈服台阶，而是直接到达强度极限乃至破坏，具有脆性破坏特点。对于没有明显屈服点的钢筋，以残余变形 $\varepsilon=0.2\%$ 时的应力作为名义屈服点，其值约为极限强度的 85%。

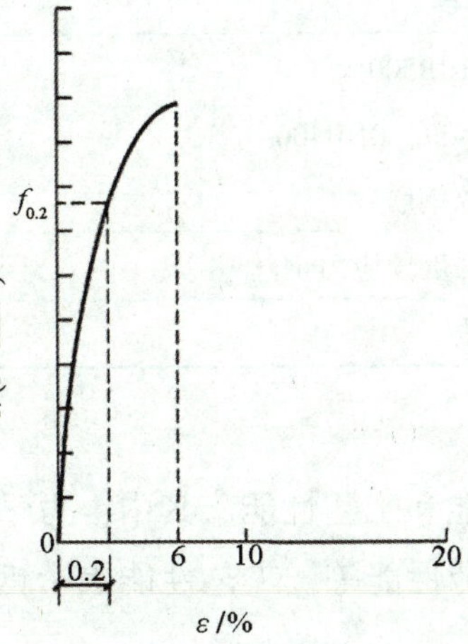

图 8-5 无明显屈服点钢筋的应力-应变曲线

《混凝土结构设计标准》（GB/T 50010—2010）（2024 年版）规定钢筋的强度标准值应具有不小于 95% 的保证率。对构件计算配筋时，普通钢筋的强度标准值根据屈服强度确定，屈服强度特征值作为屈服强度标准值 f_{yk}，钢筋的抗拉强度特征值作为钢筋的极限强度标准值 f_{stk}。普通钢筋的强度标准值、强度设计值按表 8-2 采用。普通钢筋和预应力钢筋的弹性模量 E_s，见表 8-3。

表 8-2 普通钢筋的强度标准值、强度设计值

牌号	屈服强度标准值 $f_{yk}/(N\cdot mm^{-2})$	极限强度标准值 $f_{stk}/(N\cdot mm^{-2})$	抗拉强度设计值 $f_y/(N\cdot mm^{-2})$	抗压强度设计值 $f'_y/(N\cdot mm^{-2})$
HPB300	300	420	270	270
HRB400 HRBF400 RRB400	400	540	360	360
HRB500 HRBF500	500	630	435	435

表 8-3 普通钢筋和预应力钢筋的弹性模量 E_s（$\times 10^5 N/mm^2$）

钢筋种类	弹性模量 E_s
HPB300	2.10

表8-3(续)

钢筋种类	弹性模量 E_s
HRB400、HRB500 HRBF400、HRBF500、RRB400 预应力螺纹钢筋	2.00
消除应力钢丝、中强度预应力钢丝	2.05
钢绞线	1.95

2. 钢筋的性能

钢筋的性能主要包括力学性能和工艺性能。其中，力学性能是钢筋重要的使用性能，包括抗拉性能、冲击性能、耐疲劳性能等。工艺性能表示钢筋在各种加工过程中的行为，包括冷弯性能和焊接性等。

（1）抗拉性能

抗拉性能是钢筋的最主要性能之一，表征其性能的技术指标主要是屈服强度、抗拉强度和延伸率。低碳钢（软钢）受拉的应力-应变曲线能够较好地解释这些重要的技术指标。

① 屈服强度。在弹性阶段 *oa*，如卸去拉力，试件能恢复原状，此阶段的变形为弹性变形，应力与应变成正比，其比值为钢筋的弹性模量，反映钢筋的刚度。与 *a* 点对应的应力称为弹性极限。当对试件的拉伸进入 *ab* 阶段时，应力的增长滞后于应变的增加。当应力达到 *b* 点时，试件进入塑性阶段，应力不增加但应变增大，这时相应的应力称为屈服强度（屈服点）。如果达到屈服点后应力值发生下降，则应区分上屈服点和下屈服点，在结构计算时以下屈服点作为材料的屈服强度标准值。

② 抗拉强度。*fd* 阶段曲线逐步上升，其抵抗塑性变形的能力又重新提高，称为强化阶段。对应于最高点的应力称为抗拉强度（R_m）。设计中抗拉强度虽然不能利用，但强屈比（R_m/R_a。）能反映钢筋的利用率和结构的安全可靠程度。强屈比越大，反映钢筋受力超过屈服点工作时的可靠性越大，因而结构的安全性越高。但强屈比太大，则反映钢筋不能有效被利用。

③ 延伸率。当曲线到达 *d* 点后，试件薄弱处急剧缩小，塑性变形迅速增加，产生颈缩现象而断裂。试件拉断后，标距的伸长与原始标距长度之比的百分率称为断后伸长率。拉力达到最大时原始标距的伸长与原始标距之比的百分率称为最大力总延伸率，用 δ_{gt} 表示。延伸率表征了钢筋的塑性变形能力。因此，原标距与试件的直径之比越大，颈缩处伸长值在整个伸长值中的比重越小，计算延伸率越小。钢筋除了要有足够的强度，还应该有一定的延性要求。最大力总延伸率作为控制钢筋延性的指标，延伸率越大表示塑性越好。为了使构件在破坏时有明显的预兆，即保证钢筋具有一定的塑性，相关规范规定了最大力

总延伸率的最小值，如表 8-4 所示。

表 8-4　钢筋最大力总延伸率的最小值

钢筋品种	普通钢筋				预应力筋	
	HPB300	HRB400、HRBF400、HRB500、HRBF500	HRB400E、HRB500E	RRB400	中强度预应力钢丝	消除应力钢丝、钢绞线、预应力螺纹钢筋
δ_{gt}/%	10.0	7.5	9.0	5.0	4.0	4.5

（2）冲击性能

冲击性能是指钢筋抵抗冲击荷载的能力。其指标通过标准试件的弯曲冲击性能实验确定。按规定，将带有“V”形缺口的试件进行冲击实验。试件在冲击荷载作用下折断时所吸收的功称为冲击吸收能量，即冲击韧性值。钢筋的化学成分、组织状态、内在缺陷及环境温度等都是影响冲击性能的重要因素。冲击吸收能量的数值随实验温度的下降而减小，当温度降低达到某一范围时，冲击吸收能量的数值急剧下降而呈脆性断裂，这种现象称为冷脆性。发生冷脆时的温度称为脆性临界温度，其数值越低，说明钢筋的低温冲击性能越好。因此，对直接承受动荷载而且可能在负温下工作的重要结构，必须进行冲击性能检验，并选用脆性临界温度较使用温度低的钢筋。

（3）耐疲劳性能

在交变荷载反复作用下，钢筋往往在应力远小于抗拉强度时就发生断裂，这种现象称为钢筋的疲劳破坏。疲劳破坏的危险应力用疲劳极限来表示，它是指钢筋在交变荷载作用下于规定的周期基数内不发生断裂所能承受的最大应力。实验表明，钢筋承受的交变应力越大，则断裂时的交变循环次数越少；相反，交变应力越小，则断裂时的交变循环次数越多。当交变应力低于某一值时，交变循环次数达到无限次也不会产生疲劳破坏。

（4）冷弯性能

冷弯性能是指钢筋在常温下承受弯曲变形的能力，是钢筋的重要工艺性能。冷弯性能是通过试件被弯曲的角度（90°、180°）及弯心直径 d 对试件厚度（或直径）a 的比值（d/a）区分的。试件按规定的弯曲角和弯心直径进行实验，试件弯曲处的外表面无裂断缝或起层，即认为冷弯性能合格。冷弯时的弯曲角度越大、弯心直径越小，则表示其冷弯性能越好。

（5）焊接性

钢筋的焊接性是指焊接后在焊缝处的性质与母材性质的一致程度。影响钢筋焊接性的重要因素是化学成分及含碳量。当含碳量超过 0.3% 时，焊接性显著下降。特别是硫含量较多会使焊缝处产生裂纹并发生硬脆，严重降低焊接质量。正确选用焊接材料和焊接工艺是提高焊接质量的主要措施。

任务二 混 凝 土

任务描述

某城市正在建设一条快速路，其中包含多座立交桥。设计师们采用了预应力混凝土梁柱结构，并在关键部位使用了高强度预应力钢绞线进行加固。这种设计不仅提高了桥梁的整体刚度，还有效减小了因自重引起的变形，确保了行车的安全性和舒适性。本任务将学习混凝土的基本知识。

任务分析

钢筋和混凝土是现代建筑工程中不可或缺的两大支柱。它们各自拥有独特的物理和化学性质，但当二者结合时，则可以创造出既坚固又耐用的结构体系。理解钢筋与混凝土之间的相互作用机制，对于优化建筑设计、提高施工质量和延长建筑物寿命至关重要。本任务将深入了解这二者之间的关系及其对整体结构性能的影响。

任务实施

一、混凝土的强度

普通混凝土是由水泥、砂和骨料三种基本材料用水拌和经过养护凝固硬化后形成的人工石材，是一种由具有不同性质的多组分组成的多相复合材料。

1. 混凝土立方体抗压强度

按照标准方法制作养护（在温度为20±2 ℃和相对湿度为95%以上条件的空气中养护）的边长为150 mm的立方体标准试件，在28天或设计规定龄期，用标准实验方法测得的具有95%保证率的抗压强度，称为混凝土立方体抗压强度标准值，用符号表示为f_{cuk}（单位为MPa）。《混凝土结构设计标准》（GB/T 50010—2010）（2024年版）规定，混凝土划分为13个等级，即C20、C25、C30、C35、C40、C45、C50、C55、C60、C65、C70、C75、C80。其中，符号C表示混凝土，后面的数字表示立方体抗压强度标准值。混凝土的设计参数，如表8-5所示。

表 8-5 混凝土的设计参数（单位：N/mm^2）

设计指标		混凝土强度等级												
		C20	C25	C30	C35	C40	C45	C50	C55	C60	C65	C70	C75	C80
抗压强度标准值	f_{ck}	13.4	16.7	20.1	23.4	26.8	29.6	32.4	35.5	38.5	41.5	44.5	47.4	50.2
抗拉强度标准值	f_{tk}	1.54	1.78	2.01	2.20	2.39	2.51	2.64	2.74	2.85	2.93	2.99	3.05	3.11
抗压强度设计值	f_c	9.6	11.9	14.3	16.7	19.1	21.1	23.1	25.3	27.5	29.7	31.8	33.8	35.9
抗拉强度设计值	f_t	1.1	1.27	1.43	1.57	1.71	1.80	1.89	1.96	2.04	2.09	2.14	2.18	2.22
弹性模量	E_c（$\times10^4$）	2.55	2.80	3.00	3.15	3.25	3.35	3.45	3.55	3.60	3.65	3.70	3.75	3.80

2. 抗拉强度

混凝土在直接受拉时，很小的变形就要开裂。它在断裂前没有残余变形，是一种脆性破坏。混凝土的抗拉强度只有抗压强度的1/20~1/10，且强度等级越高，该比值越小。所以，混凝土在工作时，一般不依靠其抗拉强度。在设计钢筋混凝土结构时，不是由混凝土承受拉力，而是由钢筋承受拉力。但是混凝土的抗拉强度对减少裂缝很重要，有时也用来间接衡量混凝土与钢筋的黏结强度。混凝土抗拉强度采用劈裂抗拉实验方法间接求得，称为劈裂抗拉强度。

3. 抗折强度

在道路和机场工程中，混凝土抗折强度是结构设计和质量控制的重要指标，而抗压强度则作为参考强度指标。

二、混凝土的变形

1. 混凝土的徐变

在混凝土试件上加载，试件就会产生变形，如果维持压力不变，混凝土应变则继续增加。试件在荷载的长期作用下，应力保持不变，它的应变继续增长的现象称为混凝土徐变。混凝土的徐变会加大混凝土结构的变形，产生不利影响，比如导致构件变形增加、预应力混凝土构件的预应力损失等。

实验表明，混凝土的徐变与混凝土的应力大小有着密切的关系，应力越大徐变越大，随着混凝土应力的增加，将发生不同情况的徐变。当应力较小时，徐变变形与应力几乎成正比关系，曲线接近等间距分布，这种情况称为线性徐变；当应力较大时，徐变变形与应力不成正比关系，徐变比应力增长得快，这种情况称为非线性徐变。混凝土构件长期处于高应力下是不安全的，即使混凝土应力还小于混凝土的破坏强度，也会造成混凝土的破坏。

混凝土徐变还与以下因素有关：①混凝土骨料越硬、弹性模量越高，对水泥石徐变的约束越大，混凝土的徐变则越小；②混凝土中水泥用量越多徐变越大，水灰比越大徐变也越大；③构件的形状、尺寸对徐变也有影响，大尺寸构件由于内部水分散发受到限制，徐变就减小；④混凝土的制作方法、养护条件，特别是养护时的温度，养护时温度高、湿度大，混凝土中的水泥水化作用充分，徐变就小，相反，混凝土受载后所处环境温度较低、湿度较小，徐变就大。

2. 混凝土的收缩

混凝土在凝结硬化过程中，体积会发生一定变化。在空气中结硬时混凝土体积减小，即收缩；在水中结硬时混凝土体积增大，即膨胀。收缩在早期发展较快，逐渐趋于缓慢，当混凝土不能自由收缩时，会在混凝土内引起拉应力而产生裂缝。混凝土构件受到约束不能自由收缩时，产生收缩应力，收缩应力过大混凝土就会产生裂缝；在预应力混凝土构件中混凝土的收缩将引起钢筋预应力损失。

通常产生收缩的主要原因是混凝土凝结硬化过程中化学反应产生的凝结收缩和混凝土内的自由水蒸发产生的收缩。影响混凝土收缩的因素有以下六个。

（1）水泥用量。水泥用量越多，收缩越大；水灰比越大，收缩越大。

（2）水泥品种。水泥强度等级越高，收缩越大。

（3）骨料性质。骨料的弹性模量越大，收缩越小。

（4）养护条件和环境条件。所处环境湿度越大，收缩越小。

（5）混凝土浇筑质量。混凝土振捣得越密实，收缩越小。

（6）构件的体积与表面积比值。比值越大，收缩越小。

三、混凝土的耐久性

混凝土的耐久性

1. 混凝土耐久性的概念

混凝土耐久性是指混凝土在实际使用条件下抵抗各种破坏因素作用，长期保持强度和外观完整性的能力，包括混凝土的抗冻性、抗渗性、抗侵蚀性及抗碳化能力等。

(1) 抗冻性

抗冻性是指混凝土在饱和水状态下，能经受多次冻融循环而不被破坏，也不严重降低强度的性能，是评定混凝土耐久性的主要指标，抗冻性好坏用抗冻等级表示。混凝土的密实度、孔隙的构造特征是影响抗冻性的重要因素。密实或具有封闭孔隙的混凝土，其抗冻性较好。提高混凝土抗冻性的最有效方法是使用加入引气剂、减水剂和防冻剂的混凝土或密实混凝土

(2) 抗渗性

抗渗性是指混凝土抵抗水、油等液体渗透的能力，抗渗性好坏用抗渗等级表示，根据标准试件 28 天龄期实验时所能承受的最大水压，分为 P4、P6、P8、P10、P12 共 5 个等级。抗渗等级不低于 P6 的混凝土为抗渗混凝土，影响混凝土抗渗性的因素有水灰比、水泥品种、骨料的粒径、养护方法、外加剂及掺和料等，其中水灰比对抗渗性起决定性作用。

(3) 抗侵蚀性

腐蚀的类型通常有淡水腐蚀、硫酸盐腐蚀、溶解性化学腐蚀、强碱腐蚀等。混凝土的抗侵蚀性与密实度有关，水泥品种、混凝土内部孔隙特征对抗腐蚀性也有较大影响。

(4) 抗碳化能力。

环境中的二氧化碳、水与混凝土内水泥石中的氢氧化钙发生反应，生成碳酸钙和水，从而使混凝土的碱度降低，减弱了混凝土对钢筋的保护作用。环境中的二氧化碳浓度、环境湿度、混凝土密实度、水泥品种与掺和料用量是影响混凝土抗碳化能力的主要因素。

2. 提高混凝土耐久性的主要措施

混凝土耐久性主要取决于组成材料的质量及混凝土密实度，提高混凝土耐久性的主要措施如下：

(1) 根据工程环境及要求，合理选用水泥品种；

(2) 控制水灰比及保证足够的水泥用量；

(3) 选用质量良好、级配合理的骨料和合理的砂率；

(4) 掺用合适的外加剂。

项目小结

本项目主要介绍了钢筋和混凝土这两种关键建筑结构材料的特性与应用。首先，介绍了钢筋的不同类型，包括热轧钢筋、冷加工钢筋及预应力钢筋的特点与用途，并探讨了它们的主要力学性能指标，如屈服强度、抗拉强度和延伸率。其次，分析了钢筋的应力-应变关系及其影响因素。最后，介绍了混凝土的成分、不同强度等级（C20~C80）及其设计参数，重点讲解了混凝土的变形特性（徐变和收缩）和耐久性问题（抗冻性、抗渗性等），并提出了提高耐久性的措施。通过本项目的学习，读者掌握了钢筋和混凝土的基础理论知识，学会了根据工程需求选择合适的材料，并具备了解读钢筋应力-应变曲线、进行混凝土配比计算，以及预测和解决潜在问题的能力，为未来的工程实践打下了坚实基础。

项 目 工 单

【实训名称】

钢筋应力-应变曲线的实验测定。

【实训目的】

（1）学习如何进行钢筋的拉伸实验，掌握钢筋应力-应变曲线的测定方法。

（2）理解屈服强度、抗拉强度和延伸率等关键力学性能指标的意义。

【实训步骤】

1. 准备试样

（1）使用游标卡尺测量钢筋直径，确保符合标准尺寸。

（2）在钢筋两端用千分尺精确测量其直径，记录平均值作为参考。

（3）按照国家标准，在钢筋上标记出原始标距（通常为 5 倍或 10 倍直径长度）。

2. 安装试样

将钢筋试样安装到电子万能材料试验机上，确保夹牢且对中良好。

3. 设置实验参数

（1）在试验机控制系统中输入必要的参数，如加载速率、初始负荷等。

（2）设置自动采集数据功能，以记录整个拉伸过程中的力值和位移变化。

4. 开始实验

启动试验机，缓慢施加拉力直至钢筋断裂。在此过程中，注意观察并记录以下信息：

（1）屈服点（若有明显屈服现象）对应的应力值（屈服强度）；

（2）最大拉力时对应的应力值（抗拉强度）；

（3）断裂后标距内的总伸长量（计算断后伸长率）。

5. **数据分析**

（1）实验结束后，从试验机获取完整的应力–应变曲线图。

（2）分析曲线特征，确定屈服强度、抗拉强度及断后伸长率的具体数值。

（3）计算钢筋的最大力总延伸率，并对比规范要求，评估钢筋的质量是否合格。

6. **撰写报告**

（1）根据实验结果整理一份详细的实验报告，内容包括实验目的、材料与设备、实验步骤、数据处理及结论。

（2）对比不同种类钢筋的性能差异，讨论可能影响钢筋性能的因素（如化学成分、加工工艺等）。

【实训评定】

请学生在实训过程中认真对待每一项任务，并根据评价表内容进行自评和互评，以便更好地了解自己在实训中的表现和进步空间。教师将根据实训表现给出最终评价。考核评价表如表 8–6 所示。

表 8–6 考核评价表

项目名称	评价内容	分值	评价分数		
			自评	互评	师评
职业素养考核项目（40%）	安全与规范意识	10 分			
	团队协作与沟通	10 分			
	职业态度与责任心	10 分			
	时间管理与效率	10 分			
专业能力考核项目（60%）	实验操作技能	10 分			
	数据分析能力	15 分			
	实验报告撰写	15 分			
	理论知识应用	10 分			
	创新与问题解决	10 分			
综合分数：______［自评（20%）+互评（20%）+师评（60%）］		100 分			

课后练习

一、填空题

1. 钢筋混凝土结构用钢主要有________、________、预应力混凝土热处理钢筋、________和钢绞线。

2. 根据力学指标的高低，分为________ MPa、________ MPa、________ MPa 和________ MPa 四个等级。

3. 热处理的方法有________、________、________和________。

4. 抗拉性能是钢筋的最主要性能之一，表征其性能的技术指标主要是________、________和________。

5. 腐蚀的类型通常有________、________、________和________等。

二、简答题

1. 简述劈裂抗拉强度的含义。

2. 请问提高混凝土耐久性的主要措施有哪些？

项目九

钢筋混凝土结构施工图的识读

项目导读

在建筑工程领域，钢筋混凝土结构施工图犹如一座大厦的设计蓝图，精准指引着从基础构建到主体成型的每一步施工流程，其识读的精准性与高效性直接关系到工程品质与进度。本项目聚焦精准高效识读图。建筑工程施工图涵盖建筑、结构、设备等内容，协同构筑工程全貌，结构施工图为承重体系核心，含设计说明、构件图与详图，明晰基础至主体架构及连接，是施工核心依据。

学习目标

知识目标

1. 掌握建筑工程施工图的基本组成。

2. 理解混凝土结构施工图的具体构成。

3. 了解平法制图的规则与特点。

4. 熟悉柱、梁、剪力墙平法施工图的制图规则。

能力目标

1. 能准确解读结构施工图中各类构件的布置、尺寸、配筋等信息，并能对照建施图发现潜在的设计矛盾或问题。

2. 能够在实际工程中运用平法制图规则快速、准确地识读施工图，确保施工符合设计意图。

3. 能根据结构设计总说明及其他相关规范独立完成简单的施工图绘制，并进行自我审查以保证图纸质量。

4. 能够识别施工图中的遗漏、矛盾、不合理之处，并提出合理的解决方案。

素质目标

1. 在施工图识读过程中养成细心、认真的习惯，确保每一步操作都符合标准和规范。

2. 通过参与图纸会审等活动，学会与其他专业人员沟通协调，共同解决问题。

3. 鼓励学生思考如何优化施工图设计，探索更加高效、经济的施工方案。

4. 强调职业道德的重要性，如诚信、责任感等，使学生成为既有专业知识又有良好品德的专业人士。

思政目标

1. 深度厚植家国情怀与责任担当意识，清晰洞察建筑工程在推动国家现代化建设进程、改善民生福祉、提升城市品质等宏伟事业中的关键支撑作用，以高度使命感与责任感全身心投入工程建设，精心雕琢每一处细节、严格把控每一项质量标准，力求以卓越建筑作品为国家发展添砖加瓦、为社会进步贡献力量、为人民幸福生活筑牢基石。

2. 积极弘扬绿色环保与可持续发展理念，在解读和执行施工图时，充分考量资源节约利用、生态环境保护、建筑节能降耗等关键要素，积极主动地选用绿色环保材料、践行绿色施工工艺、优化建筑结构设计，全力降低工程建设对环境的负面影响，努力实现建筑与自然和谐共生、工程建设与可持续发展协同共进的长远目标，为建设美丽中国贡献建筑行业的智慧与担当。

任务一 结构施工图识读概述

任务描述

你是一名刚入职的建筑工程师，你的第一个任务是参与一个住宅项目的建设。项目负责人交给你一套完整的施工图纸，并要求你在一周内熟悉这些图纸，特别是结构施工图部分，以便能够参与接下来的图纸会审和技术交底工作。面对厚厚的一叠图纸，你会从哪里开始？如何高效地理解并发现图纸中的关键信息？本任务将学习结构施工图的识读方法。

任务分析

在建筑工程中，施工图是设计人员与施工团队之间的桥梁，它不仅传达了设计师的意图，还是指导施工、编制预算、质量检查与验收的重要依据。本任务旨在帮助读者掌握结构施工图的基本构成和作用，了解其组成要素。

任务实施

一、建筑工程施工图的组成与作用

1. 建筑工程施工图的组成

建筑工程施工图通常由建筑施工图、结构施工图、设备施工图、建筑节能设计、绿色建筑设计等内容组成。

（1）建筑施工图

建筑施工图，简称建施图，主要表达房屋建筑的规划位置、内部各空间的功能布置、立面造型、内外装修、建筑高度、节点构造及施工要求等。由建筑设计总说明、建筑总平面图、各层平面图、立面图、剖面图及详图等组成。

（2）结构施工图

结构施工图，简称结施图，主要表达房屋的基础类型、基础平面、基础详图，梁、板、柱（墙）等各构件布置，构件的材料、截面尺寸、配筋，以及构件间的连接、构造要求。结施图中除标高以米为单位外，其余均以毫米为单位。

（3）设备施工图

设备施工图一般按工种分为给水排水施工图、电气施工图、采暖通风施工图、办公智能化施工图等。设备施工图由各设备的平面布置图、系统图和施工说明等组成。

2. 混凝土结构施工图的组成

结构施工图是结构设计的最终成果，是一套表达建筑物结构类型、结构构件布置及详图、结构材料的图纸。混凝土结构施工图一般由结构设计总说明、结构构件布置图及配筋图、详图组成。

（1）结构设计总说明

结构设计总说明一般位于结施图的首页，主要内容有以下几个方面。

① 结构概况。例如，建设地点、结构的安全等级、设计使用年限、建筑抗震设防类别、地基基础设计等级、桩基设计等级、抗震等级、砌体施工质量控制等级、混凝土结构构件裂缝控制等级、设计耐火等级、结构类型、层数、结构总高度、人防工程设计等级、相对标高±0.000对应的绝对标高等。

② 主要设计依据。例如，设计采用的有关规范、上部结构的荷载取值、采用的地质勘察报告、设计计算所采用的软件、抗震设防烈度、场地土的类别、环境类别等。

③ 地基及基础。基础类型、持力层的选用、基坑开挖、验槽要求、基坑土方回填要求、沉降观测点设置与沉降观测要求；若采用桩基础，还应注明桩的类型、所选用桩端持力层、桩端进入持力层的深度、桩身配筋、桩长、单桩承载力、桩基施工控制要求、桩身质量检测的方法及数量要求；地下室防水等级等。

④ 材料的选用。例如，混凝土的强度等级，钢筋的强度等级，焊条、基础砌体的材料及强度等级，以及上部结构砌体的材料及强度等级等。

⑤ 有关构造及施工要求。例如，钢筋的连接、锚固长度要求，后浇带的施工要求，主体结构与围护的连接要求，预制构件的制作、起吊、运输、安装要求，梁板中开洞的洞口加强措施，梁、板、柱及剪力墙各构件的构造要求等。

⑥ 采用标准图集的名称与编号。

⑦ 其他需要说明的内容。

结构设计总说明的内容具有全局性、纲领性，是施工的重要依据，需逐条认真阅读。

（2）结构构件布置平面图及配筋图

结构构件布置平面图及配筋图主要表达基础、梁、板、柱（墙）等构件的平面布置，各构件的截面尺寸、配筋。结构平面图一般由以下几个部分组成：

① 基础平面图（桩基础还包括桩位平面图、承台平面图）；

② 各标准层结构平面图，当为现浇楼（屋）盖时在平面图中同时表示板的配筋；

③ 梁、柱、剪力墙各标准层平面及配筋详图。

（3）详图

详图包括基础详图，楼梯、电梯间结构详图，以及节点详图。

结构施工图图号一般按施工顺序排序，依次为图纸目录、结构设计总说明、基础平面图（含基础详图）、楼（屋）面结构平面图（自下而上按层排列）、柱（剪力墙）平面及配筋图（自下而上按层排列）、梁平面及配筋图（自下而上按层排列）、楼梯及构件详图等。

3. 施工图的作用

建筑工程设计文件是工程技术界的通用语言，是有关工程技术人员进行信息传递的载体，是具有法律效力的正式文件，是建筑工程重要的技术档案。

结构施工图是设计人员综合考虑建筑的规模、使用功能、业主的要求、当地材料的供应情况、场地周边的现状、抗震设防要求等因素，根据国家及省市有关现行规范、规程、规定，以经济合理、技术先进、确保安全为原则而形成的结构工程设计文件。

结构施工图，是建筑工程主体结构施工的指导性文件，也是进行结构构件制作、安装、编制预算和施工进度计划的依据，还是监理单位进行工程质量检查与验收的依据。

建筑工程竣工后，施工单位必须根据工程施工图及设计变更文件，认真绘制竣工图并交给业主，作为今后使用与维修、改建、鉴定的重要依据。

二、混凝土结构施工图平面整体表示方法

现行混凝土结构施工图一般按混凝土结构施工图平面整体表示方法制图规则绘制（以下简称平法）。《混凝土结构施工图平面整体表示方法制图规则和构造详图》（22G101）由中国建筑标准设计研究院编制，由制图规则与构造详图两部分组成。

1. 平法施工图的表达方式与特点

混凝土结构施工图平面整体表示方法，概括来讲，就是将结构构件的尺寸和配筋等，按照平面整体表示方法制图规则，整体、直接表达在各类构件的结构平面布置图上，再与标准构造详图配合，构成一套新型完整的结构设计文件。

构造详图是根据《混凝土结构设计标准》（GB/T 50010—2010）（2024 年版）、《高层建筑混凝土结构技术规程》（JGJ 3—2010）、《建筑抗震设计标准》（GB/T 50011—2010）（2024 年版）等有关规定，对各类构件的保护层厚度、锚固长度、钢筋连接、节点构造等给出标准做法。设计人员也可根据工程的实际情况，按国家有关规范对其做出必要的修改，并在结构施工说明中加以注明。

《混凝土结构施工图平面整体表示方法制图规则和构造详图》（22G101）供设计、施工单位直接选用。平法施工图具有以下几个特点：

（1）采用平法制图规则，单张施工图的信息量大，易修改、校审，有利于提高工程设计质量，便于施工管理；

（2）构件分类明确，采用标准化的构造详图，可避免节点详图的重复绘制、漏绘、错绘，有利于减少设计差错，保证工程质量；

（3）有利于提高设计效率，降低设计成本，有利于节能减排。

2. 平法施工图一般规定

平法施工图制图规则适用于各种现浇混凝土结构的柱、剪力墙、梁、板等构件的结构施工图设计。按平法施工图制图规则绘制结构施工图时，必须按照各类构件的平法制图规则，在按结构层（标准层）绘制的平面布置图上直接表示各构件的尺寸和配筋。在平面布置图上表示各构件的尺寸和配筋的方式有平面注写方式、列表注写方式和截面注写方式三种。

按平法施工图制图规则绘制结构施工图时，应当用表格或其他方式注明包括地下和地上各层的结构层楼（地）面标高、结构层高及相应的结构层号，注明上部结构嵌固部位位置；结构层楼面标高与结构层高在单项工程中必须统一，并应将其分别放在柱、墙、梁等各类构件的平法施工图中。结构层号应与建筑楼层号一致。

按平法施工图制图规则绘制结构施工图时，应将所有柱、墙、梁、板等构件进行编号，编号中含有类型代号和序号。其中，类型代号的作用是指明所选用的标准构造详图；在标准构造详图上，已经按其所属构件类型注明代号，以明确该详图与平法施工图中构件的互补关系，使二者结合构成完整的结构设计图。

当采用平法标准图集时，其标准构造详图可根据具体工程的实际情况，按现行国家标准进行相应修改和变更，并在结构施工图中注明。当采用平法设计时，应在结构设计总说明中写明下列内容。

（1）注明所选用平法标准图集的图集号。

（2）应注明抗震设防烈度及结构抗震等级，以便正确选用相应的标准构造详图。

（3）注明各类构件在其所在部位选用的混凝土强度等级与钢筋级别，以确定钢筋的锚固长度与连接要求。

（4）注明不同部位构件所处的环境类别，以便确定相应的混凝土保护层厚度。

（5）当采用平法标准图集，其标准详图有多种做法可选择时，应写明在何部位采用何种做法；未注明时，施工人员可以任选一种构造做法进行施工。

（6）注明上部结构嵌固端的位置。框架柱的嵌固部位在基础顶面时，可不注；框架柱的嵌固部位不在基础顶面时，应在层高表嵌固部位标高下使用双细线注明，并在层高表下注明嵌固部位标高；框架柱的嵌固部位不在地下室顶板，但仍需考虑地下室顶板对上部结构实际存在的嵌固作用时，可在层高表地下室顶板标高下使用双虚线注明，此时首层柱端箍筋加密区长度范围及纵筋连接位置均按嵌固部位要求设置。

（7）设置后浇带时，注明后浇带的位置、浇筑时间、后浇带混凝土强度等级及其他要求。

（8）若对平法标准图集的标准构造详图做出变更时应写明变更的具体内容。

（9）其他特殊要求。

三、混凝土结构施工图识读方法与步骤

建筑单体的施工图，由建施、结施、水施、暖施、电施及智能化设计等施工图组成，图纸数量通常有几十张甚至上百张。施工单位在项目开工前，应通过对设计施工图全面、仔细的识读，对建筑的概况、要求有一个全面的了解，及时发现设计中各工种之间存在矛盾的、设计中不明确的、施工中有困难的及设计图中有差错的地方，并通过图纸会审的方式予以提出，便于设计单位对施工图进一步修改与完善，以保证工程施工的顺利进行。

初学者拿到施工图后，通常会感到无从下手，不得要领。要提高识图效率，首先应熟悉施工图制图规则，熟悉房屋建筑构造、结构构造，熟悉有关规范；其次要有正确的识读方法；最后，还应有现场施工与管理经验。只有通过大量的生产实践，才能不断提高识图能力。

结构施工图识读一般遵循以下原则。

1. 先建筑，后结构，再设备

结施图与建施图对照看，其他设施图参照看。一般先阅读建施图，了解建筑概况、使用功能及要求、平面布置、层数与层高、门窗尺寸、楼（电）梯间、内外装修、节点构造及施工要求等基本情况。然后阅读结施图，在阅读结施图的同时应对照相应的建施图，需特别注意梁柱的布置与建施图有无矛盾、梁的截面尺寸与门窗尺寸有无矛盾、结构标高与建筑标高及面层做法是否统一、结构详图与建筑详图有无矛盾。最后再阅读设备图，应特别注意设备的布置与建施图有无矛盾、设备的预留孔位置及尺寸与结构布置有无矛盾、结构预留孔的数量及位置是否正确、各设备工种之间有无矛盾。只有将三者结合看，才能正确、全面地了解施工图的全貌，并发现存在的矛盾和问题。

2. 先粗后细，先大后小

先粗看一遍，了解工程的概况、结构方案、设备布置与要求等，然后再细看每一张图纸、每一个构件、每一个节点详图。

施工图难免会存在或多或少的问题，常见的有以下几项。

（1）设计遗漏。该表达的内容没有表达或者表达不清，无法施工。

（2）设计矛盾。例如，结施图和建施图中应该相符合的地方出现不符合的情况。

（3）设计不合理。按图施工会造成施工困难或无法施工。

（4）设计错误。图纸中存在违反设计、施工规范的内容。

识读过程中要边看边整理汇总，提出图纸中存在的问题，留待技术交底或图纸会审时一并提出来，以便设计单位对设计进一步修改与完善。

任务二 结构设计总说明的识读

任务描述

晓华团队正在负责一个大型商业综合体的建设，项目负责人交给他一份详细的结构设计总说明，并要求他在三天内完成对这份文件的理解和解释，以便为即将开始的施工做好准备。面对这份充满专业术语和技术规范的文档，他应该如何着手？本任务将熟悉结构设计总说明的识读方法。

任务分析

在建筑工程中，结构设计总说明是施工图的重要组成部分，它以文字形式提供了整个项目的全局性指导。作为工程师或技术人员，理解并正确解读这些说明至关重要，因为它们直接影响到施工过程中的每一个细节。本任务旨在帮助读者掌握结构设计总说明的内容及其重要性，学习如何逐条认真阅读并结合施工图进行全面理解。

任务实施

一、结构设计总说明的内容

结构设计总说明，是以文字说明为主的、带有全局性的纲领性文件。每一单项工程应编写一份结构设计总说明，对于简单的小型单项工程，设计总说明中的内容可分别写在基础平面图和各层结构平面图上。结构设计总说明包括以下几个方面的内容。

（1）设计依据

① 本工程结构设计所采用的主要标准与法规。

② 相应的工程地质勘察报告。

③ 采用的设计荷载，包括工程所在地的风荷载与雪荷载、楼（屋）面使用荷载、其

他特殊的荷载。

（2）设计相对标高±0.000对应的绝对标高值。

（3）图纸中标高、尺寸的单位。

（4）建筑结构的安全等级和设计使用年限，混凝土结构的耐久性要求和砌体结构施工质量控制等级。

（5）建筑场地的类别、地基的液化等级、地基基础设计等级、建筑抗震设防类别、抗震设防烈度（设计基本地震加速度及特征周期）和钢筋混凝土结构构件的抗震等级。

（6）人防工程的抗力等级。

（7）本工程结构材料的品种、规格、性能及相应的产品标准。例如，混凝土的强度等级、钢筋的种类，以及砌体部分块材和砌筑砂浆的强度等级等；钢结构的结构用钢筋、焊条及螺栓的要求等。

（8）构造要求。本工程的环境类别，明确各构件混凝土保护层厚度，钢筋锚固、连接、钢结构焊缝等要求，承重结构与非承重结构的连接要求，某些构件或部位的特殊要求。

（9）本工程地质概况、对不良地基的处理措施及技术要求、对地基持力层的要求、基础的形式、地基承载力特征值或桩基的单桩承载力设计特征值，桩基检测数量及要求等。

（10）本工程对施工顺序、方法、质量标准的要求，与其他工种配合的要求，对水池、地下室等有抗渗要求的混凝土，说明其抗渗等级，在施工期间有上浮可能时，应提出相应的抗浮措施。

（11）设计选用的标准构件图集。

（12）施工中应遵循的施工规范与注意事项。

二、结构设计总说明的识读要点

结构设计总说明是对结构施工图的补充，很多文字说明又恰恰是图纸无法表达的内容，对标准图集的一些变更也在说明中予以交代。因此，要逐条认真阅读，并结合后面施工图的识读加以全面理解。识读步骤如下。

1. 熟悉本工程的结构概况

结构类型、工程抗震设防烈度、结构构件的抗震等级、基础类型、砌体结构施工质量控制等级等。

2. 熟悉本工程所采用的材料

混凝土的强度等级、钢筋的种类、块材的种类、砌筑砂浆的强度等级，以及钢结构用钢、焊条和螺栓等。

熟悉本工程所采用的材料

3. 熟悉本工程的构造与施工要求

各类构件钢筋保护层的厚度，钢筋连接的要求，承重结构与非承重结构的连接要求，施工顺序、质量标准的要求，后浇带的施工要求，以及与其他工种的配合要求等。

任务三 柱平法施工图的识读

任务描述

王刚是一名施工现场的技术员，他的职责之一是确保所有柱子按照设计要求正确安装。现在他收到了一份柱平法施工图，需要快速而准确地解读这张图纸，以便指导工人进行施工。他应该从哪里开始？如何确保不会遗漏任何重要的信息？本任务将深入探讨柱平法施工图的识读。

任务分析

柱子作为建筑结构中的重要承重构件，其设计和施工质量直接关系到建筑物的整体稳定性。平法制图规则为柱的设计提供了一套标准化的方法，使得施工更加高效准确。本任务旨在帮助读者掌握柱平法施工图的制图规则和识读要点，通过具体案例学习如何系统地阅读和分析柱平法施工图。

任务实施

一、柱平法施工图制图规则

柱平法施工图是在柱平面布置图上采用列表注写方式或截面注写方式来表达的施工图。柱平面布置图，可采用适当的比例单独绘制，也可与剪力墙平面布置图合并绘制。柱平法施工图中，应按规定注明各结构层的楼面标高、结构层高及相应的结构层号。

1. 列表注写方式

列表注写方式（图 9-1），就是在柱平面布置图上，先对柱进行编号，然后分别在同一编号的柱中选择一个（有时需选几个）截面注写几何参数代号（b_1、b_2、h_1、h_2）。在柱表中注写柱编号、柱段起止标高、几何尺寸（含柱截面对轴线的偏心情况）与配筋的具体数值，并配以各种柱截面形状及其箍筋类型图的方式，来表达柱平面整体配筋。一般一个建筑只需绘制一张平面布置图。柱表注写内容规定如下。

层号	标高/m	层高/m
屋面2	65.670	
塔层2	62.370	3.30
屋面1（塔层1）	59.070	3.30
16	55.470	3.60
15	51.870	3.60
14	48.270	3.60
13	44.670	3.60
12	41.070	3.60
11	37.470	3.60
10	33.870	3.60
9	30.270	3.60
8	26.670	3.60
7	23.070	3.60
6	19.470	3.60
5	15.870	3.60
4	12.270	3.60
3	8.670	3.60
2	4.470	4.20
1	−0.030	4.50
−1	−4.530	4.50
−2	−9.030	4.50

底部加强部位：2、1、−1（层）

结构层楼面标高
结构层高

上部结构嵌固部位：−0.030

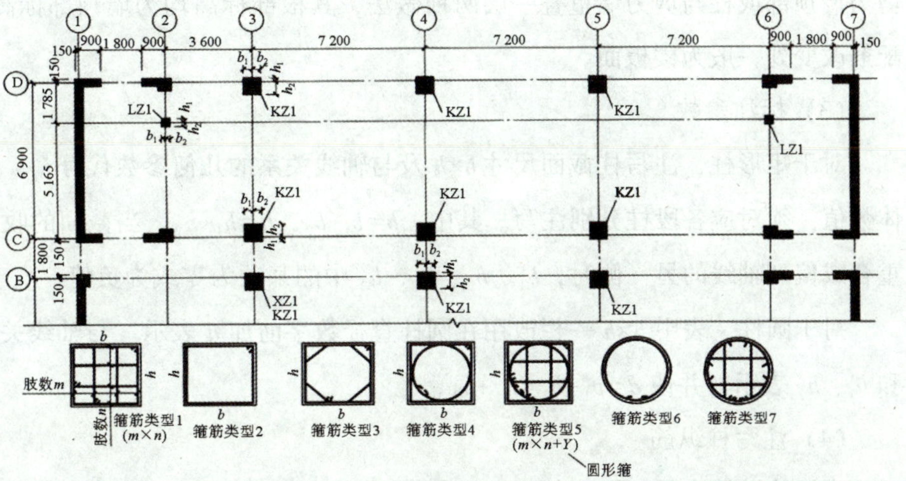

柱号	标高	b×h 圆柱直径	b_1	b_2	h_1	h_2	全部纵筋	角筋	b边一侧中部筋	h边一侧中部筋	箍筋类型号	箍筋	备注
KZ1	−4.530～0.030	750×700	375	375	150	550	28⌀25				1(6×6)	Φ10@100/200	
	−0.030～19.470	750×700	375	375	150	550	24⌀25				1(5×4)	Φ10@100/200	
	19.470～37.470	650×600	325	325	150	450		4⌀22	5⌀22	4⌀20	1(4×4)	Φ10@100/200	
	37.470～59.070	550×500	275	275	150	350		4⌀22	5⌀22	4⌀20	1(4×4)	Φ8@100/200	
XZ1	−4.530～8.670						8⌀25				按标准构造详图	Φ10@100	③×Ⓑ轴KZ1中设置

−0.030～59.070柱平法施工图(局部)

图 9-1　柱平法施工图列表注写方式示例

（1）注写柱的编号

柱编号由柱类型、代号和序号组成，应符合表 9-1 的规定。

表 9-1　柱编号

柱类型	代号	序号
框架柱	KZ	××
转换柱	ZHZ	××
芯柱	XZ	××
梁上柱	LZ	××
剪力墙上柱	QZ	××

当柱的高度、分段截面尺寸和配筋均对应相同，仅截面与轴线关系不同时，可将其编为同一柱号，但在平面图中应注明截面与轴线的关系。

（2）注写各段柱的起止标高

自柱根部往上以变截面位置或截面未变但配筋改变处为界分段注写。框架柱和框支柱的根部标高是指基础顶面标高；芯柱的根部标高是指根据结构实际需要而定的起始位置标高；梁上柱的根部标高为梁顶面标高；剪力墙上柱的根部标高为墙顶部标高（分柱筋锚在剪力墙顶部或柱与剪力墙重叠一层两种做法，其根部标高均为墙顶部标高）。截面尺寸或配筋改变处一般为楼板面。

（3）标注参数

对于矩形柱，注写柱截面尺寸 $b\times h$ 及与轴线关系的几何参数代号 b_1、b_2 和 h_1、h_2 的具体数值，须对应各段柱分别注写。其中，$b=b_1+b_2$，$h=h_1+h_2$。当截面的收缩变化至与轴线重合或偏到轴线的另一侧时，b_1、b_2、h_1、h_2 中的某项为零或为负值。

对于圆柱，表中 $b\times h$ 一栏改用在圆柱直径数字前加 d 表示。与轴线关系同样用 b_1、b_2 和 h_1、h_2 表示，并使 $d=b_1+b_2=h_1+h_2$。

（4）注写柱纵筋

当柱的纵筋直径相同，各边根数也相同时（包括矩形柱、圆柱），将纵筋注写在“全部纵筋”一栏中；除此以外，柱纵筋分为角筋、截面 b 边中部筋和 h 边中部筋三项分别注写；对于采用对称配筋的矩形柱，可仅注写一侧中部筋，对称边省略不注。

（5）注写箍筋类型号及肢数

在表中箍筋类型栏内注写箍筋类型号及箍筋肢数。确定箍筋肢数时要满足对纵筋“隔一拉一”及箍筋肢距的要求。

（6）注写箍筋

在表中箍筋栏内注写箍筋，包括钢筋级别、直径和间距。用“/”区分柱端箍筋加密区与柱身非加密区长度范围内箍筋的不同间距（加密区长度按构造要求确定）；当框架节点核心区内箍筋与柱端箍筋不同时，应在括号内注明核心区箍筋直径与间距。

例如：Φ10@100/200（Φ12@100）表示箍筋采用 HPB300 级钢筋，直径为 10 mm，加密区箍筋间距为 100 mm，非加密区箍筋间距为 200 mm；框架节点核心区内箍筋采用 HPB300 级钢筋，直径为 12 mm，箍筋间距为 100 mm。

当箍筋沿柱全高为同一种间距时，则不使用“/”线，例如：Φ10@100 表示箍筋采用 HPB300 级钢筋，直径为 10 mm，箍筋间距为 100 mm，沿柱全高加密。当圆柱采用螺旋箍筋时，需在箍筋前加“L”。

2. 截面注写方式

截面注写方式（图 9-2），是在柱平面布置图上，分别在同一编号的柱中选择一个截面，以直接注写截面尺寸和配筋具体数值的方式来表达柱平法施工图。

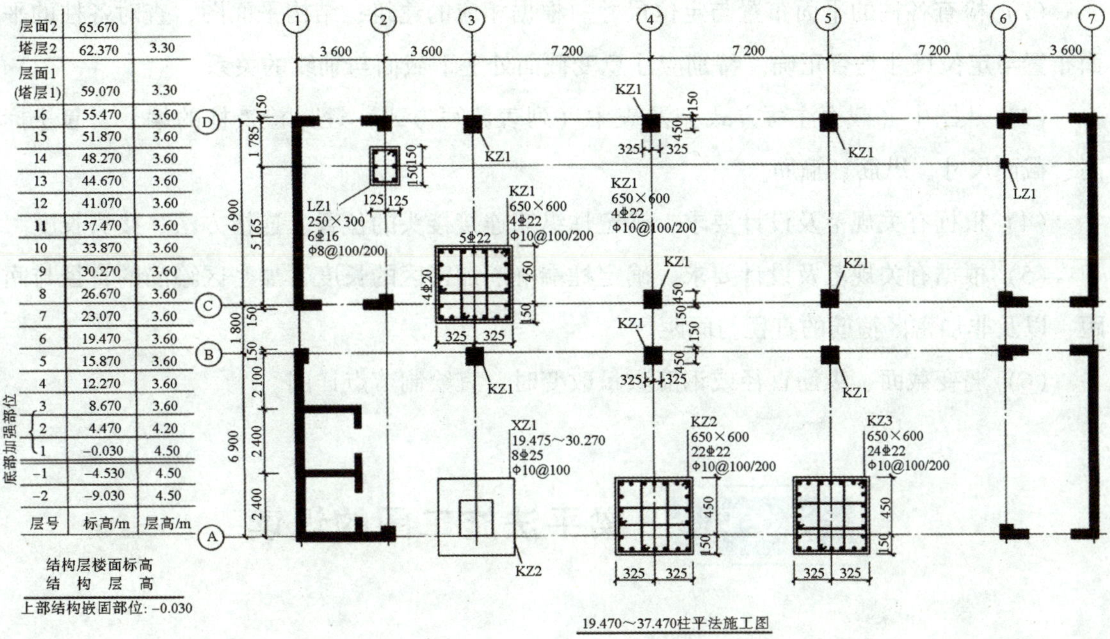

图 9-2　柱平法施工图截面注写方式示例

对除芯柱之外所有柱截面进行编号，从相同编号的柱中选择一个截面，按另一种比例原位放大绘制柱截面配筋图，并在各配筋图上其编号后注写截面尺寸 $b×h$（对于圆柱可改为圆柱直径 d）、角筋或全部纵筋（当纵筋采用同一种直径且能够图示清楚时）、箍筋的具体数值。在柱截面配筋图上标注柱截面与轴线关系 b_1、b_2、h_1、h_2 的具体数值（$b=b_1+b_2$，$h=h_1+h_2$，圆柱时 $d=b_1+b_2=h_1+h_2$）。

当纵筋采用两种直径时，须再注写截面各边中部纵筋的具体数值（对于采用对称配筋的矩形截面柱，可仅在一侧注写中部纵筋，对称边省略不注）。

截面注写方式中，如柱的分段截面尺寸和配筋均相同，仅分段截面与轴线的关系不同时，可将其编为同一柱号，但此时应在未画配筋的柱截面上注写该柱截面与轴线关系的具体尺寸。

以上两种表达方式，在实际工程中均有应用；截面注写方式更直观，在实际工程中应用更普遍。

二、柱平法施工图的识读要点

先校对平面，后校对构件；先阅读各构件，再查阅节点与连接。识读步骤如下。

（1）阅读结构设计说明中的有关内容。

（2）检查各柱的平面布置与定位尺寸。根据相应的建筑、结构平面图，查对各柱的平面布置与定位尺寸是否正确。特别应注意变截面处上下截面与轴线的关系。

（3）从图中（截面注写方式）及表中（列表注写方式）逐一检查柱的编号、起止标高、截面尺寸、纵筋、箍筋。

（4）根据有关规范及设计要求，确定柱纵筋连接接头的位置、连接方法、接头长度。

（5）根据有关规范及设计要求，确定柱端箍筋加密区的长度、加密区箍筋的直径与间距，以及非加密区箍筋的直径与间距。

（6）遇变截面、纵筋直径或钢筋数量改变时，宜绘制节点详图。

任务四 梁平法施工图的识读

任务描述

晓华是一名现场监理工程师，他的任务是确保所有梁按照设计图纸精确施工。现在他收到一份梁平法施工图，需要迅速解读并监督施工过程。他应当如何处理这份图纸，以保证施工符合设计意图？本任务将学习梁平法施工图的识读方法。

任务分析

梁是建筑结构中不可或缺的一部分，承担着传递荷载的重要角色。梁平法施工图不仅详细描述了梁的尺寸和配筋情况，还规定了具体的施工要求，对于确保工程质量具有重要意义。本任务旨在帮助读者掌握梁平法施工图的制图规则和识读要点，通过具体案例学习如何系统地阅读和分析梁平法施工图。

任务实施

一、梁平法施工图制图规则

梁平法施工图是在梁平面布置图上采用平面注写方式或截面注写方式来表达的施工图。

梁平面布置图，应分别按梁的不同结构层（标准层），将全部梁及其相关联的柱、墙、板一起采用适当比例绘制。

对于轴线未居中的梁，除梁边与柱边平齐外，还应标注其偏心定位尺寸。

在梁平法施工图中，应按规定注明各结构层的顶面标高及相应的结构层号。

1. 平面注写方式

平面注写方式，是在梁的平面布置图上，分别在不同编号的梁中各选出一根梁，在其上注写截面尺寸和配筋具体数值的方式。平面注写包括集中标注与原位标注，集中标注表达梁的通用数值，原位标注表达梁的特殊数值。当集中标注中某项数值不适用于梁的某部位时，则应将该项数值在该部位原位标注。施工时，原位标注取值优先。图 9-3 所示为 KL2 梁平面注写方式示例，从梁中任一跨用引出线集中标注通用数值，而在梁各对应位置进行原位标注（图中的 4 个截面图，不是平法施工图的内容，只是为了便于初学者理解）。

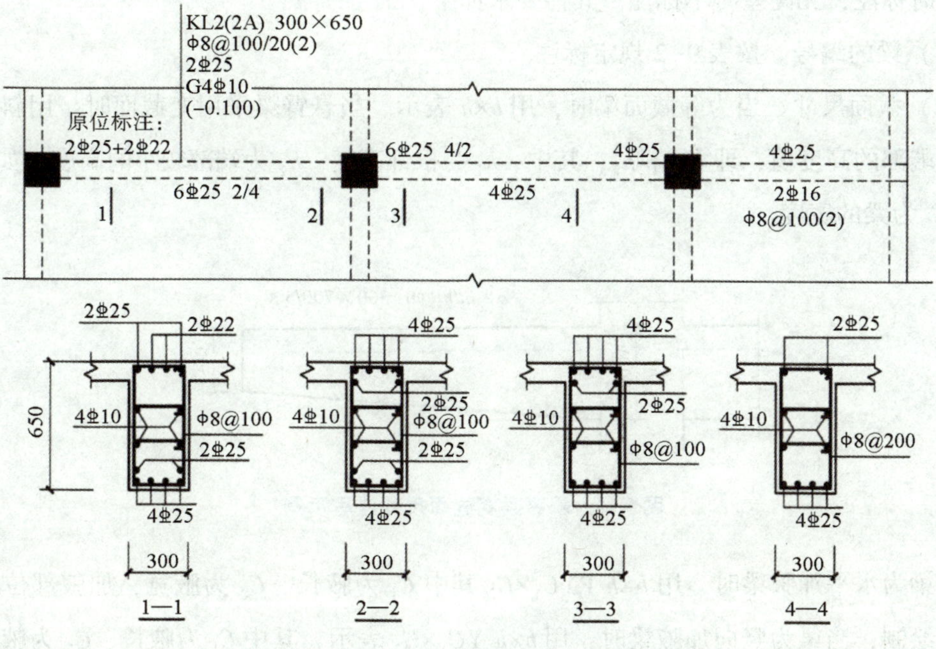

图 9-3 梁平法施工图平面注写方式示例

梁的编号由梁的类型、代号、序号、跨数及有无悬挑组成，如表9-2所示。表9-2中，跨数代号带A的表示一端有悬挑；带B的表示两端有悬挑，且悬挑部分不计入跨数。例如，KL1（2A）表示1号框架梁、2跨且一端有悬挑。非框架梁是指没有与框架柱或剪力墙端柱等相连的一般楼面或屋面梁。

表9-2　梁编号

梁类型	代号	序号	跨数及有无悬挑
楼层框架梁	KL	××	（××）、（××A）或（××B）
楼层框架扁梁	KBL	××	（××）、（××A）或（××B）
屋面框架梁	WKL	××	（××）、（××A）或（××B）
框支梁	KZL	××	（××）、（××A）或（××B）
托柱转换梁	TZL	××	（××）、（××A）或（××B）
非框架梁	L	××	（××）、（××A）或（××B）
悬挑梁	XL	××	（××）、（××A）或（××B）
井字梁	JZL	××	（××）、（××A）或（××B）

注：非框架梁、井字梁端支座一般按铰接考虑；当非框架梁、井字梁端支座上部纵筋为充分利用钢筋抗拉强度时，在梁代号后加“g”。楼层框架扁梁节点核心区代号为KBH。

梁集中标注的内容，按梁的编号、截面尺寸、箍筋、梁上部通长筋或架立筋、梁侧向构造钢筋或受扭钢筋、梁顶面标高与结构层基准标高差异说明等内容依次标注。最后一项有高差时标注，无高差时不标注。具体要求如下。

（1）梁的编号。按表9-2规定标注。

（2）截面尺寸。当为等截面梁时，用$b \times h$表示。当悬臂梁采用变截面时，用斜线分隔根部与端部的高度值，即$b \times h_1/h_2$，其中，h_1为根部高度，h_2为端部较小的高度，如图9-4所示，b为梁的宽度。

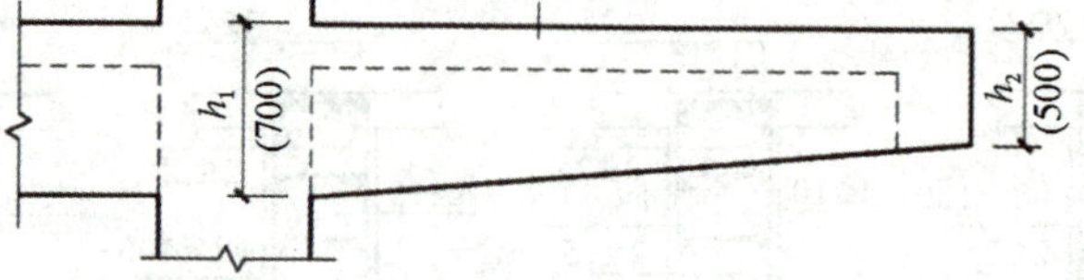

图9-4　悬臂梁变截面尺寸注写示例

当梁为水平加腋梁时，用$b \times h$ PY$C_1 \times C_2$其中C_1为腋长、C_2为腋宽，加腋部位应在平面图中绘制；当梁为竖向加腋梁时，用$b \times h$ Y$C_1 \times C_2$表示，其中C_1为腋长、C_2为腋高，如图9-5所示。

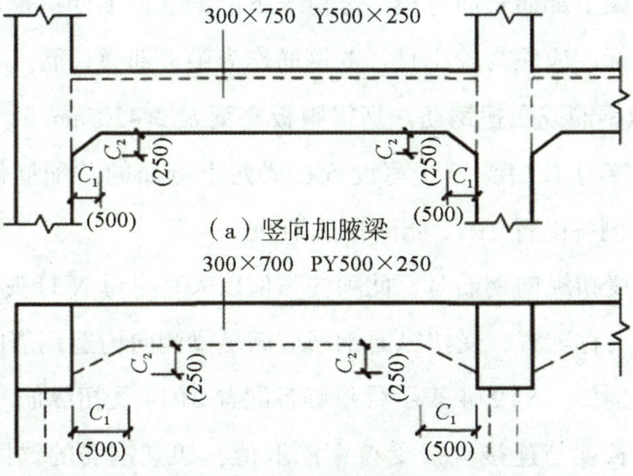

（a）竖向加腋梁

（b）水平加腋梁

图 9-5　加腋梁截面尺寸注写示例

（3）梁的箍筋。梁的箍筋包括箍筋的钢筋级别、直径、加密区与非加密区间距及肢数。箍筋加密区与非加密区的不同间距及肢数需用“/”分隔，当梁箍筋为同一间距和肢数时不需用“/”；当加密区与非加密区箍筋肢数相同时，则将肢数注写一次；箍筋肢数写在括号内。

例如：φ8@100/200（2），表示箍筋采用 HPB300 级钢筋，箍筋直径为 8 mm，加密区箍筋间距为 100 mm，非加密区箍筋间距为 200 mm，均为双肢箍。

非框架梁、悬挑梁、井字梁采用不同箍筋间距及肢数时，也用“/”将其分隔，先注写梁支座端部箍筋（包括箍筋的箍数、钢筋级别、直径、间距与肢数），在“/”后注写跨中部分的箍筋间距及肢数。

例如：10φ8@100/200（2），表示箍筋采用 HPB300 级钢筋，箍筋直径为 8 mm，梁支座两端各有 10 个间距为 100 mm 的箍筋，梁跨中部分箍筋间距为 200 mm，均为双肢箍。

（4）梁上部通长筋或架立筋。当同排纵筋中既有通长筋又有架立筋时，应采用“+”将二者相连，注写时须将梁角部纵筋写在“+”前面，架立筋写在“+”后面的括号内。当全部采用架立筋时，则将其全部写入括号内。

例如：2Φ20+（2Φ12），2Φ20 为梁角部通长筋，2Φ12 为架立钢筋，一般适用于采用四肢箍的梁。

当梁下部纵筋各跨相同或多数跨相同时，可同时加注梁下部纵筋的配筋值，用分号“；”将上部与下部纵筋配筋值隔开，少数跨不同者，加注原位标注。例如：2Φ18；3Φ20，表示梁上部配置 2Φ18 通长筋，梁下部配置 3Φ20 纵筋。

需要注意的是，梁上部通长筋直径一般情况下沿梁全长不变；也可采用两种不同直径的钢筋，此时，集中标注应注写较小直径的钢筋作为梁上部通长筋。

（5）梁侧向构造钢筋或受扭钢筋。当梁腹板高度 $h_w \geqslant 450$ mm 时，须配置侧向构造钢筋。此项注写以大写字母 G 打头、注写设置在梁两个侧面的总配筋值，且对称配置。例如：G4⌀12 表示梁每侧各配置 2⌀12 侧向构造钢筋。

当梁侧面需配置受扭纵向钢筋时，此项注写值以大写字母 N 打头、注写配置在梁两个侧面的总配筋值，且对称配置；受扭纵向钢筋应满足梁侧向构造钢筋的要求，并不再重复配置侧向构造钢筋。例如：N4⌀14 表示梁每侧各配置 2⌀14 受扭纵筋。

受扭纵筋的锚固长度与连接应按受拉钢筋取值，架立钢筋的锚固长度与搭接长度可取 15d。

（6）梁顶面标高与结构层基准标高差异标注说明。梁顶面标高相对于该结构楼面基准标高有高差时，将高差值写入括号内。例如：（-0.050）表示梁顶面标高比该结构层基准标高低 0.05 m，（0.100）表示梁顶面标高比该结构层基准标高高 0.1 m。梁顶面标高与楼层基准标高相同时，该项不予标注。

梁原位标注。对于多跨梁，由于梁跨度、荷载、截面的不同，各截面的配筋也不一样，当集中标注中某项数值不适用于梁的某部位时，则应将该项数值原位标注。施工时，原位标注优先。梁原位标注内容有梁支座上部纵筋、梁的下部纵筋、附加箍筋或吊筋，以及对集中标注的原位修正信息等。具体规定如下。

（1）梁支座上部纵筋。梁支座上部纵筋是指该部位含通长筋在内的所有纵筋。对于图中水平方向的梁标注在梁的上方、该支座的左侧或右侧；对于图中垂直方向的梁标注在梁的左侧、该支座的上方或下方。

当上部纵筋多于一排时，用“/”将各排纵筋自上而下分开。当同排纵筋有两种直径时，用“+”将两种直径的纵筋相连，角部纵筋写在前面。例如：6⌀22 4/2 表示上排为 4⌀22，下排为 2⌀22；2⌀25+2⌀22 表示支座上部纵筋共 4 根，角筋为 2⌀25，2⌀22 置于中部。

当梁中间支座两边的上部纵筋不同时，须在支座两边分别标注；当梁中间支座两边的纵筋相同时，可仅在支座的任一边标注配筋值。

（2）梁的下部纵筋。对于图中水平方向的梁，标注在梁下部跨中位置；对于图中垂直方向的梁，标注在梁右侧跨中位置。

当下部纵筋多于一排时，用“/”将各排纵筋自上而下分开，当同排纵筋有两种直径时，用“+”将两种直径的纵筋相连，角部纵筋写在前面。当梁的下部纵筋配置与集中标注相同时，则不需在梁下部重复做原位标注。如图 9-6 所示，第一跨下部纵筋 6Φ25 2/4，表示上一排纵筋为 2Φ25，下一排纵筋为 4Φ25，全部伸入支座锚固。

当梁下部纵筋不全部伸入支座时，将梁下部纵筋减少的数量写在括号内。例如：梁的下部纵筋标注 6Φ25 2（-2）/4，表示上一排纵筋为 2Φ25 且不伸入支座，下一排纵筋为 4Φ25 且全部伸入支座锚固。

当梁设置竖向加腋时，加腋部位斜纵筋应在支座下部以 Y 打头注写在括号内（图 9-6）。

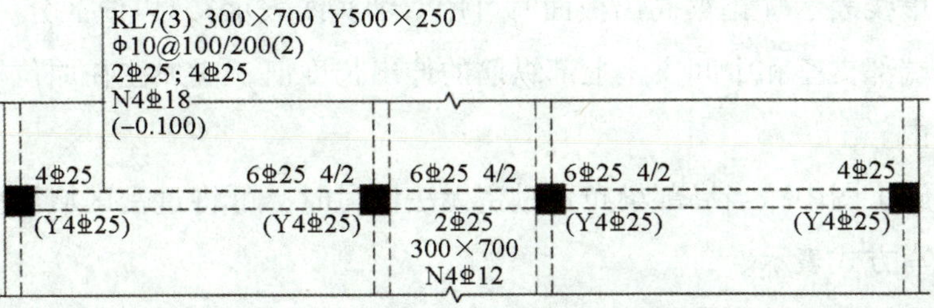

图 9-6　梁竖向加腋平面注写示例

当梁设置水平加腋时，水平加腋内上、下部斜纵筋应在加腋支座上部以 Y 打头注写在括号内，上、下部斜纵筋之间用“/”分隔（图 9-7）。

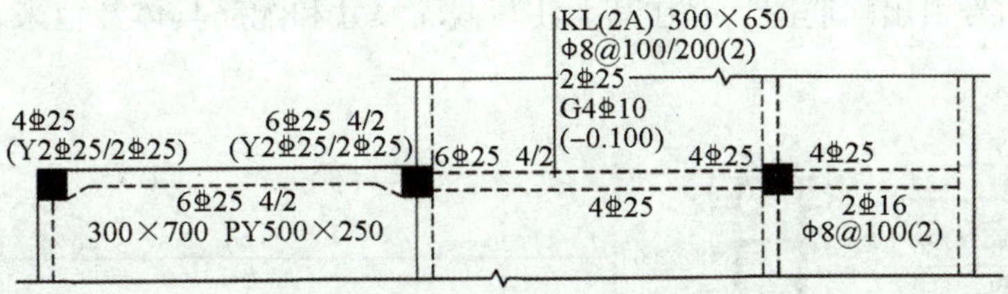

图 9-7　梁水平加腋平面注写示例

（3）附加箍筋或吊筋。附加箍筋或吊筋应直接画在平面图中的主梁上，在引出线上注明其总配筋值，箍筋肢数注写在括号内（图 9-8）。当多数附加横向钢筋或吊筋相同时，可在图纸上统一说明，仅对少数不同值在原位引注。

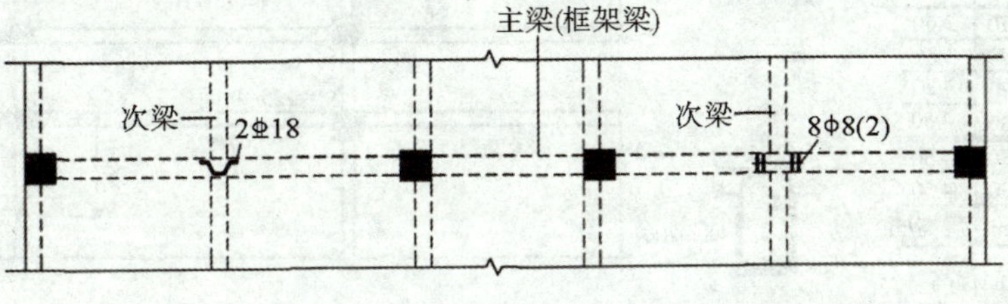

图 9-8　附加横向钢筋注写示例

例如：8Φ8(2) 表示在次梁两侧各设置 4 个附加箍筋（梁基本箍筋除外），采用 HPB300 级钢筋，箍筋直径为 8 mm，双肢箍。

（4）对集中标注的原位修正信息。当集中标注的一项或几项不适用于某跨或某悬挑部分时，则将其不同数值原位标注在该跨或该悬臂部位，根据原位标注优先原则，施工时应按原位标注数值取用。

井字梁一般由非框架梁组成，并以框架梁为支座。井字梁可用单粗虚线表示（当井字梁高出板面时可用单粗实线表示，实际施工图中常用双细虚线表示）；作为其支座的框架梁可采用双细虚线表示（当梁高出板面时可用双细实线表示），以便区分。

井字梁的端部支座和中间支座上部纵筋的伸出长度值，应加注在原位标注支座上部纵筋后面的括号内。

在梁平法施工图中，当局部梁布置过密无法注写时，可将过密区域用虚线框出，放大后再用平面注写方式表示。

当两楼层之间设有层间梁时（如结构夹层位置处的梁），应将设置该部分梁的区域画出另行绘制结构平面布置图，然后在其上表达梁平法施工图。

2. 截面注写方式

截面注写方式，就是在按标准层绘制的梁平面布置图上，分别在不同编号的梁中各选择一根梁用剖面号引出配筋图，并在其上注写截面尺寸和配筋具体数值来表达梁平面整体配筋（图 9-9）。

层号	标高/m	层高/m
层面2	65.670	
塔层2	62.370	3.30
层面1（塔层1）	59.070	3.30
16	55.470	3.60
15	51.870	3.60
14	48.270	3.60
13	44.670	3.60
12	41.070	3.60
11	37.470	3.60
10	33.870	3.60
9	30.270	3.60
8	26.670	3.60
7	23.070	3.60
6	19.470	3.60
5	15.870	3.60
4	12.270	3.60
3	8.670	3.60
2	4.470	4.20
1	-0.030	4.50
-1	-4.530	4.50
-2	-9.030	4.50

底部加强部位

结构层楼面标高
结构层高
上部结构嵌固部位:-0.030

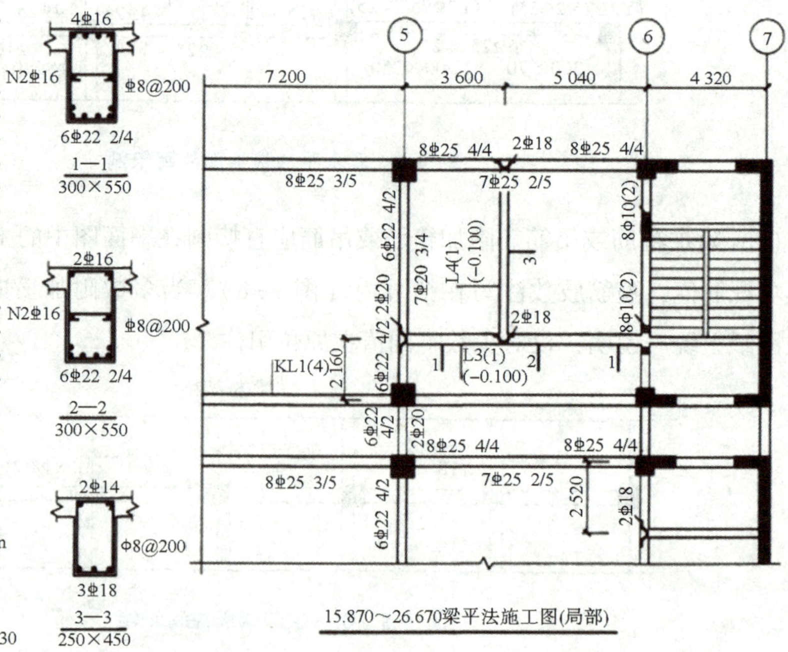

图 9-9 梁平法施工图截面注写示例

对所有梁按表 9-2 规定编号，从相同编号的梁中选一根梁，先将单边截面号及编号画在该梁上，再将截面配筋详图画在本图或其他图上。当某梁的顶面标高与结构层标高不同时，应在梁的编号后注写梁顶面标高的高差（注写规定同前）。

在梁截面配筋详图上注写截面尺寸 $b\times h$、上部筋、下部筋、侧面构造筋或受扭筋和箍筋的具体数值时，表达方式同前。

截面注写方式既可单独使用，也可与平面注写方式结合使用。实际工程设计中，常采用平面注写方式，仅对其中梁布置过密的局部或为表达异形截面梁的截面尺寸及配筋采用截面注写方式表达。

3. 梁上部纵筋的长度规定

（1）为施工方便，凡框架梁的所有支座和非框架梁（不含井字梁）的中间支座上部纵筋的伸出长度 a_0 统一取为：第一排非贯通筋及与跨中直径不同的通长筋从柱（梁）边起伸出长度为 $1/3l_n$；第二排非贯通筋的伸出长度为 $1/4l_n$。l_n 对于端支座为本跨净跨值；对于中间支座为相邻两跨较大跨的净跨值。有特殊要求时应予以注明（图 9-10）。

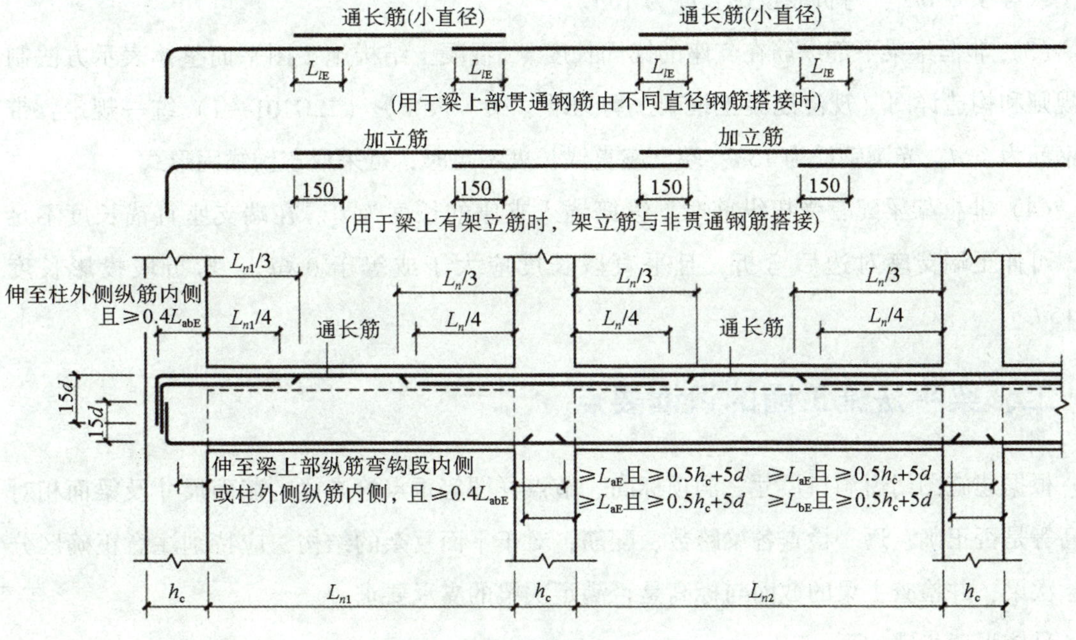

图 9-10 梁上部纵筋长度标注示例

（2）对于井字梁，其端部支座钢筋和中间支座上部纵筋的伸出长度 a_0 值，应由设计者在原位加注具体数值予以注明。当采用平面注写方式时，在原位标注支座上部纵筋后面括号内加注具体延伸长度值；当采用截面注写方式时，在梁端截面配筋图上注写的上部纵筋后面括号内加注具体延伸长度值。井字梁纵横两个方向梁相交处同一层面钢筋上下的交错关系，以及在该相交处两个方向梁箍筋的布置要求，均由设计者注明。

（3）悬挑梁上部第一排纵筋伸出至梁端头并下弯，第二排长度至 $3/4l$［l 为自柱（梁）边算起的悬挑净长］。有特殊要求时，设计者应注明。

4. 其他规定

（1）不伸入支座的梁下部纵筋长度。《混凝土结构施工图平面整体表示方法制图规则和构造详图（现浇混凝土框架、剪力墙、梁、板）》（22G101—1）统一取为本跨梁净跨值的 0.8 倍，并居中布置。

（2）非框架梁、井字梁的上部纵筋在端支座的锚固长度。《混凝土结构施工图平面整体表示方法制图规则和构造详图（现浇混凝土框架、剪力墙、梁、板）》（22G101—1）统一规定：当梁代号为 L、JZL 时，端支座按铰接考虑，梁上部纵筋伸至主梁外侧角筋的内侧并下弯，平直段长度应大于或等于 $0.35l_{ab}$，弯折段投影长度为 $15d$；当梁代号为 Lg、JZLg 时，端支座按刚接考虑，梁上部纵筋伸至主梁外侧角筋的内侧并下弯，平直段长度应大于或等于 $0.6l_{ab}$，弯折段投影长度为 $15d$。

（3）非框架梁下部纵筋在支座的锚固长度。《混凝土结构施工图平面整体表示方法制图规则和构造详图（现浇混凝土框架、剪力墙、梁、板）》（22G101—1）统一规定：带肋钢筋为 $12d$，光圆钢筋为 $15d$；端支座直锚长度不足时，可采取弯钩锚固形式。

（4）非框架梁配有受扭纵筋时，纵筋锚入支座的长度为 l_a。在端支座直锚长度不足时，可伸至端支座对边后弯折，且平直段长度应大于或等于 $0.6l_{ab}$，弯折段投影长度为 $15d$。

二、梁平法施工图的识读要点

根据建施图门窗洞口尺寸、洞顶标高、节点详图等重点检查梁的截面尺寸及梁面相对标高等是否正确；逐一检查各梁跨数、配筋；对于平面复杂的结构，应特别注意正确区分主、次梁，并检查主梁的截面与标高是否满足次梁的支承要求。

具体识读步骤如下。

（1）校对轴线网及尺寸：根据相应建施平面图，校对轴线网、轴线编号、轴线尺寸。

（2）检查梁平面布置与尺寸标注：根据相应建施平面图的房间分隔、墙柱布置，检查梁的平面布置是否合理，梁轴线定位尺寸是否齐全、正确。

（3）梁的详细检查与配筋分析：仔细检查每一根梁的编号、跨数、截面尺寸、配筋、相对标高。首先，根据梁的支承情况、跨数分清主梁和次梁，检查跨数注写是否正确。若为主梁时应检查附加横向钢筋有无遗漏，截面尺寸、梁的标高是否满足次梁的支承要求；检查梁的截面尺寸及梁面相对标高与建施图洞口尺寸、洞顶标高、节点详图等有无矛盾；检查集中标注的梁面通长钢筋与原位标注的钢筋有无矛盾；梁的标注有无遗漏；检查楼梯间平台梁、平台板是否设有支座。结合平法构造详图，确定箍筋加密区的长度、纵筋切断点的位置、锚固长度、附加横向钢筋及梁侧构造筋的设置要求等。异形断面梁还应结合断面详图进行识读，且应与建施中的详图无矛盾。初学者可通过亲自翻样，画出梁的配筋立面图、剖面图、模板图，甚至画出各种钢筋的形状并计算钢筋的下料长度，加深对梁平法施工图的理解。

(4) 设备管道与梁平法施工图协调性检查：检查各设备工种的管道、设备安装与梁平法施工图有无矛盾，大型设备的基础下一般均应设置梁；若有管道穿梁，则应预留套管，并满足构造要求。

(5) 结构设计审查与施工质量保证：根据结构设计（特别是节点设计），检查施工有无困难，是否能保证工程质量，并提出合理化建议。

(6) 梁预埋件完整性检查：注意梁的预埋件是否有遗漏（如有设备或外墙有装修要求时）。

任务五 剪力墙平法施工图的识读

任务描述

小伟是一名资深的结构工程师，他的任务是审核一个高层住宅项目的剪力墙平法施工图。他需要确保所有的设计都符合现行规范，并且能够有效地指导施工。面对这份复杂的施工图，他会从哪些方面入手进行审查？本任务将熟悉剪力墙平法施工图的识读方法。

任务分析

剪力墙平法施工图不仅详细描述了墙体的尺寸和配筋情况，还规定了具体的施工要求，对于确保工程质量和抗震性能具有重要意义。本任务旨在帮助读者掌握剪力墙平法施工图的制图规则和识读要点。

任务实施

一、剪力墙平法施工图制图规则

剪力墙平法施工图是在剪力墙平面布置图上采用列表注写方式或截面注写方式表达的施工图。

剪力墙平面布置图可按结构标准层采用适当比例单独绘制，当剪力墙比较简单且采用列表注写方法时也可与柱平面布置图合并绘制。对于轴线未居中的剪力墙（包括端柱），应标注其偏心定位尺寸。

在剪力墙平法施工图中，应按规定注明各结构层的楼面标高、结构层高及相应的结构层号。

1. 列表注写方式

为了简便、清楚地表达，剪力墙可视为由剪力墙柱、剪力墙身和剪力墙梁三类构件构成的。

（1）列表注写方式概述

列表注写方式是分别在剪力墙柱表、剪力墙身表和剪力墙梁表中，对应于剪力墙平面布置图上的编号，用绘制截面配筋图并注写几何尺寸与配筋具体数值的方式，来表达剪力墙平法施工图。

（2）编号规定

将剪力墙按剪力墙柱、剪力墙身和剪力墙梁三类构件分别编号。

① 剪力墙柱编号。剪力墙柱的编号由剪力墙柱类型、代号和序号组成，如表 9-3 所示。

表 9-3　剪力墙柱编号

剪力墙柱类型	代号	序号
约束边缘构件	YBZ	××
构造边缘构件	GBZ	××
非边缘暗柱	AZ	××
扶壁柱	FBZ	××

② 剪力墙身编号。由墙身代号、序号及墙身所配置的水平与竖向分布钢筋的排数组成，其中，排数注写在括号内，其表达形式为 Q××（×排）。

在编号中，如若干墙柱的截面尺寸与配筋相同，仅截面与轴线的关系不同时，可将其编为同一墙柱号；如若干墙身的厚度尺寸与配筋相同，仅墙厚与轴线的关系不同时或墙身长度不同，也可将其编为同一墙身号。对于分布钢筋网的排数规定：当剪力墙厚度不大于 400 mm 时，应配置双排；当剪力墙厚度大于 400 mm，但不大于 700 mm 时，宜配置三排；当剪力墙厚度大于 700 mm 时，宜配置四排。各排水平分布钢筋与竖向分布钢筋的直径与间距应保持一致。

当剪力墙配置的分布钢筋多于两排时，剪力墙拉筋两端应同时钩住外排水平纵筋和竖向纵筋，还应与剪力墙内排水平纵筋和竖向纵筋绑扎在一起。

③ 剪力墙梁编号。剪力墙梁的编号由剪力墙梁类型、代号和序号组成，如表 9-4 所示。

表 9-4　剪力墙梁编号

剪力墙梁类型	代号	序号
连梁	LL	××
连梁（对角暗撑配筋）	LL（JC）	××
连梁（交叉斜筋配筋）	LL（JX）	××
连梁（集中对角斜筋配筋）	LL（DX）	××
连梁（跨高比不小于 5）	LLk	××
暗梁	AL	××
边框梁	BKL	××

在具体工程中，当某些墙身需设置暗梁或边框梁时，宜在剪力墙平法施工图中绘制暗梁或边框梁的平面布置图并编号，以明确其具体位置。

（3）剪力墙柱表中应表达的内容

① 注写墙柱编号和绘制墙柱的截面配筋图，标注墙柱几何尺寸。

② 注写各段墙柱的起止标高。自墙柱根部往上以变截面位置或截面未变但配筋改变处为界分段注写。根部标高一般是指基础顶面标高（如为框支剪力墙结构则是指框支梁顶面标高）。

③ 注写各段墙柱纵向钢筋和箍筋，注写值应与在表中绘制的截面配筋图对应一致。纵向钢筋注写总配筋值，箍筋的注写方式同框架柱。对于约束边缘构件还应注写非阴影区布置的拉筋（或箍筋）。

（4）剪力墙身表中应表达的内容

① 注写剪力墙身编号（含水平与竖向分布筋的排数，注写在括号内，钢筋排数为 2 排时可省略不注）。

② 注写各段墙身起止标高，自墙身根部往上以变截面位置或截面未变但配筋改变处为界分段注写。根部标高规定同墙柱。

③ 注写水平分布筋、竖向分布筋和拉筋的钢筋种类、直径与间距。所注写的数值是指一排水平分布筋和竖向分布筋的规格与间距。拉筋应注明布置方式“矩形”或“梅花”。

（5）剪力墙梁表中应表达的内容

① 注写墙梁的编号。

② 注写墙梁所在的楼层号。

③ 注写墙梁顶面标高的高差。墙梁顶面标高的高差是指墙梁顶面标高与该结构层基准标高的高差，无高差时不注。

④ 注写墙梁截面尺寸 $b \times h$，上部纵筋、下部纵筋、箍筋的具体数值。

⑤ 当连梁设有对角暗撑时［代号为 LL（JC）××］，注写暗撑截面尺寸（箍筋外皮尺寸），注写一根暗撑的全部纵筋，并标注“×2”表明有两根暗撑相互交叉；注写暗撑箍筋的具体数值。

⑥ 当连梁设有交叉斜筋时［代号为 LL（JX）××］，注写连梁一侧对角斜筋的配筋值，并标注“×2”表示对称设置；注写对角斜筋在连梁端部设置的拉筋根数、规格及直径，并标注“×4”表示四个角均设置；注写连梁一侧折线筋的配筋值，并标注“×2”表示对称布置。

⑦ 当连梁设有集中对角斜筋时［代号为 LL（DX）××］，注写一条对角线上的对角斜筋，并标注“×2”表明对称布置。

⑧ 墙梁侧面纵筋的配置，当墙身水平分布钢筋满足连梁、暗梁及边框梁的梁侧面纵向钢筋的构造要求时，该配筋值同墙身水平分布钢筋，表中不注，按标准构造详图施工。当不满足时，应在表中注明具体数值。

⑨ 跨高比不小于 5 的连梁，按框架梁设计时（代号为 LLk××），采用平面注写方式，注写规则同框架梁，纵筋锚固要求同连梁中受力钢筋。

2. 截面注写方式

截面注写方式，是在按标准层绘制的剪力墙平面布置图上，以直接在墙柱、墙身、墙梁上注写截面尺寸和配筋具体数值的方式来表达剪力墙平法施工图。

选用适当比例原位放大绘制剪力墙平面布置图，其中对墙柱绘制配筋截面图；对所有墙柱、墙身、墙梁按规定进行编号，并分别在相同编号的墙柱、墙身、墙梁中选择一根墙柱、一道墙身、一根墙梁进行注写，其注写方式按下列规定进行。

（1）从相同编号的墙柱中选择一个截面，标注几何尺寸、全部纵筋及箍筋的具体数值。

(2) 从相同编号的墙身中选择一道墙身，按顺序引注墙身编号（应包括注写在括号内墙身分布筋的排数）、墙身厚度、水平分布钢筋、竖向分布钢筋和拉筋的具体数值。

(3) 从相同编号的墙梁中选择一根墙梁，注写墙梁编号、截面尺寸 $b\times h$、箍筋、上部纵筋、下部纵筋的数值，以及墙梁顶面标高的高差值。

当墙身水平分布钢筋不满足连梁、暗梁及边框梁的梁侧面纵向钢筋的构造要求时，应补充标注墙梁侧面纵向钢筋的具体数值；注写时，以大写字母 N 打头，直接注写直径与间距。其在支座内的锚固要求与连梁中受力钢筋相同。

3. 剪力墙洞口的表示方法

无论采用列表注写方式还是截面注写方式，剪力墙上洞口均可在剪力墙体平面布置图上原位表达（采用加阴影线表示）。

洞口的表示方法如下。

(1) 标注示例

在剪力墙平面布置图上绘制洞口示意图，并标注洞口中心的平面定位尺寸。

(2) 引注说明

在洞口中心位置引注。

说明 1：洞口编号（矩形洞口为 JD××，圆形洞口为 YD××，其中“××”表示序号）。

说明 2：洞口几何尺寸（矩形洞口为洞宽 $b\times$洞高 h，圆形洞口为洞口直径 D）。

说明 3：洞口中心相对标高［洞口中心高于楼（地）面结构标高时为正值，反之为负值］。

说明 4：洞口边的补强钢筋。洞口补强钢筋标注规定如下。

① 当矩形洞口的洞宽、洞高均不大于 800 mm 时，此项注写为洞口每边补强钢筋的具体数值。当洞宽、洞高方向补强钢筋不一致时，分别注写洞宽方向、洞高方向补强钢筋，以“/”分隔。

例 1：JD1 400×300+2. 100，表示 1 号矩形洞口，洞宽为 400 mm，洞高为 300 mm，洞口中心距本结构层楼面 2. 1 m，洞口每边补强钢筋按构造配置。

例 2：JD2 500×300+3. 100 3⌀14，表示 2 号矩形洞口，洞宽为 500 mm，洞高为 300 mm，洞口中心距本结构层楼面 3. 1m，洞口每边补强钢筋为 3⌀14。

例 3：JD3 800×300+2. 100 3⌀16/3⌀18，表示 3 号矩形洞口，洞宽为 800 mm，洞高为 300 mm，洞口中心距本结构层楼面 2. 1 m，洞宽方向每边补强钢筋为 3⌀16，洞高方向每边补强钢筋为 3⌀18。

② 当矩形或圆形洞口的洞宽或直径大于 800 mm 时，在洞口的上、下需设置补强暗

梁，此项注写为洞口上、下每边暗梁的纵筋与箍筋的具体数值（当设计未标注暗梁的高度时，一律取 400 mm）。当圆形洞口时，需注明环向加强钢筋的数值；当洞口上、下设有连梁时，可不标注；洞口竖向两侧一般设置边缘构件，其截面与配筋详见边缘构件详图。

例 1：JD4 1 800×1 000+1. 800 6⌀20ϕ8@ 150（2），表示 4 号矩形洞口，洞宽为 1 800 mm，洞高为 1 000 mm，洞口中心距本结构层楼面 1. 8 m，洞口上、下设补强暗梁，每边暗梁纵筋为 6⌀20，箍筋为 ϕ8@ 150（双肢）。

例 2：YD5 1000+1. 800 6⌀20ϕ8@ 150（2）2⌀16，表示 5 号圆形洞口，洞口直径为 1 000 mm，洞口中心距本结构层楼面 1. 8m，洞口上、下设补强暗梁，每边暗梁纵筋为 6⌀20，箍筋为 ϕ 箍筋为 ϕ8@ 150（双肢），环向加强钢筋为 2⌀16。

③ 当圆形洞口设置在连梁中部 1/3 范围（圆洞直径不应大于梁高的 1/3），需注写在圆洞上、下水平设置的每边补强纵筋与箍筋。

④ 当圆形洞口设置在墙身或暗梁、边框梁位置，且圆洞直径不应大于 300 mm，注写洞口上下、左右每边布置的补强纵筋具体数值。

⑤ 当圆形洞口直径大于 300 mm 但不大于 800 mm 时，注写洞口上下、左右每边布置的补强纵筋的具体数值，以及环向加强钢筋的数值。

例如：YD6 600+1. 800 2⌀20 2⌀16，表示 6 号圆形洞口，洞口直径为 600 mm，洞口中心距本结构层楼面 1. 8 m，洞口每边补强钢筋为 2⌀20，环向加强钢筋为 2⌀16。

4. 其他

（1）在剪力墙平法施工图中，应注明底部加强部位及高度范围。

（2）当剪力墙中有偏心受拉墙肢时，竖向钢筋均应采用机械连接或焊接接长，并在设计图中注明。

（3）抗震等级为一级的剪力墙，水平施工缝处需设置附加竖向插筋时，设计应注明构件位置，并注写附加竖向插筋的规格、数量及钢筋间距。

二、剪力墙平法施工图的识读要点

先校对平面，后校对构件；根据构件类型，分类逐一阅读；先阅读各构件，再查阅节点与连接。

具体识读步骤如下。

1. 阅读结构设计说明中的有关内容

明确底部加强区在剪力墙平法施工图中的所在部位及高度范围。

2. 检查各构件的平面布置与定位尺寸

根据相应的建筑平面图墙柱及洞口布置，查对剪力墙各构件的平面布置与定位尺寸是否正确。应特别注意变截面处上下截面与轴线的关系。

3. 剪力墙构件编号及尺寸配筋检查方法

从图中（截面注写方式）及表中（列表注写方式）检查剪力墙身、剪力墙柱、剪力墙梁的编号、起止标高（或梁面标高）、截面尺寸、配筋。当采用列表注写方式时，应将表与结构平面图对应看。

4. 剪力墙柱与墙身构造详图分析

剪力墙柱的构造详图和剪力墙身水平、垂向分布筋构造详图，结合平面配筋，搞清从基础顶面至屋面的整根柱与整片墙的配筋构造。

5. 剪力墙梁构造及配筋要求

剪力墙梁的构造详图，结合平面图中梁的配筋，全面理解梁的纵筋锚固、箍筋设置要求、梁侧纵筋的设置要求等。

6. 剪力墙与其他构件连接及拉结要求

其余构件与剪力墙的连接，剪力墙与填充墙拉结。

7. 绘制剪力墙配筋立面图指南

为全面理解剪力墙的配筋图，读者可自行画出整片剪力墙各构件的配筋立面图。

项目小结

本项目主要介绍了钢筋混凝土结构施工图的识读方法。首先，介绍了建筑工程施工图的基本组成及其作用，涵盖建筑、结构和设备施工图的内容与重要性。其次，详细讲解了混凝土结构施工图的具体构成，包括结构设计总说明、构件布置平面图及配筋图、详图，并强调了平法制图规则的优势。再次，分别介绍了柱、梁、剪力墙的平法施工图的制图规则与识读要点，展示了列表注写和平面注写方式的应用。从次，概述了施工图识读的原则与步骤，如“先建筑后结构再设备；先粗后细，先大后小”，帮助读者高效发现设计问题。最后，重点介绍了结构设计总说明的识读，包括结构概况、材料选用、构造要求等内容的重要性。通过本项目的学习，读者掌握了施工图的基本知识和识读技巧，提升了实际应用能力，能够在工程项目中准确解读施工图并确保施工符合设计要求，同时培养了严谨细致的工作态度和团队协作精神。

项目工单

【实训名称】

钢筋混凝土柱平法施工图识读。

【实训目的】

（1）深度掌握柱平法施工图的制图规则，包括列表注写与截面注写方式细节。

（2）精准解读柱编号、起止标高、截面尺寸、纵筋、箍筋等关键配筋信息。

（3）依据规范要求，准确判定柱纵筋连接接头位置、方法、长度及箍筋加密区参数。

（4）熟练洞察柱平法施工图与建筑、结构其他部分的紧密关联及潜在矛盾。

【实训步骤】

1. 理论回顾与图纸初览

（1）集中重温柱平法施工图制图规则核心要点，借助 PPT 或板书展示关键概念、注写方式范例，解答疑问。

（2）学员分组（每组 3~4 人）领取图纸资料，自主浏览，了解建筑整体概况、结构体系类型、柱分布格局及设计说明关键内容，标记不明处。

2. 信息提取与标注

（1）依列表注写方式，各小组精准识别柱编号规则，依表填列柱编号、起止标高、截面尺寸（含 b_1、b_2、h_1、h_2数值及与轴线关系）、纵筋配置（区分全部纵筋、角筋、中部筋注写情况）、箍筋类型号、肢数及间距（明确加密与非加密区表示），绘制简单柱截面草图辅助理解。

（2）按截面注写方式，小组在原位放大的柱截面配筋图上，准确标注截面尺寸、纵筋（含角筋、中部筋分布及数量）、箍筋具体数值及与轴线定位尺寸，对比不同编号柱异同并记录。

3. 深度分析与计算

（1）依据规范条文，确定柱纵筋连接接头位置（考虑楼层节点、变截面处要求），选定连接方法（如焊接、机械连接、绑扎搭接）并计算接头长度（按规范锚固长度修正系数进行精准计算）。

（2）依据抗震等级、柱类型等条件，精确计算柱端箍筋加密区长度（依公式或规范表格取值），明确加密区与非加密区箍筋直径、间距，对比设计值核查合理性。

4. 关联校验与问题汇总

(1) 对照建筑平面图，细致检查柱平面布置与建筑功能空间适配性（如柱对房间布局、通道设置影响）、与门窗洞口协调性（避免冲突）；比对结构梁、板图，检查梁柱节点构造合理性、梁纵筋锚固长度充足性及板筋与柱筋空间关系合规性。

(2) 汇总图纸矛盾与疑问，如标注不明、配筋矛盾、与规范不符处，详记问题内容、位置及初步分析判断，整理为问题报告。

5. 成果汇报与评价

(1) 各小组选代表汇报实训成果，含信息提取、分析计算、关联校验情况及问题解决思路，展示标注图纸、计算过程、问题报告，以 PPT 或板书辅助。

(2) 教师依准确完整性、分析深度、协作表现、报告质量评分（百分制），点评成果亮点与不足，讲解共性疑难问题，展示标准解答范例供学员比对反思、深化知识理解应用能力。

【实训评定】

请学生在实训过程中认真对待每一项任务，并根据评价表内容进行自评和互评，以便更好地了解自己在实训中的表现和进步空间。教师将根据实训表现给出最终评价。考核评价表如表 9-5 所示。

表 9-5　考核评价表

项目名称	评价内容	分值	评价分数		
			自评	互评	师评
职业素养考核项目（40%）	安全与规范意识	10 分			
	团队协作与沟通	10 分			
	职业态度与责任心	10 分			
	时间管理与效率	10 分			
专业能力考核项目（60%）	图纸识读与信息提取	10 分			
	纵筋与箍筋计算准确性	15 分			
	纵筋连接接头位置与判定方法	15 分			
	箍筋加密区参数计算与核查	10 分			
	结构关联性校验与问题汇总	10 分			
综合分数：________［自评（20%）+互评（20%）+师评（60%）］		100 分			

课后练习

一、填空题

1. 建筑工程施工图通常由________、________、________、________、________等内容组成。

2. 在平面布置图上表示各构件的尺寸和配筋的方式有________、________和________三种。

3. 柱平法施工图是在柱平面布置图上采用________或________来表达的施工图。

4. 梁的编号由梁的________、________、________、________组成。

5. 剪力墙平法施工图是在剪力墙平面布置图上采用________或________表达的施工图。

二、简答题

1. 请问建筑工程施工图的组成部分有哪些？

2. 请问平法施工图有哪些特点？

项目十 砌体结构

项目导读

砌体结构作为建筑领域中关键的结构形式，宛如坚实的骨骼架构起各类建筑的躯体，广泛应用于住宅、工业厂房及众多一般性民用建筑之中。它凭借取材便捷、造价亲民、施工简易且隔热保温性能卓越等诸多优势，成为建筑行业不可或缺的重要组成部分。本项目将深入探讨砌体材料及其力学性能、构造柱、圈梁、过梁和挑梁的设计与施工要点，以及墙体开裂的防御措施和框架填充墙的相关内容。

学习目标

知识目标

1. 掌握砌体结构的基本概念，理解砌体结构的定义、分类（砖砌体、砌块砌体和石砌体）及其在建筑中的应用。

2. 了解砖、砌块、石材的特点及强度等级划分。

3. 了解建筑砂浆的组成与性能。

4. 学习影响砌体抗压强度的因素。

5. 掌握构造柱、圈梁、过梁和挑梁的设计原理。

能力目标

1. 基于工程需求，合理选用不同类型的块材和砂浆，并解释选择依据。

2. 针对实际工程中出现的问题，如墙体开裂或不均匀沉降，能提出有效的解决方案。

3. 能够根据规范和技术标准进行构造柱、圈梁、过梁和挑梁的设计，并能绘制相关施工图。

4. 具备施工现场指导能力：能够指导施工人员正确执行砌体结构的施工工艺，确保工程质量符合要求。

素质目标

1. 强调工程质量和安全的重要性，养成认真细致的工作作风。
2. 在项目实施过程中，学会与他人合作，共同解决问题，提高工作效率。
3. 能够在专业领域内清晰表达自己的观点，同时也能有效倾听他人的意见。
4. 鼓励不断更新专业知识和技术，适应行业发展变化。

思政目标

1. 弘扬工匠精神与职业操守，在对砌体结构精细设计、精心施工、精准管理的不懈追求中，持续打磨技艺、雕琢品质，传承与弘扬敬业奉献、精益专注、创新进取的工匠精神，以卓越品质诠释职业担当，让工匠精神在建筑领域熠熠生辉。

2. 培育绿色节能与可持续发展理念，在砌体结构材料选用、构造优化等环节充分考量资源节约、能源高效利用与环境友好因素，积极推动建筑行业绿色转型、可持续发展，以建筑生态践行环保使命，让绿色理念在建筑全生命周期落地生根。

任务一　砌体材料及力学性能

任务描述

小丽站在一座历史悠久的砖砌城墙下，仰望着那历经风雨却依然屹立不倒的墙体，她有些好奇：这些砖块是如何被紧密地结合在一起的，为什么几百年过去了还能保持如此稳固？或者当走进一栋新建的住宅楼时，是否思考过墙壁背后的秘密——是什么让这些看似普通的砖块能够支撑起整栋大楼？本任务将揭开砌体结构背后的神秘面纱，探索其构造原理和技术要点。

任务分析

在建筑工程中，砌体结构作为一种传统而又广泛应用的建筑形式，以其施工简便、成本较低和良好的耐久性等特点，成为许多民用和工业建筑的选择。本任务旨在帮助读者了解砌体材料及其力学性能，掌握它们的特点和应用范围。

任务实施

由块体和砂浆砌筑而成的墙、柱作为建筑物主要受力构件的结构，称为砌体结构，它是砖砌体、砌块砌体和石砌体结构的统称。

一、块材

砌体结构中常用的块材有砖、砌块和石材三种。块材的强度等级是块材力学性能的基本标志，用符号“MU”表示。

1. 砖

我国目前用于砌体结构的砖主要有以下三类。

（1）烧结砖

经焙烧而制成的砖称为烧结砖，常结合主要原材料命名，如烧结黏土砖、烧结粉煤灰砖、烧结页岩砖等。按规格尺寸及空心率，烧结砖有烧结普通砖、烧结多孔砖、烧结空心砖等。

① 烧结普通砖。其外形为直角六面体，标准尺寸为 240 mm×115 mm×53 mm。烧结普通砖按强度划分为五个等级：MU30、MU25、MU20、MU15、MU10。烧结普通砖具有较高的强度，良好的绝热性、耐久性、透气性和稳定性，原材料广泛，生产工艺简单，因而可用作墙体材料，砌筑柱、拱、窑炉、烟囱、沟道及基础等。

② 烧结多孔砖。其是以黏土、贝岩、煤矸石、粉煤灰等为主要原料烧制的主要用于结构承重的多孔砖。多孔砖大面有孔，孔多而小，孔洞垂直于大面（即受压面），孔洞率不小于 25%。烧结多孔砖主要用于 6 层以下建筑物的承重墙体。

③ 烧结空心砖。其是以黏土、页岩、煤矸石、粉煤灰等为主要原料烧制的主要用于非承重部位的空心砖。其顶面有孔，孔大而少，孔洞为矩形条孔或其他孔形，孔洞率不小于 40%。由于其孔洞平行于大面和条面，垂直于顶面，使用时大面承压，承压面与孔洞平行，所以这种砖强度不高，而且自重较轻，多用于非承重墙，如多层建筑内隔墙或框架结构的填充墙等。

砖的耐久性应符合国家和行业规范规定，其耐久性包括抗风化性、泛霜和石灰爆裂等指标。抗风化性通常以其抗冻性、吸水率及饱和系数等来进行判别。而泛霜和石灰爆裂均与砖中石灰夹杂有关。

（2）蒸养（压）砖

蒸养（压）砖属于硅酸盐制品，是以石灰和含硅原料（砂、粉煤灰、炉渣、矿渣、煤矸石等）加水拌和，经成型、蒸养（压）而制成的。目前使用的主要有粉煤灰砖、灰砂砖和炉渣砖。根据国家标准《蒸压灰砂实心砖和实心砌块》（GB/T 11945—2019），蒸压灰砂砖以石灰和砂为原料，经制坯成型、蒸压养护而成，这种砖与烧结普通砖尺寸规格相同。按抗压、抗折强度值可划分为 MU30、MU25、MU20、MU15、MU10 五个强度等级。MU15 以上者可用于基础及其他建筑部位。MU10 砖可用于防潮层以上的建筑部位。这种砖均不得用于长期受热 200 ℃以上高温、受急冷急热和有酸性介质侵蚀的建筑部位。

（3）混凝土砖

混凝土砖分为混凝土实心砖和混凝土多孔砖。混凝土实心砖其主规格尺寸为 240 mm×115 mm×53 mm、240 mm×115 mm×90 mm 等；混凝土多孔砖其主规格尺寸为 240 mm×115 mm×90 mm、240 mm×190 mm×90 mm、190 mm×190 mm×90 mm 等。强度等级分为 MU30、MU25、MU20 和 MU15 共四级。

2. 砌块

砌块按主规格尺寸可分为小砌块、中砌块和大砌块；按其空心率大小又可分为空心砌块和实心砌块。空心率小于 25% 或无孔洞的砌块为实心砌块；空心率大于或等于 25% 的砌块为空心砌块。砌块又可按其所用主要原料及生产工艺命名，如水泥混凝土砌块、加气混凝土砌块、粉煤灰砌块、石膏砌块、烧结砌块等。常用的砌块有普通混凝土小型空心砌块、轻骨料混凝土小型空心砌块和蒸压加气混凝土砌块等。

（1）普通混凝土小型空心砌块

根据国家标准《普通混凝土小型砌块》（GB/T 8239—2014），普通混凝土小型砌块出厂检验项目有尺寸偏差、外观质量、最小壁肋厚度和强度等级。空心砌块按其强度等级分为 MU5. 0、MU7. 5、MU10、MU15、MU20 和 MU25 六个等级；实心砌块按其强度等级分为 MU10、MU15、MU20、MU25、MU30、MU35 和 MU40 七个等级。

砌块的主规格尺寸为 390 mm×190 mm×190 mm。其孔洞设置在受压面，有单排孔、双排孔、三排孔及四排孔。砌块除主规格外，还有若干辅助规格，共同组成砌块基本系列。

普通混凝土小型空心砌块作为烧结砖的替代材料，可用于承重结构和非承重结构。目前主要用于单层和多层工业与民用建筑的内墙和外墙，如果配置钢筋，可用于建造高层砌块建筑。

混凝土砌块吸水率小、吸水速度慢，砌筑前不允许浇水，以免发生“走浆”现象，影响砂浆饱满度和砌体的抗剪强度。但在气候条件特别干燥炎热时，可在砌筑前稍喷水湿润。与烧结砖砌体相比，混凝土砌块墙体较易产生裂缝，应注意在构造上采取抗裂措施。另外，还应注意防止外墙面渗漏，粉刷时应做好填缝，并压实、抹平。

（2）轻骨料混凝土小型空心砌块

轻骨料混凝土小型空心砌块按密度划分为700 kg/m³、800 kg/m³、900 kg/m³、1 000 kg/m³、1 100 kg/m³、1 200 kg/m³、1 300 kg/m³ 和 1 400 kg/m³ 共八个等级。按强度等级可采用MU2. 5、MU3. 5、MU5. 0、MU7. 5 和 MU10. 0 五个等级。同一强度等级砌块的抗压强度和密度等级范围应同时符合规定方为合格。

与普通混凝土小型空心砌块相比，轻骨料混凝土小型空心砌块密度较小，热工性能较好，但干缩值较大，使用时更容易产生裂缝，目前主要用于非承重的隔墙和围护墙。

（3）蒸压加气混凝土砌块

根据国家标准《蒸压加气混凝土砌块》（GB/T 11968—2020），砌块按干密度分为B03、B04、B05、B06 和 B07 共五个级别；按抗压强度分为 A1. 5、A2. 0、A2. 5、A3. 5 和A5. 0 五个级别；按尺寸偏差分为Ⅰ型和Ⅱ型。蒸压加气混凝土砌块广泛用于一般建筑物墙体、多层建筑物的非承重墙及隔墙，也可用于低层建筑的承重墙；体积密度级别低的砌块还可用于屋面保温。

3. 石材

天然石材资源丰富、强度高、耐久性好、色泽自然，在土木建筑工程中常用作砌体材料、装饰材料及混凝土的骨料。

石材可分为料石和毛石。料石按加工后的外形规则程度又可分为细料石、粗料石和毛料石。无明显风化的天然石材抗压强度高，抗冻性、抗水性、抗气性、耐久性均较好。石材的强度等级分为 MU100、MU80、MU60、MU50、MU40、MU30、MU20、MU15 和 MU10共九级。

二、建筑砂浆

砂浆是由胶凝材料、细骨料、掺和料和水配制而成的材料，在建筑工程中起黏结、衬垫和传递应力的作用。按用途可分为砌筑砂浆、抹面砂浆、其他特种砂浆等；按所用胶凝材料可分为水泥砂浆、石灰砂浆、水泥石灰混合砂浆等；按生产形式可分为现场拌制砂浆和预拌砂浆。

1. 砂浆的材料组成

砂浆的材料组成包括胶凝材料、细骨料、掺和料、水、外加剂和纤维等。

（1）胶凝材料

常用的胶凝材料有水泥、石灰、石膏等，选用时应根据使用环境、用途等合理选择。在干燥条件下使用的砂浆既可选用气硬性胶凝材料（石灰、石膏），也可选用水硬性胶凝材料（水泥）；若在潮湿环境或水中使用的砂浆，则必须选用水泥作为胶凝材料。水泥宜采用通用硅酸盐水泥或砌筑水泥；M15 及以下强度等级的砌筑砂浆宜选用 32.5 级的通用硅酸盐水泥或砌筑水泥；M15 以上强度等级的砌筑砂浆宜选用 42.5 级的通用硅酸盐水泥。

（2）细骨料

对于砌筑砂浆用砂，优先选用中砂，既可满足和易性要求，又可节约水泥。毛石砌体宜选用粗砂。砂的技术质量标准应符合有关的标准规定。砂浆用砂还可根据原材料情况，采用人工砂、山砂、海砂、特细砂等，但应根据经验并经实验后，确定其技术要求。在保温砂浆、吸声砂浆和装饰砂浆中，还采用轻砂（如膨胀珍珠岩）、白色砂或彩色砂等。

（3）掺和料

掺和料是指为改善砂浆和易性而加入的无机材料，如石灰膏、电石膏、黏土膏、粉煤灰、沸石粉等。掺和料对砂浆强度无直接影响。

（4）水

拌制砂浆的水应是不含有害物质的洁净水，食用水可用来拌制各类砂浆。若用工业废水和矿泉水时，需经化验合格后才能使用。

（5）外加剂

常见的外加剂一般包括调凝剂、引气剂、早强剂、减水剂等。外加剂可促使砂浆性能更优越，品质更稳定。

（6）纤维

为改善砂浆韧性，提高抗裂性，常在砂浆中加入纤维，如纸筋、麻刀、木纤维、合成纤维等。

2. 砌筑砂浆的主要技术性能

在土木建筑工程中，砌筑砂浆应具有良好的流动性、保水性，其抗压强度与强度等级应符合标准。

（1）流动性

砂浆的流动性是指砂浆在自重或外力作用下流动的性能，用稠度表示。稠度是以砂浆稠度测定仪的圆锥体沉入砂浆内的深度（单位为 mm）表示。圆锥沉入深度越大，砂浆的流动性越大。

砂浆稠度的选择与砌体材料的种类、施工条件及气候条件等有关。对于吸水性强的砌体材料和高温干燥的天气，要求砂浆稠度要大些，反之对于密实不吸水的砌体材料和湿冷天气，砂浆稠度可小些。影响砂浆稠度的因素有所用胶凝材料种类及数量，用水量，掺和料的种类与数量，砂的形状、粗细与级配，以及外加剂的种类与掺量、搅拌时间。

（2）保水性

保水性是指砂浆拌和物保持水分的能力，用分层度表示砂浆的保水性，分层度不得大于 30 mm。通过保持一定数量的胶凝材料和掺和料，或采用较细砂并加大掺量，或掺入引气剂等，可改善砂浆的保水性。

（3）抗压强度与强度等级

砂浆的强度等级是以边长为 70.7 mm 的立方体试件，在标准养护条件下，用标准实验方法测得 28 天龄期的抗压强度值（单位为 MPa）来确定。水泥砂浆及预拌砂浆的强度等级可分为 M5、M7.5、M10、M15、M20、M25、M30；水泥混合砂浆的强度等级可分为 M5、M75、M10、M15。影响砂浆强度的因素很多，除了砂浆的组成材料、配合比、施工工艺、施工及硬化时的条件等因素外，砌体材料的吸水率也会对砂浆强度产生影响。

三、影响砌体抗压强度的因素

影响砌体抗压强度的因素主要有以下几个。

1. 块材和砂浆强度

块材和砂浆强度是决定砌体抗压强度的最主要因素之一。当块材强度提高时，其抗弯、抗剪的能力随之加大，砌体抗压强度也就提高了。砂浆强度提高时，使砂浆与砖的横向变形系数更加接近，砌体内块材拉应力减少，砌体抗压强度随之提高，但提高块材强度效果更为明显。

2. 砂浆的性能

砂浆的流动性和保水性好，容易铺砌成厚度均匀、密实性好的水平灰缝，降低砌体内块材的弯剪应力，从而提高了砌体的强度。但流动性过大，使砂浆在硬化时的横向变形加大，反而会降低砌体的强度。

砂浆的性能

3. 块材的尺寸、形状及灰缝厚度

厚度大的块体，其抗弯、抗剪、抗拉的能力增大，会推迟砌体的开裂；长度较大时，块体在砌体中引起的弯、剪应力也较大，易引起块体开裂破坏。因此，砌体强度随块材厚度的增大而提高，随块材的平面尺寸增加而降低。当块材的外形比较规则、平整时，砌体中块材受弯、剪应力的不利影响减少，从而使砌体强度相对提高。灰缝越厚，越容易铺砌均匀，但砂浆的横向变形增大，使得砌体抗压强度降低；灰缝太薄又难以铺设均匀，砌体强度也将降低。因此，对砖和小型砌块砌体的灰缝厚度应控制在 8~12 mm；对石砌体中的细料石砌体不宜大于 5 mm，毛料石和粗料石砌体不宜大于 20 mm。

4. 砌筑质量

砌筑质量的影响因素是多方面的，如块材砌筑时的含水率、工人的技术水平、砂浆搅拌方式、灰缝质量等。其中，灰缝质量包括灰缝的均匀性、密实度和饱满度等，灰缝均匀、密实、饱满可显著改善块体在砌体中的复杂应力状态，使砌体抗压强度明显提高。

任务二 构造柱、圈梁、过梁和挑梁

任务描述

某地区突遭地震，房屋剧烈摇晃，但最终却能屹立不倒，这背后离不开构造柱、圈梁、过梁和挑梁的贡献。你是否好奇这些看似不起眼的构件是如何保护建筑物不受损害的？又或者当你看到一座高楼大厦时，是否会思考那些看不见的内部结构是如何确保其安全可靠的？本任务将学习构造柱、圈梁、过梁和挑梁的知识要点。

任务分析

在建筑结构中，构造柱、圈梁、过梁和挑梁等构件虽然不直接承担建筑物的主要荷载，但却对提升建筑的整体稳定性和抗震性能起到了至关重要的作用。它们就像是隐藏在墙体背后的"守护者"，默默地为建筑物的安全保驾护航。通过本任务的学习，读者将深入了解这些构件的功能、设置原则及其具体构造要求。

任务实施

一、构造柱

构造柱是一种与砌筑墙体浇筑在一起的现浇钢筋混凝土柱。各层的构造柱必须在竖向上下贯通，在横向与钢筋混凝土圈梁连在一起，从而将墙体箍住，提高墙体的抗剪强度、延性和房屋结构的整体性。构造柱设置在结构连接且构造较薄弱、易应力集中的部位。施工时，必须先砌筑墙体，后浇筑构造柱。

钢筋混凝土构造柱的一般做法，如图 10-1 所示，构造柱与墙体连接处应砌成马牙槎，从柱脚开始，先退后进，并应沿墙高每隔 500 mm 设 2ϕ6 拉结钢筋，拉结钢筋每边伸入墙内的长度不宜小于 1 m；构造柱与圈梁连接处，构造柱的纵筋应穿过圈梁，以保证构造柱纵筋上下贯通。

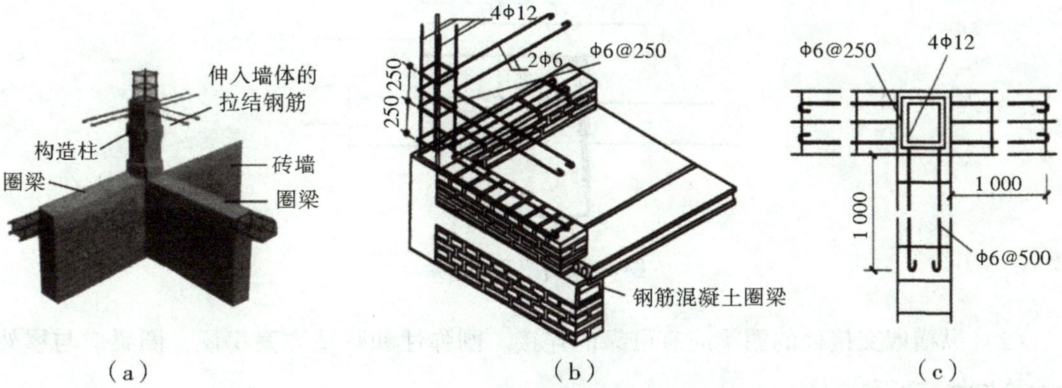

图 10-1 钢筋混凝土构造柱的基本构造

钢筋混凝土构造柱的最小截面可采用 240 mm×180 mm，纵向钢筋宜采用 4Φ12，箍筋间距不宜大于 250 mm，并且在柱上、下端处宜适当加密。构造柱可不单独设置基础，但应伸入室外地面下 500 mm 或锚入浅于 500 mm 的基础圈梁内。

二、圈梁

圈梁是在房屋的檐口、楼层或基础顶面标高处沿墙体水平方向设置的封闭状的钢筋混凝土连续构件。

1. 圈梁的作用和布置

圈梁的作用是可以增强砌体房屋的整体刚度，防止由于地基不均匀沉降，或较大振动荷载等对房屋引起的不利影响，也是砌体房屋抗震的有效措施。

圈梁的布置应根据地基情况、房屋类型、层数及所受的振动荷载等确定。例如，3~4 层的多层砌体民用房屋，应在底层和檐口标高处各设置一道圈梁；层数超过 4 层时，除应在底层和檐口标高处各设置一道圈梁外，至少应在所有纵横墙上隔层设置；多层工业砌体房屋则应每层设置。为防止地基不均匀沉降，圈梁设置在基础顶面和檐口部位时最为有效。

2. 圈梁的构造要求

（1）圈梁宜尽量设在同一水平面上，并形成封闭状；当圈梁被门窗洞口截断时，应在洞口上部增设相同截面的附加圈梁。附加圈梁与圈梁的搭接长度不应小于其垂直间距的 2 倍，且不得小于 1 m（图 10-2）。

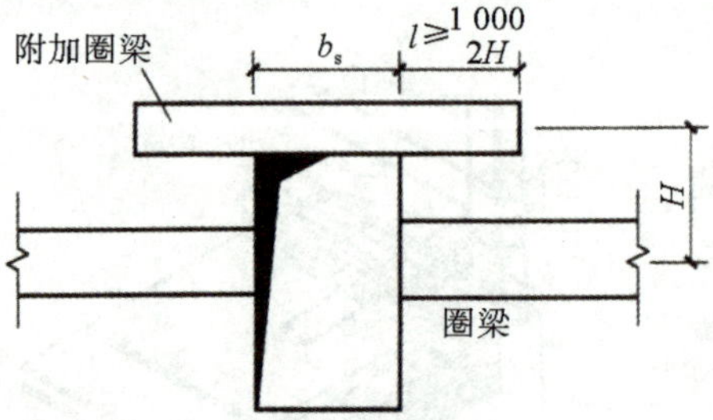

图 10-2　圈梁的搭接

（2）纵横墙交接处的圈梁应有可靠的连接。刚弹性和弹性方案房屋，圈梁应与屋架、大梁等构件有可靠连接。

（3）钢筋混凝土圈梁的宽度宜与墙厚相同，当墙厚 $h\geqslant240$ mm 时，其宽度不宜小于 $2/3h$。圈梁高度不应小于 120 mm。纵向钢筋不应少于 4φ10，绑扎接头的搭接长度按受拉钢筋考虑，箍筋间距不应大于 300 mm。

三、过梁

为了承受门、窗洞口以上砌体的自重及楼盖（屋盖）传来的荷载，常在洞口顶部设置过梁。

1. 过梁的形式

常用的过梁形式有砖砌平拱过梁、砖砌弧拱过梁、半圆砖拱过梁、钢筋砖过梁、钢筋混凝土过梁等（图 10-3）。在有较大振动荷载或可能产生较大不均匀沉降的墙体结构中，应采用钢筋混凝土过梁。

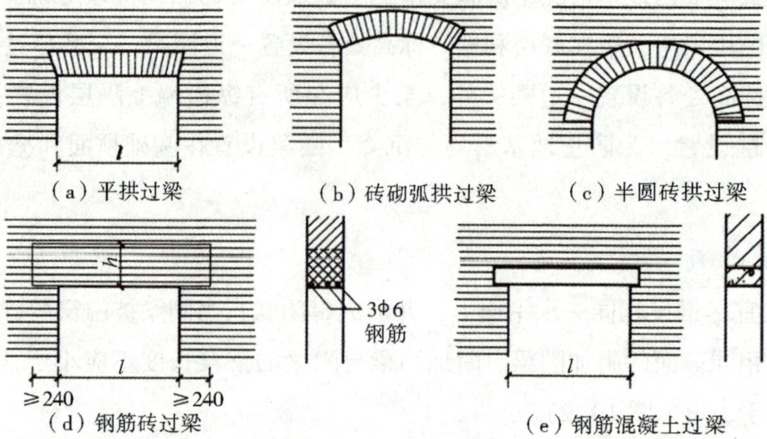

图 10-3　过梁的几种形式

2. 几种常见过梁的主要构造要求

（1）砖砌平拱过梁

砖砌平拱过梁的跨度不宜超过1.20 m，竖砖砌筑部分的高度不应小于240 mm，砖砌过梁截面计算高度内的砂浆不宜低于M5。

（2）钢筋砖过梁

钢筋砖过梁的跨度不宜超过1.50 m。在施工时，要求在过梁下皮设置支撑和模板，并在砌砖前在模板上铺一层厚度不小于30 mm的水泥砂浆层，埋入砂浆层的钢筋，其直径不应小于5 mm，间距不宜大于120 mm，两端伸入支座砌体内的长度不宜小于240 mm。

（3）钢筋混凝土过梁

按钢筋混凝土受弯构件设计计算，其截面高度一般不小于3皮砖（180 mm），截面宽度与墙体厚度相同，两端伸入墙体的长度不小于180 mm。

四、挑梁

挑梁是指一端嵌入砌体墙体内，另一端挑出墙体外面的悬挑构件。

1. 挑梁的破坏形式

在荷载作用下，挑梁可能发生的破坏形式有以下几种。

（1）挑梁倾覆破坏。挑梁倾覆力矩大于抗倾覆力矩，挑梁尾端墙体斜裂缝不断开展，挑梁绕倾覆点发生倾覆破坏［图10-4（a）］。

（2）挑梁下砌体局部破坏。当挑梁埋入墙体较深、梁上墙体高度较大时，挑梁下靠近墙边的小部分砌体由于压力过大发生局部受压破坏［图10-4（b）］。

（3）挑梁自身弯曲破坏或剪切破坏。挑梁本身在倾覆点附近因正截面受弯承载力不足或斜截面受剪承载力不足引起弯曲或剪切破坏。

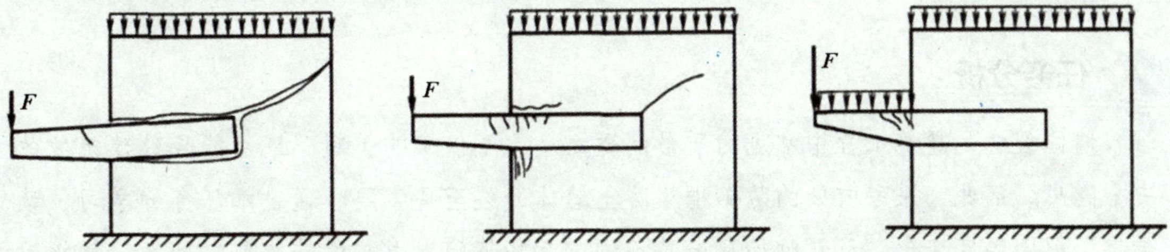

（a）倾覆破坏　（b）局部破坏　（c）挑梁受弯、受剪破坏

图10-4　挑梁的破坏形式

2. 挑梁的主要构造要求

（1）挑梁埋入墙体内的长度 l_1 与挑出长度 l 之比宜大于1.2；当挑梁上无砌体时，长

度 l_1 与挑出长度 l 之比宜大于 2，如图 10-5 所示。

（2）纵向受力钢筋至少应有 1/2 的钢筋面积伸入梁尾端，且不少于 2Φ12；其他钢筋伸入支座的长度不应小于 $2/l_1/3$。

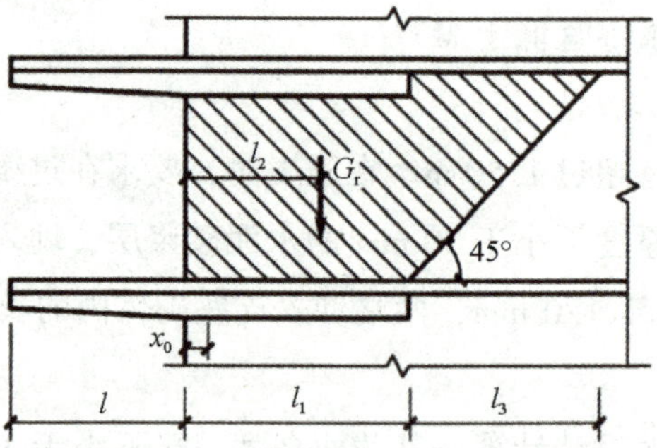

图 10-5　挑梁的构造要求

任务三　墙体开裂的防御措施

任务描述

设想一下，当你走进一栋新建的房子，却发现墙面出现了明显的裂缝，你会不会感到担忧？这些裂缝可能是由于建筑材料的热胀、冷缩、干缩或是地基的不均匀沉降所导致。那么，如何才能避免这样的情况发生呢？或者当你站在一栋历史悠久的建筑前，发现它历经岁月洗礼依然完好无损，这又是怎么做到的？本任务将学习墙体开裂的防御措施。

任务分析

墙体裂缝是建筑工程中常见的质量问题之一，不仅影响美观，还可能导致建筑物的安全隐患。因此，采取有效的防御措施防止墙体开裂至关重要。通过本任务的学习，读者将了解因温度变化、材料收缩及地基不均匀沉降等因素引起的墙体裂缝问题，并探讨相应的预防和缓解策略。

任务实施

墙体除了因荷载引起内力外，温度变化、材料收缩、地基不均匀沉降等间接作用也会在墙体内产生内力。由于砌体的抗拉强度很低，若设计处理不当，上述这些复杂因素引起的内力很可能导致墙体各种裂缝的形成。目前，尚难以定量计算这些复杂因素引起的墙体内力，但可以采取适当的构造措施防止或减轻墙体开裂。

一、防止或减轻由于收缩和温度变形引起的墙体开裂

1. 产生裂缝的原因

结构构件由温度变化引起热胀冷缩的变形为温度变形。钢筋混凝土的线膨胀系数一般为 10×10^{-4}，砖砌体的线膨胀系数为 5×10^{-4}，可见在相同的温差下钢筋混凝土的变形要比砖砌体的变形大两倍以上。钢筋混凝土楼（屋）盖与砖砌体组成的砖混结构房屋，由于构件间的相互约束，温度变化或材料发生收缩时，各自的变形不能自由地进行而引起应力。两种材料均为抗拉强度较低的脆性材料，当拉应力超过其抗拉强度时，就会出现不同形式的裂缝。房屋长度方向较长时，当大气温度改变，墙体的伸缩变形受到基础的约束，也会产生裂缝。对于砌块砌体房屋，虽然线膨胀系数相差较小（混凝土小型砌块砌体为 10×10^{-4}），但干缩较大，而且即使干缩稳定后，当再次被雨水或潮气浸湿后还会产生较大的再次干缩。因此，由于温度变形和砌块的干缩而引起的墙体裂缝比较普遍。

2. 温度变形和收缩引起房屋裂缝的主要形式

（1）平屋顶下边外墙的水平裂缝和包角裂缝（图 10-6）。

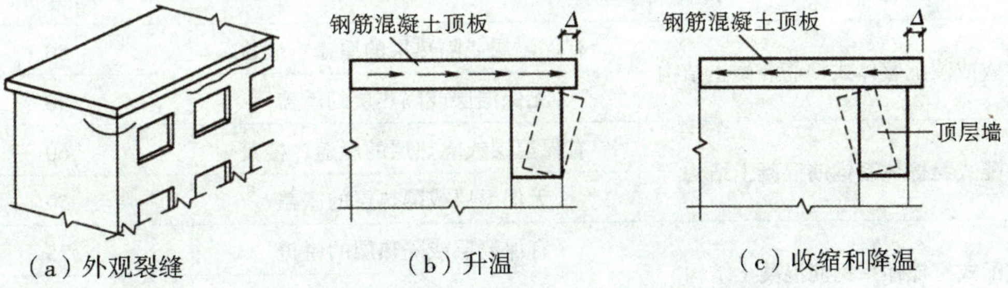

图 10-6　平屋顶下边外墙的水平裂缝和包角裂缝

（2）顶层内外纵墙和横墙的“八”字形裂缝（图 10-7）。

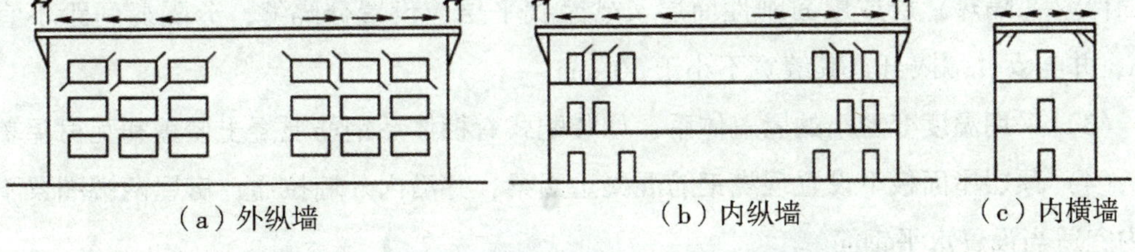

图 10-7　顶层内外纵墙和横墙的“八”字形裂缝

（3）房屋错层处墙体的局部垂直裂缝（图 10-8）。

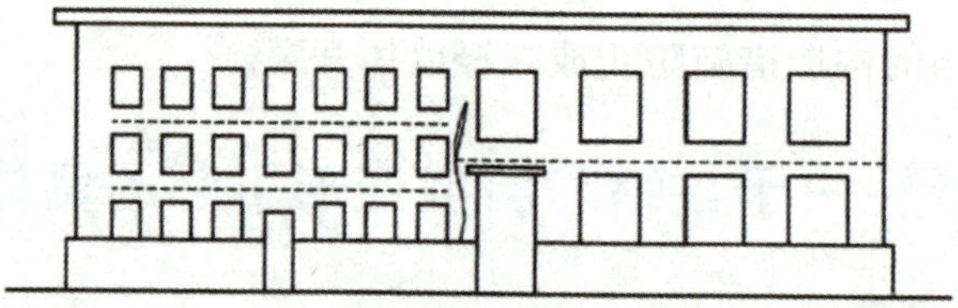

图 10-8　房屋错层处墙体的局部垂直裂缝

（4）对砌块砌体房屋，由于基础的约束，使房屋的底部几层较长的实墙体的中部，即山墙、楼梯的墙中部出现竖向干缩裂缝，此裂缝越向顶层也越轻。

3. 防止或减轻由于收缩和温度变形引起墙体开裂的主要措施

墙体裂缝的防止或减轻措施宜与材料、设计、施工相结合，采用防、放、抗相结合的综合措施，具体如下。

（1）设置伸缩缝。为了防止或减轻房屋在正常使用条件下，由温度和砌体干缩引起的墙体竖向裂缝，应在墙体中设置伸缩缝。伸缩缝应设置在因温度和收缩变形可能引起应力集中、砌体产生裂缝可能性最大的地方。伸缩缝的最大间距可按表 10-1 采用。

表 10-1　砌体房屋伸缩缝的最大间距

屋盖或楼盖类别		间距/m
整体式或装配整体式钢筋混凝土结构	有保温层或隔热层的屋盖、楼盖	50
	无保温层或隔热层的屋盖	40
装配式无檩体系钢筋混凝土结构	有保温层或隔热层的屋盖、楼盖	60
	无保温层或隔热层的屋盖	50
装配式有檩体系钢筋混凝土结构	有保温层或隔热层的屋盖	75
	无保温层或隔热层的屋盖	60
瓦材屋盖、木屋盖或楼盖、轻钢屋盖		100

（2）采用整体式或装配整体式钢筋混凝土屋盖时，宜在屋盖上设置保温层或隔热层。屋面保温（隔热）层或屋面刚性面层及砂浆找平层应设置分隔缝，分隔缝间距不宜大于 6 m，并与女儿墙隔开，其缝宽不小于 30 mm。

（3）采用温度变形小的屋盖体系，如装配式有檩体系钢筋混凝土屋盖和瓦材屋盖。

（4）顶层屋面板下设置现浇钢筋混凝土圈梁，并沿内外墙拉通，房屋两端圈梁下的墙体内宜适当设置水平钢筋。

（5）房屋顶层端部墙体内适当增设构造柱，房屋底层墙体增大基础圈梁的高度。

（6）顶层挑梁末端下墙体灰缝内设置 3 道焊接钢筋网片（纵向钢筋不宜少于 2ϕ4，横筋间距不宜大于 200 mm）或 2ϕ6 钢筋，钢筋网片或钢筋应自挑梁末端伸入两边墙体不小于 1 m，如图 10-9 所示。

（7）为防止墙体交接处开裂，在墙体转角处和纵横交接处宜沿竖向每隔 400～500 mm 设拉结钢筋，其数量为每 120 mm 墙厚不少于 1ϕ6 钢筋或焊接钢筋网片，埋入长度从墙的转角或交接处算起，每边不小于 600 mm。

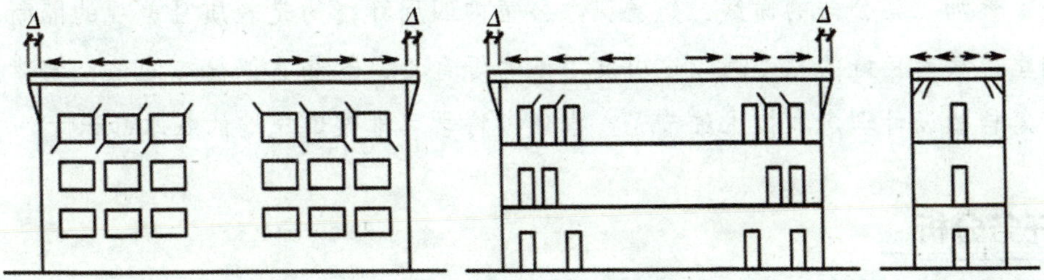

（a）外纵墙　　（b）内纵墙　　（c）内横墙

图 10-9　顶层挑梁末端钢筋网片或钢筋

二、防止因地基不均匀沉降引起的墙体裂缝

1. 地基不均匀沉降引起的裂缝主要形式

因地基不均匀沉降引起的墙体裂缝往往为由下而上指向沉降较大处，裂缝形式主要有正“八”字形裂缝、倒“八”字形裂缝和斜裂缝，当底层门窗洞口较大时还可能出现窗台下墙体的垂直裂缝等。

2. 防止或减轻因地基不均匀沉降引起墙体裂缝的主要措施

（1）设置沉降缝。在地基土性质相差较大处，房屋高度、荷载、结构刚度变化较大处，房屋结构形式变化处，高低层的施工时间不同处设置沉降缝，将房屋分割为若干长高比较小、体型规则、整体刚度较好的独立单元。

（2）加强房屋整体刚度。例如，合理布置承重墙体、增大基础圈梁刚度、增设钢筋混凝土圈梁等。

（3）对处于软土地区或土质变化较复杂地区，利用天然地基建造房屋时，房屋体型力求简单，采用对地基不均匀沉降不敏感的结构形式和基础形式。

（4）合理安排施工顺序，先施工层数多、荷载大的单元，后施工层数少、荷载小的单元。

任务四 框架填充墙

任务描述

小丽参加了某公司的面试，她发现办公室内四周环绕的是轻质且美观的隔断墙，也注意到室内具有良好的私密性。这引发了她的好奇心，这些看似简单的填充墙背后究竟隐藏着怎样的设计理念和技术细节呢？本任务将学习框架填充墙的基本知识。

任务分析

框架结构建筑以其良好的抗震性能和空间灵活性而广受青睐，其中填充墙作为非承重墙体，在围护和分隔空间方面发挥着重要作用。然而，由于填充墙并不直接参与建筑物的主要受力，其设计和施工往往容易被忽视。通过本任务的学习，读者将了解框架填充墙的特点、构造设计及其与主体结构之间的连接方式。

任务实施

框架结构的墙体是填充墙，起围护和分隔作用，重量由梁柱承担，填充墙不承重。

一、填充墙构造柱的设置

填充墙的构造柱设置通常不会在设计图上明确，需要施工单位根据内装图纸和结构总说明中关于构造柱设置的相关要求和规范要求进行深化。通常情况下，结构总说明中墙内构造柱按以下原则设置。

（1）墙长大于 5 m 时，沿墙长方向每隔 4 m 设置一根构造柱。

（2）外墙转角、楼梯间墙转角、电梯井角部，以及无翼墙或混凝土墙（柱）的填充墙端部应设置构造柱。

（3）砌筑填充墙时应错缝搭砌；两墙相交时，若因砌块模数等原因而无法错缝搭砌时，则在其相交处设置构造柱。

（4）构造柱截面为墙宽乘以 200 mm，纵筋为 4ϕ12，箍筋 6ϕ@200。

二、填充墙的构造设计

框架填充墙墙体除应满足稳定要求外，还应考虑水平风荷载及地震作用的影响。填充墙的构造设计，应符合下列规定：

（1）填充墙宜选用轻质块体材料；

（2）填充墙砌筑砂浆的强度等级不宜低于 M5（Mb5、Ms5）；

（3）填充墙墙体墙厚不应小于 90 mm；

（4）用于填充墙的夹心复合砌块，其两肢块体之间应有拉结。

三、填充墙与框架的两种连接方式

填充墙与框架的连接，可根据设计要求采用脱开（柔性连接）或不脱开（刚性连接）的方法。有抗震设防要求时宜采用填充墙与框架脱开的方法。

1. 填充墙与框架采用脱开的方法

当填充墙与框架采用脱开的方法，宜符合下列规定。

（1）填充墙两端与框架柱之间，填充墙顶面与框架梁之间留出不小于 20 mm 的间隙。

（2）填充墙端部应设置构造柱，柱间距宜不大于 20 倍墙厚且不大于 4 000 mm，柱宽度不小于 100 mm。柱竖向钢筋直径不宜小于 10 mm，箍筋直径宜为 5 mm，竖向间距不宜大于 400 mm。竖向钢筋与框架梁或其挑出部分的预埋件或预留钢筋连接，绑扎接头时不小于 $30d$，焊接时（单面焊）不小于 $10d$（d 为钢筋直径）。柱顶与框架梁（板）应预留不小于 15 mm 的缝隙，用硅酮胶或其他弹性密封材料封缝。当填充墙有宽度大于 2 100 mm 的洞口时，洞口两侧应加设宽度不小于 50 mm 的单筋混凝土柱。

（3）填充墙两端宜卡入设在梁、板底及柱侧的卡扣铁件内，墙侧卡口板的竖向间距不宜大于 500 mm，墙顶卡口板的水平间距不宜大于 1 500 mm。

（4）当墙体高度超过 4 m 时，宜在墙高中部设置与柱连通的水平系梁。水平系梁的截面高度不小于 60 mm。填充墙高不宜大于 6 m。

（5）填充墙与框架柱、梁的缝隙可采用聚苯乙烯泡沫塑料板条或聚氨酯发泡剂材料填充，并用硅酮胶或其他弹性密封材料封缝。

（6）所有连接用钢筋、金属配件、铁件、预埋件等均应做防腐防锈处理，嵌缝材料应能满足变形和防护要求。

2. 填充墙与框架采用不脱开的方法

当填充墙与框架采用不脱开的方法时，宜符合下列规定。

（1）沿柱高每隔 500 mm 配置 2 根直径 6 mm 的拉结钢筋（墙厚大于 240 mm 时配置 3 根），钢筋伸入填充墙长度不宜小于 700 mm，且拉结钢筋应错开截断，相距不宜小于 200 mm。填充墙墙顶应与框架梁紧密结合。顶面与上部结构接触宜用一皮砖或配砖斜砌楔紧。

（2）当填充墙有洞口时，宜在窗洞口的上端或下端、门洞口的上端设置钢筋混凝土带，钢筋混凝土带应与过梁的混凝土同时浇筑，其过梁的断面及配筋由设计确定。钢筋混凝土带的混凝土强度等级不小于 C20。当有洞口的填充墙尽端至门窗洞口边距离小于 240 mm 时，宜采用钢筋混凝土门窗框。

（3）填充墙长度超过 5 m 或墙长大于 2 倍层高时，墙顶与梁宜有拉结措施，墙体中部应加设构造柱；墙高超过 4 m 时，宜在墙高中部设置与柱连接的水平系梁；墙高超过 6 m 时，宜沿墙高每 2 m 设置与柱连接的水平系梁，梁的截面高度不小于 60 mm。

项目小结

本项目主要介绍了砌体结构的基础知识及其应用。首先，介绍了砌体材料(砖、砌块和石材)的种类与力学性能，涵盖了不同类型的砖、砌块及石材的特点和强度等级，并解释了建筑砂浆的组成和技术性能。其次，探讨了影响砌体抗压强度的关键因素，包括块材和砂浆强度、砂浆性能、块材尺寸及形状、灰缝厚度、砌筑质量等方面的影响，强调这些因素对砌体整体抗压能力的作用。再次，讲解了构造柱、圈梁、过梁和挑梁的设计原理及构造要求，分析了它们在增强砌体结构整体性和抗震性方面的重要性，以及具体的应用方法。最后，介绍了防止墙体开裂的措施，针对温度变化、材料收缩和地基不均匀沉降等问题，提出了设置伸缩缝、采用保温层等解决方案；同时讲解了框架填充墙的构造设计及其连接方式。通过本项目的学习，读者掌握了砌体结构的核心理论和技术要点，学会了选择合适的材料并采取有效的构造措施来确保建筑物的安全性和耐久性，为未来从事土木工程领域的工作打下坚实基础。

项 目 工 单

【实训名称】

砌体材料强度测试与分析。

【实训目的】

（1）掌握不同种类砌体材料（如砖、砌块）的抗压强度测试方法。

（2）学习如何根据测试结果选择合适的砌体材料以满足特定工程需求。

【实训步骤】

1. 样品准备

（1）每种材料选取至少三个标准尺寸的试样。

（2）使用游标卡尺和直尺精确测量每个试样的几何尺寸（长、宽、高），并记录数据。

2. 安装试样

（1）将试样放置于抗压试验机的加载平台上，确保试样表面平整且垂直于加载方向。

（2）根据试样尺寸调整加载板的位置，保证均匀施加压力。

3. 进行测试

（1）启动抗压试验机，按照规定的加载速率逐渐增加荷载直至试样破坏。

（2）记录下最大荷载值及相应的变形量。

4. 计算强度

（1）利用公式 $\sigma=\frac{F}{A}$ 计算每个试样的抗压强度，其中 F 为最大荷载，A 为试样的受压面积。

（2）对同一种材料的所有试样取平均值作为该材料的抗压强度。

5. 结果分析

（1）对比不同材料的抗压强度，分析它们之间的差异。

（2）结合理论知识讨论影响材料强度的因素，如材料成分、生产工艺等。

（3）思考如何根据工程需求选择最合适的砌体材料。

6. 撰写报告

（1）整理实验数据，绘制图表展示各材料的抗压强度分布情况。

（2）分析可能存在的误差来源，并提出改进建议。

（3）完成实训报告，总结所学内容及心得体会。

【实训评定】

请学生在实训过程中认真对待每一项任务，并根据评价表内容进行自评和互评，以便更好地了解自己在实训中的表现和进步空间。教师将根据实训表现给出最终评价。考核评价表如表 10-2 所示。

表 10-2　考核评价表

项目名称	评价内容	分值	评价分数		
			自评	互评	师评
职业素养考核项目（40%）	安全与规范意识	10 分			
	团队协作与沟通	10 分			
	职业态度与责任心	10 分			
	时间管理与效率	10 分			
专业能力考核项目（60%）	砌体材料抗压强度测试操作	15 分			
	数据记录与处理	15 分			
	结果分析与讨论	15 分			
	实训报告撰写	15 分			
综合分数：______［自评（20%）+互评（20%）+师评（60%）］		100 分			

课 后 练 习

一、填空题

1. 砌体结构中常用的块材有________、________和________三种。

2. 砌块按其空心率大小又可分为________和________两种。

3. ________和________是决定砌体抗压强度的最主要因素之一。

4. 结构构件由温度变化引起热胀冷缩的变形为________。

5. 挑梁是指一端嵌入________内，另一端挑出墙体外面的________。

二、简答题

1. 简述圈梁的作用。

2. 请问影响砌体抗压强度的因素有哪些？

参考文献

[1] 陶阳. 建筑力学[M]. 北京：机械工业出版社，2024.

[2] 方甫兵. 建筑力学与结构[M]. 北京：机械工业出版社，2024.

[3] 刘明晖. 建筑力学[M]. 4 版. 北京：北京大学出版社，2024.

[4] 王伟明，朱志刚. 建筑力学[M]. 2 版. 北京：北京理工大学出版社，2023.

[5] 赵朝前，吴明军. 建筑力学[M]. 2 版. 重庆：重庆大学出版社，2020.

[6] 张曦. 建筑力学[M]. 3 版. 北京：中国建筑工业出版社，2020.

[7] 柳素霞，郭宁秀. 建筑力学[M]. 2 版. 北京：清华大学出版社，2024.

[8] 牛少儒，李永光. 建筑力学与结构[M]. 4 版. 北京：机械工业出版社，2020.

[9] 刘成云. 建筑力学[M]. 北京：机械工业出版社，2024.

[10] 王爱英，王立雄，周婷. 建筑力学与结构[M]. 2 版. 北京：中国建筑工业出版社，2022.

[11] 赵萍，段贵明. 建筑力学 上册[M]. 3 版. 北京：机械工业出版社，2021.

[12] 陈丽红. 建筑力学与结构[M]. 北京：中国建筑工业出版社，2020.